高等学校电子信息类系列教材

单片机原理及应用
（C51版）

王新屏　主　编

张春光　马　驰　李桂林　副主编

西安电子科技大学出版社

内 容 简 介

本书以 MCS-51 系列单片机原理和应用为主线，重点介绍单片机的结构、C51 程序设计、内部标准功能单元、硬件系统扩展等内容，并精心设计了大量例题，提供了多种解题思路。全书结构规范、系统性强、实例丰富，既注重基础知识的讲解和逻辑思维的训练，又突出工程实践和实际应用。为了方便教师教学和学生自学，随书提供 PPT 课件、C 程序源代码等辅助学习资料(可从 www.mcs-51.com 下载)，完全可以满足教师课堂教学和学生课程学习之需要。

本书既可作为普通高等院校通信工程、电子信息、自动化、电气工程、机电一体化、测控技术和仪器仪表等专业的教材，也可作为电子设计、开发爱好者的参考书。

图书在版编目(CIP)数据

单片机原理及应用：C51 版/王新屏主编. —西安：西安电子科技大学出版社，2021.12
ISBN 978-7-5606-6335-7

Ⅰ.①单… Ⅱ.①王… Ⅲ.①微控制器—高等学校—教材 Ⅳ.①TP368.1

中国版本图书馆 CIP 数据核字(2021)第 260867 号

策划编辑 李惠萍
责任编辑 袁春霞 李惠萍
出版发行 西安电子科技大学出版社(西安市太白南路 2 号)
电　　话 (029)88202421 88201467　　邮　　编 710071
网　　址 www.xduph.com　　电子邮箱 xdupfxb001@163.com
经　　销 新华书店
印刷单位 陕西博文印务有限责任公司
版　　次 2021 年 12 月第 1 版　　2021 年 12 月第 1 次印刷
开　　本 787 毫米×1092 毫米　1/16　印　张　15.75
字　　数 371 千字
印　　数 1~2000 册
定　　价 38.00 元
ISBN 978-7-5606-6335-7/TP
XDUP　6637001-1
如有印装问题可调换

前　言

　　单片机是一种面向控制的大规模集成电路芯片，具有体积小、性价比高、功能强、性能稳定、控制灵活等优点，已成为电子系统中最重要的智能化核心部件，是微型计算机的一个重要分支。目前，单片机技术在通信、电子信息、工业检测控制、机电一体化、电力电子、智能仪器仪表、汽车电子等领域得到了广泛的应用。其中 MCS-51 系列单片机以其特有的简单、易学、易用和性价比高的优势，占有单片机市场的大部分份额，是初学者学习单片机的首选机型。为了帮助本科生和科技人员尽快掌握单片机的基本知识和应用开发方法，在理论方面打好基础，在应用方面快速上手，编著者特精心编写了本书。

　　参加本书编写的人员均为长期从事单片机技术教学的一线教师，具有丰富的教学和教改经验，多次主持省级教学改革项目，同时这些教师均参加过智能化电子产品的开发和研制。2021 年，编著者承担的"单片机原理与接口技术"课程被批准为辽宁省一流本科课程。本书是编著者依据多年来单片机课程教学和应用系统开发的经验，并参考了大量的同类书籍和单片机发展的最新技术资料编写而成的。

　　本书以课堂教学和课堂学习为主线，力图解决困扰大多数学生的单片机学习问题(如：基本概念理解困难，不了解单片机软硬件之间的关系，没有编程思路，缺乏逻辑思维能力等)，从精简内容、突出重点、加强逻辑思维能力训练等方面入手，具有如下特点：

　　(1) **内容精炼、重点突出**。本书缩减了一些次要内容，突出了学习重点，关键内容和知识点在字体上都做了加黑处理，使得学生在学习过程中能更好地抓住重点。

　　(2) **强调编程思想和逻辑思维的训练**。针对本门课程实践性强的特点，对书中例题进行了精心设计，并突出例题的多角度讲解，给出不同思路下的解题(编程)方法，以激发学生思维能力。

　　(3) **与学生练手紧密结合**。根据单片机应用系统的组成原理，编著者设计了一款单片机学习板 MD-100，系统地设计了学习板的功能模块，并针对不同模块给出实用的编程任务，便于学生独立练习，解决了学生不知道如何应用所学知识的问题。

　　本书共 10 章，涵盖了单片机应用技术的基本内容。第 1 章介绍了单片机的基本知识。第 2 章对单片机基本结构和工作原理进行了阐述。第 3 章对 C51 程序设计的基础知识进行了较为详细的讲述。第 4 章至第 6 章分别对内部标准功能单元，即中断系统、定时器/计数器和串行接口的工作原理及应用案例进行了比较详细的介绍。第 7 章介绍了常见的并行扩展技术及应用案例。第 8 章介绍了目前较流行的串行扩展技术，如单总线、I^2C 总线、SPI 总线以及相应的应用案例。第 9 章介绍了单片机开发工具和 Keil μVision4 集成开发环境。第 10 章介绍了编著者自主设计的单片机学习板 MD-100 的功能模块和编程任务。

　　本书由大连交通大学王新屏、张春光、马驰和李桂林编著，其中王新屏负责编写第 3 章、第 4 章、第 5 章和第 8 章，并负责全书的组织和统稿工作；张春光负责编写第 6 章、第 7 章，并负责全书的审稿工作；马驰负责编写第 2 章、第 9 章；李桂林负责编写第 1 章、第 10 章。陈阳阳、刘俊鹤等同学整理了部分资料，在此表示感谢。特别感谢西安电子科技大学出版社李惠萍编辑对本书编写所提出的宝贵意见，同时对本书所列参考文献的作者也在此表示诚挚的谢意。

　　按照编写目标，编著者进行了许多思考和努力。由于编著者水平有限，书中难免有不妥之处，恳请读者批评指正，以便不断改进(联系邮箱：wxp@djtu.edu.cn)。

　　与本书相关的配套资料，包括 PPT、单片机学习板的电路图和案例程序等内容，均发布在编著者开发的网站 www.mcs-51.com 上，欢迎读者登录网站查阅和学习。

作　者

2021 年 9 月

目　　录

第 1 章　单片机基础知识

单片机作为微型计算机的一个重要分支，对电子信息技术、工业控制技术和智能武器装备等领域的发展起到了巨大的推动作用。本章主要介绍单片机的基本概念和特点、发展历史和趋势、常用单片机系列和分类、应用特点和应用领域。

1.1　单片机概述

单片机是在一片集成电路芯片上集成微处理器、存储器、I/O 接口电路等计算机功能部件的数字处理系统。

现代电子系统的基本核心是嵌入式计算机应用系统(简称嵌入式系统，Embedded System)，而单片机就是最典型、最广泛、最普及的嵌入式计算机应用系统，可以称其为基本嵌入式系统。

1.1.1　单片机的基本概念

单片机是把中央处理器(CPU)、随机存储器(RAM，一般用于存储数据)、只读存储器(ROM，一般用于存储程序)、中断系统、定时器/计数器以及 I/O 接口电路(可能还包括显示驱动电路、脉宽调制电路、模拟多路转换器、A/D 转换器等电路)等集成在一块芯片上的微型计算机。换一种说法，单片机就是不包括输入/输出设备、不带外部设备的微型计算机。虽然单片机只是一个芯片，但从组成和功能上看，它已具有了计算机系统的属性，因此称它为单片微型计算机(Single Chip Micro-Computer，SCMC)，简称单片机。

单片机在应用时通常处于被控系统的核心地位并融入其中，即以嵌入的方式使用。为了强调其"嵌入"的特点，也常常将单片机称为嵌入式微控制器(Embedded Micro-Controller Unit，EMCU)。

目前，单片机已有几十个系列，上千个品种。图 1-1 是某些型号单片机的外形图。在众多产品中，20 世纪 80 年代 Intel 公司推出的 MCS-51 系列单片机应用最为广泛。

图 1-1　各种型号的单片机

虽然单片机型号各异，但其基本组成却很相似。图 1-2 为单片机的典型结构框图。

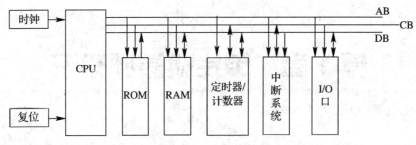

图 1-2　单片机的典型结构框图

1.1.2　单片机的特点

单片机是一种集成电路芯片，在工业控制领域得到了广泛应用。单片机的主要特点如下所述。

(1) 集成度高、体积小、可靠性高。

单片机将各功能部件集成在一块集成电路芯片上，所以集成度很高，体积自然也很小。芯片本身是按工业测控环境要求设计的，内部布线很短，数据在传送时受干扰的影响较小，其抗工业噪声性能优于一般通用的 CPU。单片机程序指令、常数及表格等固化在 ROM 中不易被破坏，许多信号通道均在一个芯片内，故可靠性较高。

(2) 控制功能强。

为了满足实际控制要求，各类单片机的指令系统均有极丰富的条件分支转移能力、I/O 口的逻辑操作及位处理能力。单片机的实时控制功能特别强，位操作能力更是其他计算机无法比拟的，非常适用于专门的控制系统。

(3) 低电压、低功耗，便于生产便携式产品。

为了满足广泛使用的便携式产品的开发，许多低功耗单片机的工作电压仅为 1.8～3.6 V，工作电流仅为数百微安，能够使系统在低功耗状态下运行。

(4) 易扩展。

单片机芯片内具有计算机正常运行所必需的部件，芯片外部有供扩展用的三总线及并行、串行输入/输出引脚，很容易构成各种规模的单片机应用系统。

(5) 性能价格比优异。

为了提高运行速度和工作效率，高端单片机已开始使用 RISC 流水线和 DSP 等技术。寻址能力也已突破 64 KB(B 为 Byte 的简写，即字节，为 8 位二进制码)的限制，有的已达到 16 MB，片内 RAM 容量则可达 2 MB。由于单片机使用广泛，因而其销量极大。各大公司的商业竞争更使其价格十分低廉，所以其性能价格比极高。

1.1.3　单片机系统

初学者在学习单片机时，应注意区分单片机和单片机系统、单片机应用系统和单片机开发系统。

1. 单片机和单片机系统

单片机只是一个芯片，而**单片机系统则是在单片机芯片的基础上扩展其他电路或芯片**

构成的具有一定应用功能的计算机系统。

通常所说的单片机系统都是为实现某一应用需要而由开发人员设计的，是一个围绕单片机芯片而组建的计算机应用系统，如第 10 章介绍的单片机学习板 MD-100 就是为课堂学习和课后实验而设计的单片机系统。在单片机系统中，单片机处于核心地位，是构成单片机系统的硬件和软件基础。

2．单片机应用系统和单片机开发系统

单片机应用系统(简称单片机系统)主要是为应用而设计开发的，该系统与控制对象结合在一起工作，是单片机开发应用的成果。单片机系统的设计开发包括硬件设计和软件编程两部分。由于软/硬件资源所限，单片机与微型计算机不同，单片机系统本身不能实现自我开发，要进行系统设计开发，必须使用专门的单片机开发系统。

单片机开发系统是单片机应用系统开发调试工具的总称。在线仿真器(In-Circuit Emulator，ICE)是单片机开发系统的核心部分(参见 9.1.2 小节)。在单片机系统的设计中，仿真器应用的范围主要集中在对程序的仿真上。在单片机的开发过程中，程序设计是最重要的，但也是难度最大的。一种最简单和原始的开发流程是：编写程序→烧写芯片→验证功能，这种方法对于简单系统是可以应付的，但在复杂系统中使用这种方法则是完全不可能的，所以需要使用单片机开发系统来支持开发工作。

1.1.4　单片机程序设计语言

程序实际上是一系列计算机指令的有序集合。我们把利用计算机指令系统来合理地编写解决某个问题的程序的过程，称为程序设计。这也是我们学习这门课程的主要目的之一。

单片机程序设计语言，主要是指在开发系统中使用的语言。在单片机开发系统中主要使用汇编语言和高级语言，而单片机应用系统运行时使用机器语言。

1．汇编语言

汇编语言是用助记符表示机器指令的计算机语言，是对机器语言的改进，是单片机最常用的程序设计语言之一。汇编指令和机器指令一一对应，所以用汇编语言编写的程序效率高，占用存储空间小，运行速度快，因此汇编语言能编写出最优化的程序。尽管目前已有不少程序设计人员使用 C 语言来进行单片机的应用程序开发，但是在对程序运行空间和时间要求很高的场合，汇编语言仍是必不可少的。

虽然汇编语言是高效的计算机语言，但它是面向机器的低级语言，不便于记忆和使用，且与单片机硬件关系密切，这就要求程序设计人员必须精通单片机的硬件系统和指令系统。另外，每一类单片机都有它自己的汇编语言，它们的指令系统是各不相同的，也就是说，不同的单片机有不同的指令系统。附录 B 列出了 MCS-51 单片机指令系统的所有助记符，以及助记符对应的机器指令。

2．C 语言

单片机开发也可以使用高级语言，最常用的是 C 语言。与汇编语言相比，C 语言不受具体"硬件"的限制，具有通用性强、直观、易懂、易学、可读性好等优点。目前多数的单片机开发者使用 C 语言来进行程序设计。C 语言已经成为人们公认的高级语言中高效、简洁而又贴近单片机硬件的编程语言。用 C 语言进行单片机的软件开发，可大大缩短开发

周期，且可明显地增加软件的可读性，便于改进和补充。

单片机开发用的 C 语言是在标准 C 语言基础上经过扩充的 C 语言，也称为 C51 语言。本书将在第 3 章对 C51 程序设计的基础知识进行详细讲述。

1.2　单片机的历史和发展

单片机作为一种面向测控的微控制器，应用极为广泛，自 20 世纪 70 年代以来历经 4 位机、8 位机、16 位机、32 位机等发展过程，现已有 50 多个系列，上千个品种，新的系列和型号还在不断出现，但 8 位通用单片机一直是市场上的主流。

1.2.1　单片机的发展历史

1．单片机形成阶段

1976 年，Intel 公司推出了 MCS-48 系列单片机，这是第一个 8 位单片机。它是 8 位 CPU、1 KB ROM、64 B RAM、27 根 I/O 线和 1 个 8 位定时器/计数器等集成于一块半导体芯片上的单片结构。

其特点是：存储器容量较小，寻址范围小(不大于 4 KB)，无串行接口，指令系统功能不强。

这一时代的单片机产品还有 Motorola 公司的 6801 系列和 Zilog 公司的 Z8 系列。

2．性能完善提高阶段

1980 年，Intel 公司又推出了内部功能单元集成度更强的 8 位机——MCS-51 系列产品。其性能大大超过了 MCS-48 系列产品，一经问世便显示出其强大的生命力，广泛应用于电子信息、工业控制、仪器仪表等领域。

其特点是：结构体系完善，性能卓越，面向控制的特点进一步突出。

现在，MCS-51 已成为公认的单片机经典机种。

3．微控制器化形成阶段

1982 年，Intel 推出 MCS-96 系列单片机。芯片内集成有 16 位 CPU、8 KB ROM、232 B RAM、5 个 8 位并行口、1 个全双工串行口、2 个 16 位定时器/计数器，寻址范围为 64 KB，片上还有 8 路 10 位 ADC、1 路 PWM 输出及高速 I/O 部件等。

其特点是：片内增强了面向测控系统的外围电路，使单片机可以方便灵活地用于复杂的自动测控系统及设备。

这一阶段，"微控制器(MCU)"的称谓更能反映单片机的本质。

4．微控制器化完善阶段

近期推出的单片机产品，内部集成有高速 I/O 口、ADC、PWM、WDT 等部件，并在低电压、低功耗、串行扩展总线、控制网络总线和开发方式(在系统可编程，In System Programmable，ISP)等方面都有了进一步的增强。

其特点是：适合不同领域要求的各种通用单片机系列和专用型单片机得到了大力发展，单片机的综合品质(如成本、性能、体系结构、开发环境、供应状态等)有了长足的进步。

8 位单片机从 1976 年公布至今，其技术已有了很大的发展，目前乃至将来仍是单片机的主流机型之一。

1.2.2　单片机的发展趋势

1．低功耗

CHMOS 工艺(高密度互补金属氧化物半导体工艺)出现后，CHMOS 器件得到了飞速的发展。如今，数字逻辑电路、外围器件都已普遍 CMOS 化。采用 CMOS 工艺后，单片机具有极佳的低功耗和功耗管理功能。现在新的单片机的功耗越来越低，特别是很多单片机都设置了多种工作方式，包括等待、暂停、睡眠、空闲、节电等工作方式。MCS-51 系列的 8031 单片机推出时的功耗达 630 mW，而现在的单片机功耗普遍都在 100 mW 左右，有的只有几十微瓦。

MSP430 系列单片机是低功耗单片机的典型代表。

2．RISC 体系结构的发展

早期单片机大多是复杂指令集(Complex Instruction Set Computer，CISC)结构体系，即所谓的冯·诺依曼结构，如 MCS-51 系列单片机。采用 CISC 结构的单片机数据线和指令线分时复用，其指令丰富，功能较强，但取指令和取数据不能同时进行，速度受限。由于指令复杂，指令代码、周期数不统一，指令运行很难实现流水线操作，大大阻碍了运行速度的提高。例如，传统的 MCS-51 系列单片机，时钟频率为 12 MHz 时，单周期指令速度仅 1 MIPS。虽然单片机对运行速度要求远不如通用计算机系统或数字信号处理器(DSP 芯片)对运行速度的要求，但速度的提高会带来许多好处，能拓宽单片机的应用领域。

采用精简指令集(Reduced Instruction Set Computer，RISC)体系结构的单片机，数据线和指令线分离，即所谓的哈佛结构，这使得取指令和取数据可以同时进行，其指令较同类 CISC 单片机指令包含更多的处理信息，执行效率更高，速度也更快。

Microchip 公司的 PIC 系列、Atmel 公司的 AT90S 系列、SAMSUNG 公司的 KS57C 系列、义隆公司的 EM-78 系列等多采用 RISC 结构。

3．ISP 及基于 ISP 的开发应用

目前，片内带 E^2PROM 单片机的广泛使用，推动了"在系统可编程"(ISP)技术的发展。在 ISP 技术基础上，首先实现了目标程序的串行下载，从而促使了模拟仿真开发方式的兴起。在单时钟、单指令运行的 RISC 结构单片机中，可实现 PC 通过串行电缆对目标系统的仿真调试。上述仿真技术，使远程调试(即对原有系统方便地更新软件、修改软件和对软件进行远程诊断)成为现实。

现在很多单片机的程序存储器和数据存储器都采用 Flash 存储器件，可以在线电擦写，并且断电后数据不丢失，系统开发阶段使用十分方便，在小批量应用系统中得到了广泛应用。

1.3　典型单片机简介

1.3.1　MCS-51 系列单片机

MCS-51 是 Intel 公司生产的 8051 单片机系列名称。

MCS-51 系列单片机以其良好的开放式结构、种类众多的支持芯片、丰富的软件资源，在我国应用十分广泛。其技术特点是完善了外部总线，确立了单片机的控制功能。外部并行总线规范化为 16 位地址总线，以寻址外部 64 KB 程序存储器和数据存储器空间，8 位数据总线和相应的控制总线，形成完整的并行三总线结构。

MCS-51 系列单片机采用两种生产工艺：一是 HMOS 工艺(高密度金属氧化物半导体工艺)；二是 CHMOS 工艺。CHMOS 是 CMOS 和 HMOS 的结合，既保持了 HMOS 高速度和高密度的特点，还具有 CMOS 的低功耗特点。在产品型号中凡带有字母"C"的即为 CHMOS 芯片(如 80C51 等)，CHMOS 芯片的电平既与 TTL 电平兼容，又与 CMOS 电平兼容。

8031 是最早、最基本的产品，该系列的其他单片机都是在 8031 的基础上通过增加功能而来的。

80C51 是 MCS-51 系列中 CHMOS 工艺的一个典型品种。**其他厂商以 8051 为基核开发的基于 CMOS 工艺的单片机产品统称为 80C51 系列，而 MCS-51 系列和 80C51 系列统称为 51 系列单片机**(本书在后面的章节中一般会用 MCS-51 单片机来表述)。当前常用的 51 系列单片机主要产品有 Intel 公司的 80C31、80C51、87C51 及 80C32、80C52、87C52 等，Atmel 公司的 AT89C51、AT89C52、AT89C2051、AT89S51 等。另外，还有 Philips、华邦、Dallas、Siemens(Infineon)等公司的许多产品，在此不一一列举。

51 系列单片机分类及性能指标见表 1-1。

表 1-1 51 系列单片机分类及性能指标

分类		芯片型号	存储器类型及字节数		片内其他功能单元数量			
			ROM	RAM	并行口	串行口	定时器/计数器	中断源
总线型	基本型	80C31	无	128 B	4 个	1 个	2 个	5 个
		80C51	4 KB 掩模	128 B	4 个	1 个	2 个	5 个
		87C51	4 KB EPROM	128 B	4 个	1 个	2 个	5 个
		89C51/89S51	4 KB Flash ROM	128 B	4 个	1 个	2 个	5 个
	增强型	80C32	无	256 B	4 个	1 个	3 个	6 个
		80C52	8 KB 掩模	256 B	4 个	1 个	3 个	6 个
		87C52	8 KB EPROM	256 B	4 个	1 个	3 个	6 个
		89C52/89S52	8 KB Flash ROM	256 B	4 个	1 个	3 个	6 个
非总线型		89C2051	2 KB Flash ROM		2 个	1 个	2 个	5 个
		89C4051	4 KB Flash ROM	128 B	2 个	1 个	2 个	5 个

1.3.2 AT89 系列单片机

AT89 系列单片机是 Atmel 公司的 8 位 Flash 单片机系列。这个系列单片机的最大特点是在片内含有 Flash 存储器，开发十分便捷，是 80C51 系列的主流单片机。AT89 系列单片机是以 8051 内核为基础构成的，所以它和 MCS-51 系列单片机是完全兼容的，可以替代以 MCS-51 为基础的单片机系统中的 MCS-51 单片机。对于熟悉 8051 的用户来说，用 Atmel 公司的 AT89C51(或 AT89S51)取代 8051 进行系统设计是轻而易举的事，本书许多案例中的单片机就是以 AT89C51 为例的(但我们在书中还是统一称为 MCS-51 单片机)。

AT89 系列单片机的主要型号有 AT89C51、AT89C52、AT89C2051、AT89S51、AT89S52 等。

89S51 是 89C51 的升级版本，89SXX 可以向下兼容 89CXX 等 51 系列芯片。89S51 有 ISP 在线编程功能；最高工作频率为 33 MHz；内部集成看门狗计时器；带有全新的加密算法，程序的保密性大大加强；电源范围宽达 4~5.5 V。

AT89 系列单片机具有以下优点：

(1) 内部含 Flash ROM。在系统的开发过程中，可以十分容易地进行程序修改，这大大缩短了系统的开发周期，同时在系统工作过程中能有效地保存一些数据信息，即使外部电源损坏也不会影响到信息的保存。

(2) 和 MCS-51 系列单片机引脚兼容。由于 AT89 系列单片机的引脚是和 MCS-51 系列单片机的引脚完全一样的，因此可以用 AT89 系列单片机替代 MCS-51 系列单片机。这时不管采用 40 引脚或是 44 引脚的产品，只要用相同封装的芯片直接取代即可。

(3) 静态时钟方式。AT89 系列单片机采用静态时钟方式，可以节省电能，这对于降低便携式产品的功耗十分有用。

1.3.3　PIC 系列单片机

PIC(Peripheral Interface Controller)系列单片机是一种用来控制外围设备的可编程集成电路，是由美国 Microchip 公司推出的单片机系列产品。PIC 系列单片机采用了 RISC 结构，其高速度、低电压、低功耗、大电流 LCD 驱动能力和低价位 OTP(一次性编程)技术等都体现出单片机产业的新趋势。PIC 系列单片机在电脑外设、家电、通信设备、智能仪器、汽车电子等各个领域得到了广泛应用，现今的 PIC 系列单片机已经是世界上最有影响力的嵌入式微控制器之一，如 PIC10XX、PIC16XX、PIC24XX、dsPIC30XX、PIC32XX 等。

PIC 系列单片机具有以下优点：

(1) 适用性广。PIC 系列单片机最大的特点是从实际出发，重视产品的性能价格比，靠发展多种型号来满足不同层次的应用要求。PIC 系列单片机从低到高有几十个型号，可以满足各种需要。其中，PIC12C508 单片机仅有 8 个引脚，是世界上最小的单片机。

(2) 运行效率高。PIC 系列单片机的精简指令集(RISC)使其执行效率大为提高。PIC 系列 8 位 CMOS 单片机具有独特的 RISC 结构，使指令具有单字长的特性，且允许指令码的位数可多于 8 位的数据位数。这与传统的采用 CISC 结构的 8 位单片机相比，可以达到 2:1 的代码压缩，速度提高 4 倍。

(3) 开发环境优越。单片机开发系统的实时性是一个重要的指标，MCS-51 系列单片机的开发系统大都采用高档型号仿真低档型号，实时性不尽理想。而 PIC 单片机在推出一款新型号的同时会推出相应的仿真芯片，所有的开发系统由专用的仿真芯片支持，实时性非常好。

(4) 可靠性高。PIC 系列单片机的引脚具有防瞬态能力，通过限流电阻可以接至 220 V 交流电源，可直接与继电器控制电路相连，无需光电耦合器隔离，给应用带来极大方便。PIC 系列单片机自带看门狗定时器，可以用来提高程序运行的可靠性。

(5) 保密性好。PIC 系列单片机以保密熔丝来保护代码，用户在烧入代码后熔断熔丝，别人再也无法读出，除非恢复熔丝。目前，PIC 系列单片机采用熔丝深埋工艺，恢复熔丝的可能性极小。

1.3.4　MSP430 系列单片机

MSP430 系列单片机是美国德州仪器(TI)公司 1996 年开始推向市场的一种 16 位超低功耗、具有精简指令集(RISC)的混合信号处理器(Mixed Signal Processor)。之所以称为混合信号处理器，是因为其针对实际应用需求，将多个不同功能的模拟电路、数字电路模块和微处理器集成在一个芯片上，以提供"单片"解决方案。该系列单片机多应用于需要电池供电的便携式装置中。MSP430 系列单片机具有以下优点：

(1) 处理能力强。MSP430 系列单片机是一个 16 位的单片机，采用了精简指令集(RISC)，具有丰富的寻址方式(7 种源操作数寻址，4 种目的操作数寻址)、简洁的 27 条内核指令以及大量的模拟指令；寄存器以及片内数据存储器都可参与多种运算；还有高效的查表处理指令。这些特点保证了其可编制出高效率的源程序。

(2) 运算速度快。MSP430 系列单片机能在 25 MHz 晶振的驱动下实现 40 ns 的指令周期。16 位的数据宽度、40 ns 的指令周期以及多功能的硬件乘法器(能实现乘法运算)相配合，能实现数字信号处理的某些算法(如 FFT 等)。

(3) 超低功耗。MSP430 系列单片机的电源电压采用的是 1.8～3.6 V 电压，使芯片整体上处于较低功耗运行状态。独特的时钟系统设计，在 MSP430 系列中有不同的时钟系统：基本时钟系统、锁频环时钟系统和 DCO 数字振荡器时钟系统。可以只使用一个晶体振荡器，也可以使用两个晶体振荡器。由系统时钟系统产生 CPU 和各功能所需的时钟，并且这些时钟可以在指令的控制下打开和关闭，从而实现对总体功耗的控制。在实时时钟模式下，电流可低到 0.3～2.5 μA；而在 RAM 保持模式下，最低可达 0.1 μA。

(4) 片内资源丰富。MSP430 系列单片机都集成了较丰富的片内外设，它们分别是看门狗(WDT)、模拟比较器 A、定时器 A0、定时器 A1、定时器 B0、UART、SPI、I²C、硬件乘法器、液晶驱动器、10 位/12 位 ADC、16 位 Σ-Δ ADC、DMA、I/O 端口、基本定时器(Basic Timer)、实时时钟(RTC)和 USB 控制器等若干外围模块的不同组合。这些片内外设为系统的单片解决方案提供了极大的便利。

(5) 方便高效的开发环境。MSP430 系列有 OTP 型、Flash 型和 ROM 型三种类型的器件，这些器件的开发手段不同。对于 OTP 型和 ROM 型的器件使用仿真器开发，开发成功之后烧写或掩模芯片；Flash 型的器件则有十分方便的开发调试环境，因为器件片内有 JTAG 调试接口，还有可电擦写的 Flash 存储器，因此采用先下载程序到 Flash 存储器内，再在器件内通过软件控制程序的运行，由 JTAG 接口读取片内信息供开发者调试使用。这种方式只需要一台 PC 和一个 JTAG 调试器，而不需要仿真器和编程器。

1.4　单片机的应用

单片机技术的发展速度十分惊人。时至今日，单片机技术已经发展得相当成熟，成为计算机技术的一个独特而又重要的分支。单片机的应用领域也日益广泛，特别是在工业控制、仪器仪表、汽车电子、家用电器等领域的智能化方面，扮演着极其重要的角色。

1.4.1　单片机的应用特点

单片机的特点很多，这里仅从应用的角度讨论单片机以下几个方面的特点。

1．控制系统在线应用

控制系统在线应用中，由于单片机与控制对象联系密切，因此不但对单片机的性能要求高，而且对开发者的要求也很高，他们既要熟练掌握单片机，还要了解控制对象，懂得传感技术，具有一定的控制理论知识等。

2．软/硬件结合

虽然单片机的引入使控制系统大大"软化"，但与其他计算机应用系统相比，单片机控制应用中的硬件内容仍然较多，所以说单片机控制应用具有软/硬件相结合的特点。为此，在单片机的应用设计中需要软、硬件统筹考虑，开发者不但要熟练掌握软件编程技术，而且还要具备较扎实的单片机外围硬件电路设计方面的理论和实践知识。

3．应用现场环境恶劣

通常，单片机应用现场的环境比较恶劣，电磁干扰、电源波动、冲击震动、高低温等因素都会影响系统工作的稳定性。此外，无人值守环境也对单片机系统的稳定性和可靠性提出了更高的要求。所以稳定性和可靠性在单片机应用系统中具有十分重要的意义。

1.4.2　单片机的应用领域

提到单片机的应用，有人会这样说："凡是能想到的地方，单片机都可以用得上。"这并不夸张。由于全世界单片机的年产量以亿计，应用范围之广，花样之多，一时难以详述，下面仅列举一些典型的应用领域或场合。

1．智能仪器仪表

单片机用于各种仪器仪表，既提高了仪器仪表的使用功能和精度，也使得仪器仪表更加智能化，同时还简化了仪器仪表的硬件结构，从而可以方便地完成仪器仪表产品的升级换代。典型的智能仪器仪表如各种智能测量仪表、智能传感器等。

2．机电一体化产品

机电一体化产品是集机械技术、微电子技术、自动化技术和计算机技术于一体，具有智能化特征的各种机电产品。单片机在机电一体化产品的开发中可以发挥巨大的作用。典型产品如机器人、数控机床、自动包装机、医疗设备等。

3．实时工业控制

单片机还可以用于各种物理量的采集与控制。电流、电压、温度、液位、流量等物理参数的采集和控制均可以利用单片机方便地实现。在这类系统中，利用单片机作为系统控制器，可以根据被控对象的不同特征采用不同的智能算法，实现期望的控制目标，从而提高生产效率和产品质量。典型应用如电机转速控制、温度控制、自动生产线等。

4．分布式系统的前端模块

在较复杂的工业系统中，经常要采用分布式测控系统完成大量的分布参数的采集。在这类系统中，采用单片机作为分布式系统的前端采集模块，具有运行可靠、数据采集方便灵活、成本低廉等一系列优点。

5．家用电器

家用电器是单片机的又一重要应用领域，前景十分广阔。典型应用如空调器、电冰箱、洗衣机、电饭煲等。这类应用常常采用专用单片机，以达到降低成本的目的。

另外，在电信设备、计算机外围设备、办公自动化设备、玩具、汽车、军用装备等领域均有单片机的广泛应用，如汽车自动驾驶系统、航天测控系统、通信系统等。

思考与练习

1．什么是单片机？单片机由哪些基本部件组成？
2．为什么说单片机是典型的嵌入式系统？
3．单片机有什么特点？
4．什么是单片机应用系统？什么是单片机开发系统？二者之间有何关系？
5．单片机的主要发展方向是什么？主要应用领域有哪些？
6．MCS-51 系列单片机如何进行分类？各类特点如何？
7．AT89 系列单片机有什么优点？

第 2 章 单片机基础结构和工作原理

本章主要介绍 MCS-51 单片机的内部结构及外部引脚、存储器结构及特殊功能寄存器功能、并行 I/O 端口结构和工作原理、CPU 工作时序和工作方式等内容。

2.1 单片机的组成和内部结构

从结构上看，MCS-51 单片机与通用微型计算机没有什么区别，都是由 CPU 加上一些功能部件组成的。只是单片机将这些部件都集成到了一个芯片上，使用时只需再添加一些外围器件就可以构成单片机应用系统。

2.1.1 单片机的组成

单片机是在一块芯片中集成了 CPU、RAM、ROM、定时器/计数器和 I/O 端口等多种基本功能部件，如图 2-1 所示。单片机有基本型和增强型两种，基本型的代表产品为 8051，增强型的代表产品为 8052，两者的主要区别在于内部存储器的大小和定时器/计数器的个数不同。

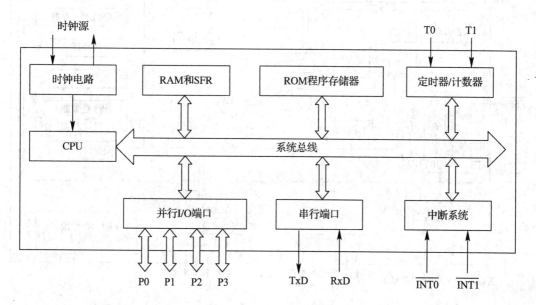

图 2-1 MCS-51 单片机的功能框图

单片机内部通常包含下列一些部件：

- 一个 8 位 CPU；
- 一个片内振荡器及时钟电路；
- 4 KB ROM(程序存储器)(8031 没有片内 ROM，增强型为 8 KB)；
- 128 B RAM(数据存储器)(增强型为 256 B)；
- 两个 16 位定时器/计数器(增强型为三个)；
- 可寻址 64 KB 外部数据存储器和 64 KB 外部程序存储器空间的控制电路；
- 32 条可编程的 I/O 口(四个 8 位并行 I/O 端口)；
- 一个可编程全双工串行口；
- 具有五个中断源、两个优先级嵌套中断结构(增强型为六个中断源)。

2.1.2　单片机的内部逻辑结构

单片机的各功能部件通过内部总线连接在一起，其中包括算术逻辑单元(ALU)、累加器(ACC 或 A)、ROM、RAM、指令寄存器(IR)、程序计数器(PC)、定时器/计数器、I/O 接口电路、程序状态字寄存器(PSW)、堆栈指针(SP)、数据指针(DPTR)等，详细的内部结构如图 2-2 所示。

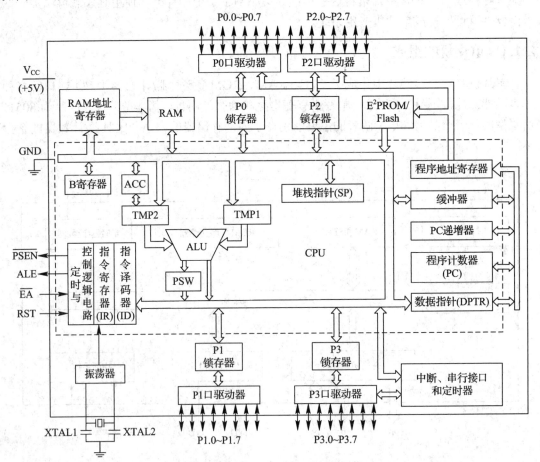

图 2-2　MCS-51 单片机的内部结构

2.1.3　CPU 的内部结构

单片机内部核心部分是一个 8 位高性能微处理器 CPU，由运算器和控制器等部件组成(即图 2-2 中虚线框内部分)，它是单片机的头脑和心脏，用以完成各种运算和控制操作。

1．运算器

运算器的主要功能是进行算术运算和逻辑运算、位运算、数据中转与处理，并将操作结果的状态信息送至程序状态字寄存器中。运算器主要包括算术逻辑单元、累加器、B 寄存器、暂存寄存器、程序状态字寄存器等。

(1) 算术逻辑单元(ALU)。算术逻辑单元是运算器的核心部件，实质上是全加器，可以用于对数据进行加、减、乘、除等算术运算，还能对数据进行与、或、异或、循环、置 1、清 0 等逻辑运算，并具有数据传送、程序转移等功能。ALU 不能由程序读写。

(2) 累加器(ACC 或 A)。累加器是一个 8 位寄存器，很多运算都要通过累加器提供操作数，多数运算结果也在 ACC 中存放。

(3) B 寄存器。B 寄存器是为乘法和除法而设置的。在进行乘法和除法运算时，A 和 B 组成寄存器对，记为 AB。在不执行乘法和除法运算时，B 寄存器可以作为一个普通寄存器使用。

(4) 暂存寄存器(TMP1 和 TMP2)。暂存寄存器用于暂时存储数据总线或其他寄存器送来的操作数，作为 ALU 的数据源，向 ALU 提供操作数。暂存寄存器不能由程序读写。

(5) 程序状态字寄存器(PSW)。程序状态字寄存器是一个 8 位的专用寄存器，主要用于存放当前运算结果的状态。

2．控制器

控制器的主要功能是识别指令，并根据指令的性质控制单片机内部的各个功能部件，使其协调工作。单片机执行指令严格受控制器的控制，它们从程序存储器中读取指令，送入寄存器，然后进行译码，译码的结果与时序电路结合，发出操作信号。程序的执行就是不断重复这一过程。

控制器包含程序计数器、指令寄存器、指令译码器、数据指针、堆栈指针、定时与控制逻辑电路等。

(1) 程序计数器(PC)。程序计数器是一个 16 位专用寄存器，用于存放将要执行指令的地址，具有自动加 1 功能。PC 没有对应的寄存器，程序无法直接设置其中的数据。当 CPU 取指时，PC 的内容首先送至内部地址总线上，然后从程序存储器中取出指令，PC 内容自动加 1，以保证程序的顺序执行。

在执行转移、子程序调用指令和中断响应时，PC 的内容不再加 1，而是由指令或中断响应过程自动给 PC 置入新的地址。单片机复位时，PC 自动清 0，即装入 0000H(H 表示前面的数字为十六进制)，从而保证复位后程序从 0000H 开始执行。

(2) 指令寄存器(IR)。指令寄存器是一个 8 位寄存器，用于寄存等待执行的指令。IR 不能由程序读写。

(3) 指令译码器(ID)。指令译码器对指令寄存器中的指令进行译码，产生执行该指令所需的一系列控制时序信号，以执行相应的操作。ID 不能由程序读写。

(4) 数据指针(DPTR)。数据指针是一个 16 位专用寄存器，通常在访问外部数据存储器时作地址指针使用。

(5) 堆栈指针(SP)。堆栈指针是一个 8 位专用寄存器，用于存放堆栈栈顶的地址。

(6) 定时与控制逻辑电路。定时与控制逻辑电路是控制器的核心部件之一，它的任务是产生各种控制信号，协调各功能部件的工作。单片机内部设有振荡电路，只需外接石英晶体(晶振)和微调电容就可产生振荡脉冲信号，经过二分频后，生成时钟信号，是单片机的基本节拍，单片机就是在这个节拍的控制下协调工作的。

2.1.4　单片机其他结构模块

1. 内部 RAM

MCS-51 单片机的内部 RAM 用于存放单片机运行时的数据，其寻址范围为 256 字节，其中低 128 字节可以作为内部随机访问存储器，高 128 字节被特殊功能寄存器占用。

2. 内部 ROM

MCS-51 单片机中的 ROM 主要用来存放程序，也可以存放一些常数和表格。单片机运行时，ROM 中的内容是不能修改的。MCS-51 系列单片机可分为内部无 ROM 型(如 8031)和内部有 ROM 型(如 8051)两种。在多数情况下，无论是 8031 还是 8051，都必须根据实际需要外接 EPROM 型程序存储器。而对于后来出现的，内部含有 E^2PROM 或 Flash ROM 类型程序存储器的 AT89CXX/AT89SXX 系列单片机(如市面上最常见的 AT89S51 和 AT89C51，内置 4 KB 的 Flash ROM)，通常不需要外部扩展程序存储器。

3. 定时器/计数器

MCS-51 单片机有两个 16 位定时器/计数器，能够实现精确定时和对外部脉冲信号计数，可以用于定时控制、延时，以及对外部事件进行计数和检测等。

4. 中断

MCS-51 单片机有五个中断源，即两个外部中断、两个定时/计数中断和一个串行通信中断，同时有两个中断优先级。

5. 串行通信口

MCS-51 单片机有一个采用通用异步工作方式的全双工串行通信口(串行口)，可以同时接收和发送数据。

6. I/O 口

MCS-51 单片机有四个 8 位的并行端口，分别为 P0 口、P1 口、P2 口和 P3 口，这些端口可以用于输入或输出，除了 P1 口外，每个 I/O 口还有第二功能(详见 2.4 节)。

7. 内部总线

如图 2-2 所示，单片机所有功能模块都是通过内部总线连接起来的，从而构成一个完整的单片计算机系统。单片机内部的地址信号、数据信号和控制信号都是通过内部总线传送的。

2.2　单片机的外部引脚及功能

　　MCS-51 系列单片机根据不同的型号，其引脚数目和封装形式也有很大差别。常见的有 40 引脚的双列直插(DIP)封装方式和 44 引脚的 PLCC 封装方式，新型的单片机还有 44 引脚的 TQFP 封装方式。图 2-3 所示是两种常见封装形式的引脚配置图。

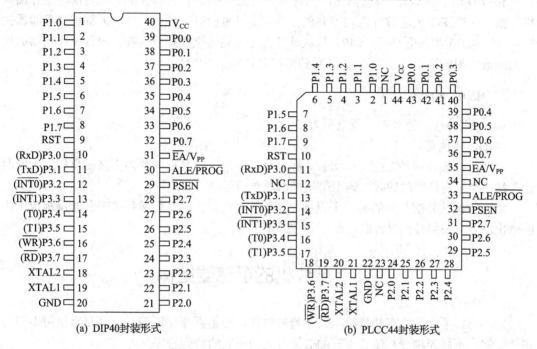

图 2-3　89C51 芯片的引脚及封装形式

　　下面以 MCS-51 系列单片机中典型芯片 89C51 为例介绍其引脚排列和定义。89C51 的引脚按功能分类主要有 I/O 引脚、控制引脚和电源与晶振引脚。

2.2.1　I/O 引脚

　　I/O 引脚即输入/输出端口，在某一时刻只能作为输入口或输出口使用。MCS-51 单片机有 P0 口(P0.0～P0.7)、P1 口(P1.0～P1.7)、P2 口(P2.0～P2.7)、P3 口(P3.0～P3.7)四个 8 位准双向输入/输出端口，每个端口都有锁存器、输出驱动器和输入缓冲器。四个 I/O 端口都可作为输入/输出口使用，其中 P0 口、P2 口和 P3 口还可以组成三总线，用于外围芯片扩展(详见第 7 章)。

2.2.2　控制引脚

　　RST：复位输入端，高电平有效。当振荡器运行时，在 RST 引脚上出现两个机器周期以上的高电平使单片机复位。

　　ALE/ $\overline{\text{PROG}}$ ：当访问外部存储器时，ALE(地址锁存使能)的输出用于锁存地址的低位字节；当不访问外部存储器时，ALE 端以固定频率(为振荡频率的 1/6)输出脉冲信号，所以 ALE 可以用作其它器件的时钟源。需要注意的是，每当访问外部数据存储器时，将跳过一个 ALE 脉冲。在对片内程序存储器编程(写数据)时，该引脚的第二功能用于输入编程脉冲 $\overline{PROG}$。

$\overline{PSEN}$：外部程序存储器取指令使能端，低电平有效。在访问外部程序存储器时，该信号自动产生，每个机器周期输出两个脉冲。

$\overline{EA}$/VPP：外部程序存储器访问允许端。当 $\overline{EA}$ 为高电平时，CPU 从内部程序存储器执行指令，当 PC 值超过片内程序存储器最大地址范围时，将自动转向外部程序存储器执行程序。当 $\overline{EA}$ 为低电平时，CPU 只从外部程序存储器执行指令。在片内程序存储器编程期间，该引脚的第二功能用于加 12 V 的编程允许电源 VPP。

2.2.3　电源与晶振引脚

Vcc：电源端，通常的电源电压为+5 V。

GND：接地端。

XTAL1：接外部晶振的一个引脚。在单片机内部，它是构成片内振荡器反相放大器的输入端。当采用外部时钟时，该引脚接外部时钟信号。

XTAL2：接外部晶振的另一个引脚。在单片机内部，它是构成片内振荡器反相放大器的输出端。当采用外部时钟时，此引脚应悬空。

2.3　单片机的存储器结构

MCS-51 单片机的存储器组织采用哈佛结构，即数据存储器与程序存储器使用不同的逻辑空间、不同的物理存储、不同的寻址方式和不同的访问时序。

从物理上看，MCS-51 单片机有 4 个存储空间：内部程序存储器、外部(片外)程序存储器、内部数据存储器、外部数据存储器。从开发者的角度看，MCS-51 单片机有 3 个存储地址空间：芯片内外统一的程序存储空间、内部数据存储空间和外部数据存储空间。

2.3.1　程序存储器

程序存储器常用来存放程序、表格和常数，也称为 ROM。 ROM 以程序计数器(PC)作为地址指针，通过 16 位地址总线寻址，可寻址的地址空间为 64KB，地址范围为 0000H～FFFFH。MCS-51 单片机可分为内部无 ROM 型(8031)和内部有 ROM 型(8051)两种。

1．片内与片外程序存储器的选择

对于内部无 ROM 型的单片机，必须使用外部 ROM，这时 $\overline{EA}$ 引脚必须接低电平。对于内部有 ROM 但不使用内部 ROM 型的单片机，如 8051 内部是掩膜 ROM，一般不用此 ROM，这时 $\overline{EA}$ 引脚也必须接低电平，外部 ROM 的地址从 0000H 开始。对于内部含有 Flash ROM 的 AT89C/AT89S 系列单片机，可以使用内部 ROM。如果要**使用内部 ROM，则 $\overline{EA}$ 引脚必须接高电平**，当程序执行超出内部存储空间时，单片机会自动转向外部空间，内部 ROM 的地址范围是 0000H～0FFFH，外部 ROM 地址的从 1000H 开始。无论是否使用内部 ROM，

其程序存储器的地址结构和组织结构是一样的，如图 2-4 所示。

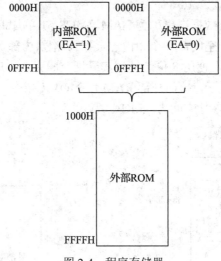

图 2-4　程序存储器

2．程序存储器低端的特殊单元

在程序存储器中，前面若干个单元地址是中断程序的入口地址，如表 2-1 所示。其中 0000H 为单片机复位后执行的第一条指令的存放地址。其余为**中断向量**，即单片机中断服务程序的第一条指令存放地址。

3．程序存储器中的程序代码及其观察

在单片机应用系统开发过程中，程序存储器中程序代码(十六进制)可以在 Keil μvision4 集成开发环境的存储器窗口中看到(详见 9.2.4 小节)，程序存储器的映射关系及观察界面如图 2-5 所示。

表 2-1　复位及中断入口地址

地址	功　能
0000H	复位
0003H	外部中断 0
000BH	定时器/计数器 0
0013H	外部中断 1
001BH	定时器/计数器 1
0023H	串行口中断

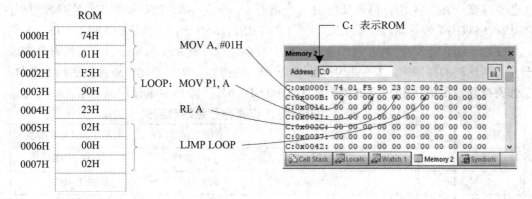

(a) 在程序存储器中的映射　　(b) 汇编源程序　　(c) 在 μVision 中的观察

图 2-5　程序存储器映射关系及观察界面

2.3.2 数据存储器

数据存储器常用来存放数据，也称为 RAM。MCS-51 单片机的数据存储器无论在物理上或逻辑上都分为两个地址空间：一个为内部数据存储器(内部 RAM)，如图 2-6 所示，访问内部 RAM 用 MOV 指令，使用 8 位地址，其寻址空间为 256 B；另一个为外部数据存储器(外部 RAM)，如图 2-7 所示，访问外部 RAM 用 MOVX 指令，通常用数据指针 DPTR 来寻址，使用 16 位地址，其寻址空间为 64 KB。

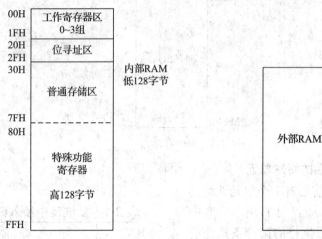

图 2-6 内部数据存储器　　　　图 2-7 外部数据存储器

内部 RAM 有最灵活的地址空间分割，它分成物理上独立而又性质不同的几个区：由00H～7FH(0～127)单元组成的低 128 字节地址空间的 RAM 区；由 80H～FFH(128～255)单元组成的高 128 字节地址空间的特殊功能寄存器(又称 SFR)区。

内部 RAM 按使用方法分为以下几个部分。

1．工作寄存器区

单片机对工作寄存器的操作具有指令数量多、程序代码短、执行速度快的特点。在程序设计时，应尽可能地使用工作寄存器。内部 RAM 的 00H～1FH 区域为工作寄存器区。工作寄存器一共有 4 组，每组又包括 8 个寄存器，记为 R0～R7。4 组工作寄存器可根据PSW(程序状态字寄存器，详见 2.3.3 小节)中的 RS1、RS0 选择，如表 2-2 所示。每个时刻，只能使用一组工作寄存器。在程序执行过程中可以通过设置 RS1 和 RS0 改变工作寄存器组。要注意，这时的存储空间发生变化，即 R0～R7 的内容也发生变化。**单片机初始上电时，工作寄存器使用第 0 组(内部 RAM 的 00H～07H)。编程时，应尽量使用第 0 组工作寄存器。**

表 2-2 RS1、RS0 与工作寄存器组的对应关系

RS1	RS0	工作寄存器组	工作寄存器	对应 RAM 中的地址
0	0	第 0 组	R0～R7	00H～07H
0	1	第 1 组	R0～R7	08H～0FH
1	0	第 2 组	R0～R7	10H～17H
1	1	第 3 组	R0～R7	18H～1FH

2. 位寻址区

内部 RAM 的 20H～2FH 区域为位寻址区，见表 2-3，这 16 个单元中的每一位都有一个位地址，位地址范围为 00H～7FH。位寻址区的每一位都可以视作软件触发器，可以由程序直接进行位处理。通常把程序的各种状态标志、位控制变量等设在位寻址区内。同样，位寻址区的 RAM 单元也可以作为一般的数据存储器按字节使用。

表 2-3　位寻址区地址对应表

字节地址	位地址							
	D7	D6	D5	D4	D3	D2	D1	D0
20H	07H	06H	05H	04H	03H	02H	01H	00H
21H	0FH	0EH	0DH	0CH	0BH	0AH	09H	08H
22H	17H	16H	15H	14H	13H	12H	11H	10H
23H	1FH	1EH	1DH	1CH	1BH	1AH	19H	18H
24H	27H	26H	25H	24H	23H	22H	21H	20H
25H	2FH	2EH	2DH	2CH	2BH	2AH	29H	28H
26H	37H	36H	35H	34H	33H	32H	31H	30H
27H	3FH	3EH	3DH	3CH	3BH	3AH	39H	38H
28H	47H	46H	45H	44H	43H	42H	41H	40H
29H	4FH	4EH	4DH	4CH	4BH	4AH	49H	48H
2AH	57H	56H	55H	54H	53H	52H	51H	50H
2BH	5FH	5EH	5DH	5CH	5BH	5AH	59H	58H
2CH	67H	66H	65H	64H	63H	62H	61H	60H
2DH	6FH	6EH	6DH	6CH	6BH	6AH	69H	68H
2EH	77H	76H	75H	74H	73H	72H	71H	70H
2FH	7FH	7EH	7DH	7CH	7BH	7AH	79H	78H

3. 普通存储区

内部 RAM 的 30H～7FH 区域为普通存储区，只能按字节寻址，一般用于存放程序执行过程中的临时数据。

4. 堆栈区

在一个程序中，往往需要设定一个后进先出(或者先进后出)的缓冲区，用以保存某些重要数据和地址，这种后进先出的缓冲区称为堆栈区。堆栈区原则上可以设在内部 RAM 的任意区域内，只需注意不要与已使用 RAM 重叠。栈顶的位置由堆栈指针 SP 确定。

2.3.3 特殊功能寄存器

单片机内的锁存器、定时器、串行口数据缓冲器以及各种控制寄存器和状态寄存器都是以特殊功能寄存器(SFR)形式出现的，它们分布在内部 RAM 的 80H～FFH 地址空间范围。MCS-51 基本型单片机有 21 个 SFR，表 2-4 给出了 MCS-51 单片机的特殊功能寄存器的名称和地址。

表 2-4　特殊功能寄存器

标志符	名　称	地址
ACC	累加器	E0H
B	B 寄存器	F0H
PSW	程序状态字寄存器	D0H
SP	堆栈指针	81H
DPH	数据指针(DPTR)高字节	83H
DPL	数据指针(DPTR)低字节	82H
P0	P0 口	80H
P1	P1 口	90H
P2	P2 口	A0H
P3	P3 口	B0H
IE	中断允许控制寄存器	A8H
IP	中断优先级控制寄存器	B8H
TMOD	定时器/计数器工作方式寄存器	89H
TCON	中断请求标志寄存器	88H
TH0	定时器/计数器 0(高字节)	8CH
TL0	定时器/计数器 0(低字节)	8AH
TH1	定时器/计数器 1(高字节)	8DH
TL1	定时器/计数器 1(低字节)	8BH
SCON	串行口控制寄存器	98H
SBUF	串行口收发数据寄存器	99H
PCON	电源控制寄存器	87H

特殊功能寄存器只占用了 128 字节的一小部分，这为单片机增加新功能提供了极大的余地。这些寄存器除了 DPTR 外，都是 8 位寄存器，而 DPTR 的 DPH 和 DPL 也可以按照 8 位寄存器单独使用。

在特殊功能寄存器中，地址尾数是 0 或 8 的寄存器(比如：ACC、PSW、SCON 等)不仅可以按字节访问，也可以按位访问。特殊功能寄存器 A、B、PSW、SP、DPTR 等在 RAM 中的映射关系如图 2-8 所示。

下面介绍几个常用的特殊功能寄存器。

1. 累加器

累加器是一个 8 位的寄存器，ACC 表示地址(E0H)，寄存器名称为 A。它通过暂存器与 ALU 相连，它是 CPU 工作中使用最频繁的寄存器，用来存一个操作数或中间结果。累加器在指令中通常用"A"表示，在位操作和堆栈操作指令中则用"ACC"表示。MCS-51

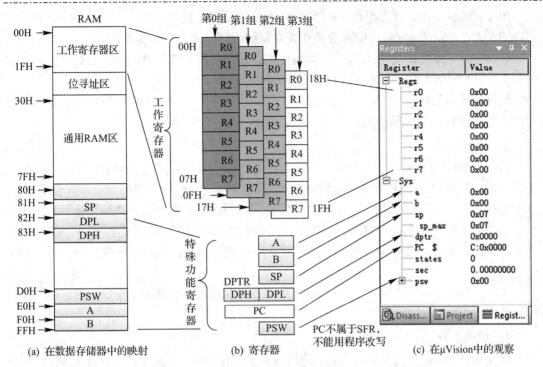

图 2-8　特殊功能寄存器在 RAM 中的映射及观察界面

单片机中，只有一个累加器，大部分单操作数指令的操作数取自累加器，许多双操作数指令的一个操作数也取自累加器，在变址寻址方式中累加器被作为变址寄存器使用。

2. 程序状态字寄存器

程序状态字寄存器(PSW)是一个 8 位的专用寄存器，主要用于存放当前运算结果的状态。地址 D0H，可以按位进行访问，格式如下所示(第一行是位地址，第二行是位名称，若不能位操作，则第一行为空格。本书类似内容均采用此种表示方法)：

	D7	D6	D5	D4	D3	D2	D1	D0
(D0H)	D7H	D6H	D5H	D4H	D3H	D2H	D1H	D0H
PSW	Cy	Ac	F0	RS1	RS0	OV	—	P

其中 F0、RS1、RS0 可以软件设置(即通过编写程序设置)，Cy、Ac、OV 和 P 由 CPU 决定(即由单片机内部自动设置)。

Cy(进位标志位)：当有进位或借位时，Cy=1；否则，Cy=0。在执行某些算术和逻辑指令时，可以被硬件(指单片机内部的 CPU，表示功能可以自动完成)或软件(表示开发者编写的程序)置 1 或清 0。在布尔处理器中，它被作为位累加器使用。Cy 在程序中一般用 C 表示。

Ac(辅助进位标志)：当进行加减运算时，若低 4 位向高 4 位产生进位或借位，则由硬件将其置 1，否则清 0，Ac 被用于 BCD 码调整。

F0(用户标志位)：F0 是开发者可以定义的一个状态标记，用软件来使它置 1 或清 0。该标志位状态一经设定，可由软件检测 F0 的值来控制程序执行的方向。

RS1、RS0(工作寄存器组选择控制位)：可以用软件来置 1 或清 0，以改变工作寄存器组在 RAM 中的区域。RS1、RS0 与工作寄存器组的对应关系如表 2-2 所示。

OV(溢出标志位)：当执行算术运算指令时，由硬件置 1 或清 0，以指示溢出状态。D6 位和 D7 位不同时产生进位或借位时，OV=1，否则 OV=0。

P(奇偶标志位)：每次指令执行结束后，都由硬件来置 1 或清 0，以表示累加器 A 中 1 的个数的奇偶性。若 1 的个数为奇数，则 P 置 1，否则 P 清 0。

3．数据指针

数据指针(DPTR)是一个 16 位的专用地址指针寄存器。编程时，DPTR 既可以作为 16 位寄存器，也可以拆成两个独立 8 位寄存器，即 DPH(高 8 位字节)和 DPL(低 8 位字节)，分别占据 83H 和 82H 两个地址。DPTR 通常在访问外部数据存储器时作地址指针使用，用于存放外部数据存储器的存储单元地址。由于外部数据存储器的寻址范围为 64 KB，故把 DPTR 设计为 16 位，通过 DPTR 寄存器间接寻址方式可以访问 0000H～FFFFH 全部 64 KB 的外部数据存储器空间。

因此，MCS-51 单片机可以外接 64 KB 的数据存储器和扩展 I/O 端口，对它们的寻址可以使用 DPTR 来间接寻址。

4．堆栈指针

堆栈指针(SP)是一个 8 位寄存器，地址是 81H，用于指示堆栈顶部在内部 RAM 中的位置。可以把 SP 看成一个地址指针，它总是指向堆栈顶端的存储单元。MCS-51 单片机的堆栈是增量式的，即进栈时，SP 的内容是增加的(SP 指针先自动加 1，然后向 SP 指针指向的存储单元送入一个数)，出栈时，SP 的内容是减少的。**单片机复位后，SP 初始化默认值为 07H**，使得堆栈事实上由 08H 单元开始。

SP 的内容一经确定，堆栈的位置也就跟着确定了。由于 SP 可以由程序设为不同值，因此堆栈位置是可以浮动的。考虑到 08H～1FH 分属于工作寄存器组的第 1～3 组，若程序设计要用到工作寄存器组第 1～3 组，则 SP 不能取默认值，而应把堆栈区设置在普通存储区内。

5．I/O 端口的专用寄存器

P0～P3 口寄存器实际上就是 P0～P3(引脚)专用的锁存器，用 P0～P3 表示。MCS-51 系列单片机没有专门的端口操作指令，均采用统一的 MOV 指令，直接读写 P0～P3，使用极为方便。

6．串行数据缓冲器

串行数据缓冲器(SBUF)用于存放待发或已接收到的数据，它实际上由两个独立的寄存器组成：一个是发送缓冲器，另一个是接收缓冲器。这两个寄存器共享一个地址 99H。

其余的特殊功能寄存器将在以后各章中介绍。

2.4　单片机的 I/O 电路

MCS-51 单片机本身提供了四个 8 位的并行接口，分别记做 P0 口、P1 口、P2 口和 P3

口，共有 32 条 I/O 口线。P0～P3 口都是准双向端口，每一根 I/O 口线都能独立地用作输入或输出(可以按位访问)。四个并行端口结构不同，功能各异，除了可以作为 I/O 口外，P0口、P2 口和 P3 口还负责提供数据总线、地址总线和控制总线。四个 8 位并行 I/O 端口在汇编指令中也用 P0、P1、P2 和 P3 表示。

I/O 口作为输入口之前，应先向端口写 1，以保证读入正确的输入状态。单片机初始上电时，所有的 I/O 口均处于高电平，这时 I/O 口直接作为输入口，则不需要向端口写 1。

2.4.1 P0 口

1. P0 口的结构

P0 口是一个多功能的 8 位双向并行接口。P0 口某位的内部电路结构如图 2-9 所示，它包含一个输出锁存器(D 触发器)、两个三态缓冲器(三态门 1 和三态门 2)、一个输出驱动电路和一个输出控制电路。

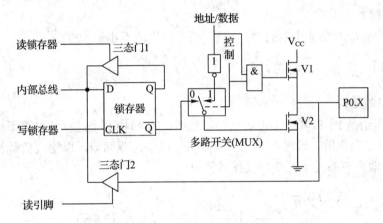

图 2-9 P0 口的内部电路结构

2. P0 口的功能

MCS-51 单片机的 P0 口有两种功能：通用 I/O 接口或地址/数据分时复用总线。

1) 通用 I/O 接口

输出：CPU 内部发出控制电平 0 封锁与门，使与门输出为 0，上方的场效应管 V1 处于截止状态，因此输出驱动级是漏极开路的开漏电路。这样，当写脉冲加在 D 触发器的 CLK 端时，与内部数据总线相连的 D 端数据取反后出现在 $\overline{Q}$ 端，再经下方的场效应管 V2 反相，在 P0 引脚上出现的数据就正好是内部总线的数据。但要注意，由于 P0 口输出驱动电路工作于开漏状态，因此 **P0 作为输出口时需要外接上拉电阻**。

输入：P0 口作为 I/O 口使用时的另一种情况是数据由引脚输入，这时使用下方的三态输入缓冲器(三态门 2)直接读端口引脚处的数据。以上操作称为"读信号"操作。

"读—改—写"操作：端口处于输出状态，将端口当前的数据读入 CPU，在 CPU 中进行运算、修改后，再写到端口输出。需要指出的是，"读—改—写"操作中的"读"是指"读锁存器"，而非"读端口引脚"，因为直接读端口引脚有可能得到错误的读入结果。例如，当用一根端口线去驱动一个晶体管的基极时，如果已经向此端口线写 1，便会令晶体管导通，把引脚拉成低电平。因此，直接读引脚必然会将原先输出的 1 误读为 0，当改为读锁存器后，就能将原先输出的 1 正确读入。图 2-9 上方的三态输入缓冲器(三态门 1)就是为读锁存器 Q 端的数据而设置的。

2) 地址/数据分时复用总线

在单片机应用系统中，P0 口作为地址/数据总线使用分为两种情况。

一种是以 P0 引脚输出地址/数据信息。这时，CPU 内部发出控制信号 1，打开与门，使得多路开关将内部地址/数据线经反相器与场效应管的栅极接通。若地址/数据为 0，则该 0 信号一方面经与门使上方的场效应管 V1 截止，另一方面经反相器使下方的场效应管 V2 导通，从而使引脚输出 0 信号；反之，若地址/数据信号为 1，则上方的场效应管 V1 导通，下方的场效应管 V2 截止，引脚输出 1 信号。显然在上述情况中，不必外接上拉电阻。

另一种情况是 P0 口由与其连接的外部存储器输入数据。为了确保数据的正确输入，CPU 在访问外部存储器期间，会在读入数据之前自动地向 P0 口的锁存器写入 FFH。因此，对于用户而言，当 P0 口作为地址/数据总线使用时，它是一个真正的双向口。

3. 负载能力

P0 口输出时能驱动 8 个 LSTTL 负载，即输出电流不小于 800 μA。

2.4.2　P1 口

1. P1 口的结构

图 2-10 所示是 P1 口其中 1 位的结构原理图，P1 口由 8 个这样的电路所组成。图中的锁存器起输出锁存作用。场效应管与上拉电阻组成输出驱动器，以增大负载能力。三态门 2 是输入缓冲器，三态门 1 在端口操作时使用。

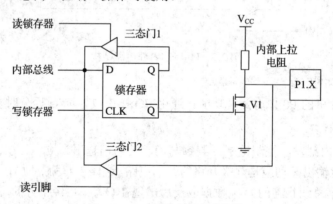

图 2-10　P1 口的内部电路结构

2. P1 口的功能

MCS-51 单片机的 P1 口只有一种功能——通用 I/O 接口。

P1 口工作于输出方式：此时数据 data 经内部总线送入锁存器锁存。如果某位的数据为 1，则该位锁存器输出端 Q=1，$\overline{Q}$=0，使 V1 截止，从而在引脚 P1.X 上出现高电平；反之，如果数据为 0，则 $\overline{Q}$=1，Q=0，使 V1 导通，P1.X 上出现低电平。

P1 口工作于输入方式：控制器发出的读信号打开三态门 2，引脚 P1.X 上的数据经三态门 2 进入芯片的内部总线。在执行输入操作时，如果锁存器原来寄存的数据 Q=0，那么由

于 $\overline{Q}=1$，将使 V1 导通，引脚被始终钳位在低电平上，不可能输入高电平。为此，用作输入前，必须先用输出指令置 Q=1，使 V1 截止。单片机复位后，P1 口线的状态都是高电平，可以直接用作输入。

3. 负载能力

P1 口输出时能驱动 4 个 LSTTL 负载，即输出电流不小于 400 μA。

2.4.3　P2 口

1. P2 口的结构

图 2-11 所示是 P2 口其中 1 位的结构原理图，P2 口由 8 个这样的电路组成。P2 口的位结构比 P1 口多了一个转换控制部分。

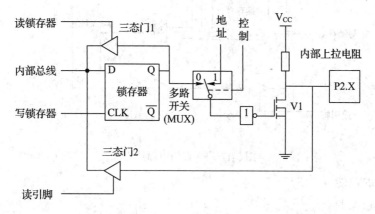

图 2-11　P2 口的内部结构

2. P2 口的功能

1) 通用 I/O 接口

当 P2 口作为通用 I/O 口使用时，多路开关(MUX)打向锁存器的输出端 Q，构成一个准双向口。其功能与 P1 口相同，有输入、输出工作方式。

2) 地址总线口

P2 口的另一种功能是作为系统扩展的地址总线口。当计算机从片外 ROM 中取指令，或者执行访问片外 RAM、片外 ROM 的指令时，多路开关打在右边，P2 口上出现程序计数器(PC)的高 8 位地址或数据指针(DPTR)的高 8 位地址(A7～A15，低 8 位地址由 P0 输出)。上述情况下，锁存器的内容不受影响。所以，取指或访问外部存储器结束后，由于模拟开关打向左边，使输出驱动器与锁存器 Q 端相连，引脚上将恢复原来的数据。

一般来说，如果系统扩展了片外 ROM，取指的操作将连续不断，P2 口不断送出高 8 位地址，这时 P2 口就不应再作为通用 I/O 口使用。如果系统扩展了片外 RAM，需要由 P2 口、P0 口送出 16 位地址时，P2 口也不再作为通用 I/O 接口。

3. 负载能力

P2 口的负载能力和 P1 口的相同，输出时能驱动 4 个 LSTTL 输入。

2.4.4　P3 口

1．P3 口的结构

图 2-12 所示是 P3 口其中 1 位的结构原理图，P3 口由 8 个这样的电路所组成。图中的锁存器起输出锁存作用。场效应管 V1 与上拉电阻组成输出驱动器，以增大负载能力。三态门 2 是输入缓冲器，三态门 1 在端口操作时使用，与非门在端口作为第二功能时使用。

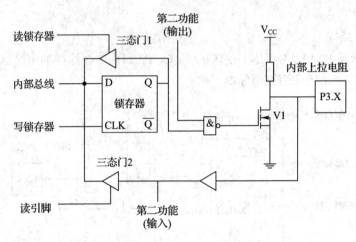

图 2-12　P3 口的内部结构

2．P3 口的功能

1) 通用 I/O 接口

MCS-51 单片机的 P3 口为多功能口。当第二功能输出端保持高电平时，与非门对锁存器 Q 端是畅通的，这时，P3 口实现第一功能，可作为通用 I/O 口使用，而且是一个准双向 I/O 口，其功能与 P1 口相同。

2) 第二功能

P3 口除了作为准双向通用 I/O 接口使用外，每一根线还具有第二种功能，如表 2-5 所示。

表 2-5　P3 口各位线与第二功能

引　脚	第　二　功　能
P3.0	RxD(串行口输入)
P3.1	TxD(串行口输出)
P3.2	$\overline{INT0}$(外部中断 0 输入)
P3.3	$\overline{INT1}$(外部中断 1 输入)
P3.4	T0(定时器/计数器 0 的外部输入)
P3.5	T1(定时器/计数器 1 的外部输入)
P3.6	$\overline{WR}$ (片外数据存储器"写选通控制"输出)
P3.7	$\overline{RD}$ (片外数据存储器"读选通控制"输出)

当将第二功能作为专用信号输出时，锁存器 Q 端必须为高电平，否则场效应管 V1 导通，引脚被钳位在低电平，无法输入或输出第二功能信号。当锁存器置 1 时，与非门对第二输出功能是畅通的，但对输入而言，无论该位是作通用输入口还是作第二功能输入口，相应的输出锁存器和第二功能输出端都应置 1。实际上，由于 MCS-51 单片机所有 I/O 口的锁存器在上电复位时均被置 1，自然能满足上述要求，因此用户不必做任何操作，就可以直接使用 P3 口的第二功能。要在确信某一引脚第二功能所提供的信号不被使用(或不会产生)时，该引脚才可以作为 I/O 口使用。

在图 2-12 下方的输入通道中有两个缓冲器。第二功能的专用输入信号取自第一个缓冲器的输出端，而通用输入信号取自"读引脚"缓冲器的输出端。

3．负载能力

P3 口的负载能力和 P1 口相同，输出时能驱动 4 个 LSTTL 负载。

2.5　单片机的辅助电路

辅助电路是单片机正常工作的必要条件。**单片机辅助电路主要有时钟电路和复位电路。**时钟电路给单片机提供时钟脉冲，保证单片机按照自身的时序自动工作起来；复位电路能对单片机进行初始化操作。对于 MCS-51 单片机，只要加入了正确的时钟电路和复位电路，就能构成单片机最小系统，即保证单片机系统正常工作的最简系统。

2.5.1　时钟电路

单片机是一个典型的时序电路器件，需要时钟电路提供时钟脉冲以保证其按照"节拍"正常工作。振荡器产生的信号送到 CPU，作为 CPU 的时钟信号，驱动 CPU 产生执行指令功能的机器周期。

MCS-51 单片机片内有一个由高增益反相放大器所构成的振荡电路，XTAL1 和 XTAL2 分别为振荡电路的输入和输出端，时钟可以由内部方式产生或由外部方式产生。

1．内部方式

内部方式是通过外接石英晶体器件和内部振荡电路共同形成时钟电路。如图 2-13 所示，在 XTAL1 和 XTAL2 引脚上外接定时元件，内部振荡电路就产生自激振荡。定时元件通常采用石英晶体和电容组成的并联谐振回路。晶振频率可以在 1.2～24 MHz 之间选择，电容 C1 和 C2 的值为 10～30 pF，时钟频率基本上由晶振决定，电容的大小可起频率微调作用。

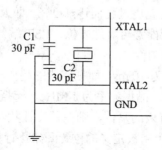

图 2-13　使用内部振荡器的晶振连接

2．外部方式

外部方式是把外部已有的时钟信号引入单片机内，即把外部振荡器的信号直接连到 XTAL1 端，XTAL2 端悬空不用，如图 2-14 所示。对外部振荡信号无特殊要求，只要保证脉冲宽度，一般采用频率低于 12 MHz 的方波信号。采用外部方式的好处是，可以通过外部时钟频率控制来改变单片机的机器周期，以降低电磁干扰(EMI)。一般应用很少使用外部方式。

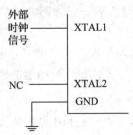

图 2-14　使用外部时钟的连接

2.5.2　复位方式和复位电路

MCS-51 单片机与其他微处理器一样，在启动时都需要复位，使 CPU 及系统各部件处于确定的初始状态，并从初始状态开始工作。在单片机系统设计并制作完成后，就要上电工作，在上电初期，由于单片机内部电压不稳定，程序执行会混乱，因而要等到电压稳定后才让单片机进行工作。同时，在单片机工作期间，由于外界干扰或其他原因使系统工作不正常，就需要进行上电复位和手动复位操作。**如果 RST 引脚上有一个高电平并维持 2 个机器周期(24 个振荡周期)或更多，则 CPU 可响应并将系统复位。**

实现可靠的复位需要正确的复位电路，而复位后单片机将处于怎样的初始状态，这是单片机应用系统开发者必须掌握的。

1．复位电路

单片机的复位可以通过多种方式实现，对应着不同的复位电路。复位的方法有三种：即上电复位、手动开关复位和 WDT(看门狗)复位。

1) 上电复位电路

上电复位电路如图 2-15 所示。只要在复位输入引脚 RST 上接一个电容至 Vcc 端，下接一个电阻到地即可。对于 CMOS 型单片机，由于在 RST 端内部有一个下拉电阻，故可将外部电阻去掉，而将外接电容减至 1 μF。

上电复位的过程是在加电时，复位电路通过电容加给 RST 端一个短暂的高电平信号，此高电平信号随着 Vcc 对电容的充电过程而逐渐回落，即 RST 端的高电平持续时间取决于电容的充电时间。为了保证系统能够可靠地复位，RST 端的高电平信号必须维持足够长的时间。

上电时，Vcc 的上升时间约为 10 ms，而振荡器的起振时间取决于振荡频率。如晶振频率为 10 MHz，起振时间为 1 ms；晶振频率为 1 MHz，起振时间则为 10 ms。

如果系统在上电时得不到有效的复位，则在程序计数器(PC)中将得不到一个合适的初值，从而导致 CPU 可能会从一个未被定义的位置开始执行程序。

2) 手动复位电路

手动复位电路是上电复位和手动复位相结合的，主要用于单片机系统故障(死机)时的重新启动。可以人为地在复位输入端 RST 上加入高电平，一般采用的办法是在 RST 端和正电源 Vcc 之间接一个按钮。当按下按钮时，Vcc 的+5 V 电平就会直接加到 RST 端，虽然按下按钮的时间很短，但是也会使按钮保持接通数十毫秒的时间，所以手动复位能满足复位的时间要求。手动复位电路如图 2-16 所示。

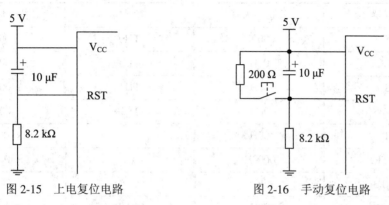

图 2-15　上电复位电路　　　　　　　　图 2-16　手动复位电路

3) WDT 复位电路

WDT(看门狗)复位电路是利用 MAX705 等 WDT 专用芯片来实现复位的电路，如图 2-17 所示。WDT 芯片内有一个不受外部控制的计数器，上电后即自动计数，一旦计数溢出就发出对单片机的复位信号。为了不使计数器溢出，必须在计数器溢出前通过 WDI 口输入清 0 信号，使计数器复位清 0。因而在实际运用中，只要在软件上适当安排，即可使得单片机处于正常工作状态。针对图 2-17 电路的正常程序序列中应能循环执行到 P3.7 取反指令，从而使 WDT 内部的计数器能及时清 0，保证了单片机系统的正常运行。当有外部干扰因素出现，使得单片机程序工作不正常时，便无法确保 P3.7 取反指令的执行，WDT 芯片内部的计数器就会产生溢出，$\overline{\text{WDO}}$ 变成低电平，进而使得 $\overline{\text{MR}}$ 变低，单片机系统自动复位，从 0000H 重新开始工作。

实际应用中，我们通常把手动复位电路和 WDT 复位电路结合起来使用。

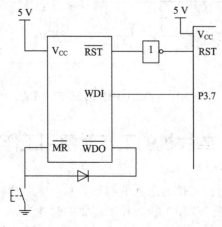

图 2-17　WDT 复位

2．复位状态

系统复位后，许多特殊功能寄存器都将恢复到初始状态。各特殊功能寄存器的状态如表 2-6 所示，表中×为随机数。

手动复位或 WDT 复位后，片内 RAM 和片外 RAM 的内容保持不变，但在上电复位后为随机数。

表 2-6　系统复位后特殊功能寄存器状态

寄存器	复位后内容	寄存器	复位后内容
PC	0000H	TH0	00H
ACC	00H	TL0	00H
B	00H	TH1	00H
PSW	00H	TL1	00H
SP	07H	IP	×××00000B
DPTR	0000H	IE	0××00000B
P0~P3	FFH	SCON	00H
TMOD	00H	SBUF	不定
TCON	00H	PCON	0×××0000B

2.5.3　单片机最小系统

最小应用系统是指能维持单片机运行的最简单配置的系统。 由于 80C51/89C51 单片机有片内 ROM，所以其最小应用系统即为配有时钟电路、复位电路和电源的单个单片机，如图 2-18 所示。由于资源的限制，最小应用系统只能用作一些小型的控制单元。

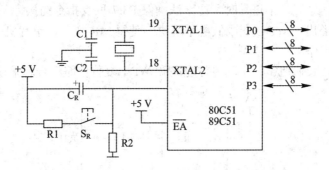

图 2-18　80C51/89C51 最小应用系统

2.6　单片机的工作时序和工作方式

时序是单片机指令执行中各信号之间的相互关系。单片机本身如同一个复杂的同步时序逻辑电路，时钟电路用于产生单片机工作所需要的时钟信号。为了保证同步工作方式的实现，单片机内部电路应在唯一的时钟信号控制下严格地按时序进行工作。

2.6.1　时序的基本概念

1．时钟周期

时钟周期也称振荡周期，是指为单片机提供时钟信号的振荡源的周期或外部输入时钟的周期。考虑到绝大部分单片机应用系统是采用石英晶体作为振荡源，一般来讲，时钟周期也就是 $1/f_{osc}$，f_{osc} 是石英晶体的振荡频率(简称晶振频率)。

2．机器周期

完成一条指令的一个基本操作步骤所需的时间称为机器周期。一个机器周期由 6 个状态组成，即 S1～S6，每个状态又被分成两个节拍 P1 和 P2，如图 2-19 所示。所以**一个机器周期有 12 个振荡周期**，可以依次表示为 S1P1，S1P2，…，S6P1，S6P2。如果石英晶体振荡频率 $f_{osc} = 12$ MHz，则机器周期为：$(1/f_{osc}) \times 12 = 1$ μs。单片机的某些单周期指令的执行时间就是一个机器周期。

3．指令周期

单片机 CPU 执行一条指令所需的时间称为指令周期。MCS-51 系列单片机执行不同指令所需时间也不尽相同，有单机器周期、双机器周期、四机器周期三种指令周期。如："MOV A，#data" (把一个数写入累加器中)就是一个单机器周期指令。附录 B 中给出了每条指令的机器周期数。

2.6.2　单片机的工作时序

MCS-51 单片机指令按照执行时间分为三类：单机器周期指令(简称单周期指令)、双机器周期指令(简称双周期指令)和四机器周期指令(简称四周期指令)。而按照指令占用存储空间长度分，又有单字节指令、双字节指令和三字节指令(附录 B 中给出了每条指令的机器周期数和字节数)。所以有以下几种情况：

- 单字节单周期指令；
- 单字节双周期指令；
- 双字节单周期指令；
- 双字节双周期指令；
- 三字节双周期指令；
- 单字节四周期指令。

图 2-19 给出了 MCS-51 单片机的取指和执行指令的时序关系。这些内部时钟信号不能从外部观察到，我们用 XTAL1 振荡信号作参考。在图中可看到，低 8 位地址的锁存信号 ALE 在每个机器周期中两次有效：一次在 S1P2 与 S2P1 期间，另一次在 S4P2 与 S5P1 期间。这说明在一个机器周期内有两次取指操作。

对于单周期指令，当操作码被送入指令寄存器时，便从 S1P2 开始执行指令。如果是双字节单周期指令，则在同一机器周期的 S4 期间读入第二个字节；如果是单字节单周期指令，则在 S4 期间仍进行读操作，但所读的这个字节操作码被忽略，程序计数器也不加 1，在 S6P2 结束时完成指令操作，如图 2-19(a)所示。对于双字节单周期指令，通常是在一个机器周期内从程序存储器中读入两个字节，如图 2-19(b)所示。唯有 MOVX 指令例外，MOVX 是访问外部数据存储器的单字节双周期指令。在执行 MOVX 指令期间，外部数据存储器被访问且被选通时跳过两次取指操作，如图 2-19(d)所示。图 2-19 中(c)给出了一般情况的单字节双周期指令的时序。MCS-51 指令大部分在一个机器周期或两个机器周期内完成。乘(MUL)和除(DIV)指令是仅有的需要两个以上机器周期的指令，占用 4 个机器周期。

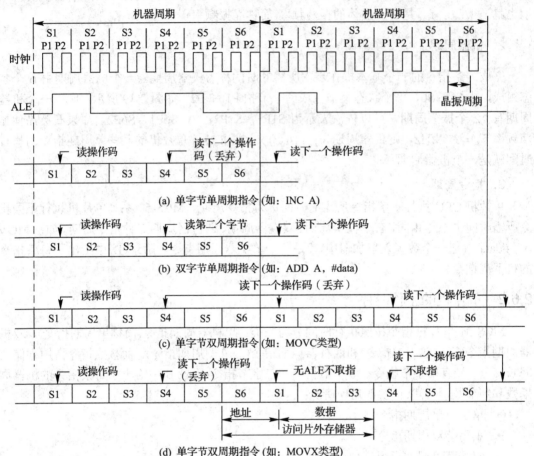

图 2-19　单片机取指和执行指令的时序关系

2.6.3　单片机的工作方式

1. 正常工作方式

当单片机完成复位后，进入正常工作方式，这时单片机由 Vcc 供电。正常工作方式是单片机自动完成任务的工作方式。正常工作过程是单片机执行程序的过程，即一条条执行指令的过程。

程序通常是顺序执行的，所以程序中的指令也是一条条顺序存放的。单片机在执行程序时要能把这些指令一条条从 ROM 中取出并加以执行，必须通过一个部件追踪指令所在的地址，这一部件就是程序计数器(PC，包含在 CPU 控制器中)。在开始执行程序时，给 PC 赋以程序中第一条指令所在的地址，然后取得每一条要执行的命令，每次读操作码或操作数时，PC 中的内容就会自动加 1，然后执行指令。本条指令执行完毕后，PC 指向下一条指令的起始地址，保证指令顺序执行。

2. 掉电工作方式

MCS-51 单片机的 SFR 中有一个电源控制寄存器(PCON)，地址为 87H，PCON 的格式如下：

	D7	D6	D5	D4	D3	D2	D1	D0
(87H)								
PCON	SMOD	—	—	—	GF1	GF0	PD	IDL

PCON 各位可以进行读/写操作。PCON 不能进行位操作，只能按字节操作。

SMOD：波特率加倍位(用途见第 6 章)。

GF1、GF0：通用标志位。

PD：掉电方式控制位。当 PD 位为 1 时，启用掉电方式。

IDL：待机方式控制位。当 IDL 位为 1 时，启用待机模式。

1) 进入掉电工作方式

当单片机检测到电源故障时，立即通过外部中断引脚中断运行程序。CPU 转而执行中断服务程序，首先进行信息保护，然后执行一条置 PD 位为 1 的指令，系统进入掉电工作方式。在这种工作方式下，内部振荡器停止工作。由于没有振荡时钟，因此所有的功能部件都停止工作，但内部 RAM 区和 SFR 的内容被保留，而端口的输出状态值都保存在对应的 SFR 中，ALE 和 $\overline{PSEN}$ 都为低电平。

2) 退出掉电工作方式

退出掉电方式的唯一方法是硬件复位。复位后将所有的 SFR 的内容初始化，但不改变内部 RAM 区的数据。

在掉电工作方式下，Vcc 可以降到 2 V，但在进入掉电方式之前，Vcc 不能降低。而在准备退出掉电方式之前，Vcc 必须恢复到正常的工作电压值，并维持一段时间(约 10 ms)，使振荡器重新启动并稳定后，方可退出掉电方式。

3. 低功耗工作方式

1) 进入低功耗工作方式

低功耗工作方式也称为待机工作方式。当 CPU 执行完置 IDL 位为 1 的指令后，系统进入了待机工作方式。这时，内部时钟通向 CPU 的电路被阻断，而只供给中断、串行口和定时器。CPU 的内部状态维持不变，即包括堆栈指针(SP)、程序计数器(PC)、程序状态字(PSW)、累加器(ACC)等所有的内容保持不变，端口状态也保持不变。ALE 和 $\overline{PSEN}$ 保持逻辑高电平。

由于 CPU 耗电量占单片机芯片耗电量的 80%～90%，因此 CPU 停止工作会大大降低功耗。

2) 退出低功耗工作方式

进入待机工作方式后，有两种方法可以使系统退出待机工作方式。

一种方法是任何的中断请求都可以由硬件将 IDL 清 0 而中止待机工作方式。引入一个外部中断，CPU 响应中断的同时，IDL 被硬件自动清 0，CPU 进入中断服务程序，执行到 RETI 指令时，结束中断，返回主程序，进入正常工作方式。PCON 寄存器中的 GF0 和 GF1 标志可用来指示中断是在正常方式下还是在待机方式下发生。

另一种方法是硬件复位，需要在 RST 引脚加入正脉冲。由于在待机工作方式下振荡器仍然工作，因此硬件复位仅需 2 个机器周期以上便可完成。而 RST 端的复位信号直接将 IDL 清 0，从而退出待机状态，CPU 则从进入待机方式的下一条指令开始重新执行程序，进入正常工作方式。

思 考 与 练 习

1．MCS-51 单片机内部包含哪些主要功能部件？

2．MCS-51 单片机内部数据存储器可以分为哪几个不同区域？它们之间有什么区别？

3．程序状态字寄存器(PSW)的作用是什么？常用状态有哪些位？作用是什么？

4．位地址 6DH 与字节地址 6DH 如何区分？位地址 6DH 对应的字节地址单元是什么？

5．如何选择当前工作寄存器组？

6．什么是堆栈？堆栈的特点是什么？堆栈指针 SP 的作用是什么？复位后，SP 是多少？堆栈实际上是从什么地方开始的？

7．简述 $\overline{EA}$、ALE、$\overline{PSEN}$、$\overline{RD}$、$\overline{WR}$ 引脚的用途。

8．MCS-51 单片机 I/O 端口有什么特点？作为输出口时如何使用？作为输入口时又如何使用？

9．MCS-51 单片机控制总线信号有哪些？作用是什么？

10．MCS-51 单片机复位有几种方法？复位后各寄存器处于什么状态？

11．WDT 复位电路的工作原理是什么？

12．什么是振荡周期、机器周期和指令周期？它们之间有何关系？当晶振频率为 6 MHz 时，一个机器周期是多少？

13．MCS-51 有几种低功耗方式？如何实现？

第3章　单片机 C51 程序设计基础

本章结合 MCS-51 单片机特点对 C51 的一些基本知识进行阐释，重点讲述与单片机软件编程密切相关的内容，而对于标准 C 语言的一般内容只作简单介绍。在学习本章内容之前，希望读者能够先行学习 C 语言程序设计的基础知识。

3.1　C51 概 述

早期的单片机系统主要采用汇编语言编写程序，但是汇编语言程序的可读性和可移植性都比较差，采用汇编语言编写单片机应用程序的开发周期长，而且调试和查错比较困难。为了提高编写单片机应用程序的效率、改善程序的可读性和可移植性，采用高级编程语言是很好的选择。

C 语言是一种通用的计算机程序设计语言，它既具有一般高级语言的特点，又能直接对计算机的硬件进行操作，表达和运算能力也比较强。Keil C51 是一种专为 MCS-51 系列单片机设计的 C 语言编译器，支持用符合 ANSI 标准的 C 语言进行程序设计，同时，考虑到 MCS-51 单片机的特殊性，对其进行了扩展，我们称之为 C51 语言。

3.1.1　C51 程序结构概述

C51 程序结构如下：

```
#include <reg51.h>        //预处理命令
//全局变量定义
//函数声明
char fun()                //功能函数定义
{
……                        //功能函数体
}
void  函数名() interrupt x //中断函数定义
{
……                        //中断函数体
}
```

```
        void main()                  //主函数
        {
//局部变量定义
//单片机寄存器初始化函数
            while(1)
            {
            ……                      //主函数体
            }
        }
```

注意事项：

(1) **一个 C51 源程序必须包括一个 main 函数**，也可以包括若干个其他函数。main 函数可以调用别的功能函数，但其他功能函数不允许调用 main 函数。main 函数是主函数，是程序的入口，不论 main 函数处在程序的任何位置，程序都从 main 函数开始执行，执行到 main 函数结束则结束。一般将 main 函数放在程序尾。

(2) "#include<xxx.h>"语句是包含库函数。库函数是 C51 在库文件中已定义的函数，其函数说明在相关的头文件中。用户编程时只要用 include 预处理命令包含相关头文件，就可在程序中直接调用。

(3) 用户自定义函数是用户自己定义、自己调用的函数。

(4) 全局变量在程序的所有地方都可以赋值和读出，包括中断函数、主函数，因此单片机程序要善于使用全局变量。

(5) **如果使用中断、定时器、串口等功能，单片机特殊功能寄存器必须要初始化。**

(6) **主程序必须是闭环结构**，即是一个闭环循环，采用 while(1){……}(类似汇编语言例程中的 LOOP：…… LJMP　LOOP)，表示单片机的 main 函数中的部分代码是循环执行。在实际应用中，单片机程序先对寄存器进行一次初始化操作，然后使用循环语句(比较常用的是"while(1)"语句)循环执行其循环代码部分。后面的例程由于部分主程序没有实际功能，本书的例题中一般用一条"while(1)"语句(类似汇编语言例程中的 LJMP　$)来代替循环执行代码。

(7) 注释部分可以用"//注释内容"或"/* 注释内容 */"来分割。

(8) 程序中必须采用英文标点。

3.1.2　C51 对标准 C 的扩展

为了更好地支持 MCS-51 单片机应用系统的开发，C51 对标准 C(ANSI C)进行了扩展，不仅完全支持 C 的标准指令，而且还进行了诸多优化。在 C51 中的关键字除了 ANSI C 标准的 32 个关键字之外，还根据 MCS-51 单片机的特点扩展了相关的关键字，表 3-1 按用途列出了 Keil C51 编译器扩展的关键字。

表 3-1　Keil C51 编译器扩展关键字

关键字	用　途	说　明
_at_	地址定位	为变量进行存储器绝对空间地址定位
alien	函数特性声明	用于声明与 PL/M51 兼容函数
small	存储器模式	指定使用内部数据存储器空间
compact	存储器模式	指定使用外部"分页寻址"数据存储器空间
large	存储器模式	指定使用外部数据存储器空间
code	存储器类型声明	声明程序存储器空间
data	存储器类型声明	指定直接寻址的内部数据存储器
bdata	存储器类型声明	指定可位寻址的内部数据存储器
idata	存储器类型声明	指定间接寻址的内部数据存储器
pdata	存储器类型声明	指定"分页寻址"的外部数据存储器
xdata	存储器类型声明	指定外部数据存储器
bit	位变量声明	声明位变量
sbit	位变量声明	声明一个可位寻址变量
sfr	特殊功能寄存器声明	声明一个 8 位的特殊功能寄存器
sfr16	特殊功能寄存器声明	声明一个 16 位的特殊功能寄存器
interrupt	中断函数声明	定义一个中断服务函数
using	工作寄存器组定义	定义工作寄存器组 R0～R7
priority	多任务优先声明	规定 RTX 或 RTX51 Tiny 的任务优先级
reentrant	再入函数声明	定义一个再入函数
task	任务声明	定义实时多任务函数

3.2　C51 的编译和编译预处理

3.2.1　编译

C51 编译器的作用是将 C 语言源程序翻译成为 MCS-51 系列单片机的可执行代码。在 Keil μVision4 集成开发环境中，可以通过 Project 菜单"Options for Target"选项中的"C51"标签页来设置各种控制命令，通过 Project 菜单"Build Target"选项可以很方便地按所设置命令对 C51 源程序进行编译和链接定位(详见 9.2 小节)。

编译命令分为源控制、列表控制和目标控制三个大类。源控制命令用于宏定义以及确定需要进行编译的文件名。列表控制命令用于规定编译后所产生列表文件的格式以及是否生成某些特殊内容，所生成的列表文件扩展名为".LST"。目标控制命令用于控制编译之后生成目标文件的形式和内容，所生成的目标文件扩展名为".OBJ"；例如控制对目标文件的优化级别、使用不同的编译模式来规定变量的存储器空间、是否在所生成的目标文件中加入符号调试信息等。目标控制命令最多，作用最大，使用最频繁。

C51 编译器还可以生成扩展名为".I"和".SRC"的输出文件。".I"输出文件中包含由预处理器命令展开的源文件，对所有宏都进行展开，同时删除了所有注释。".SRC"输出文件为从 C51 源程序产生的汇编语言代码文件，可以再用 A51 进行汇编。默认状态下输出文件与源程序文件同名，但扩展名不同。

C51 编译器在对源程序进行编译时将自动查错，并在编译完成之后输出 0～3 级错误提示，0 级表示没有错误和警告，1 级表示仅有警告，2 级表示同时存在错误和可能的警告，3 级表示存在致命错误。用户可根据错误级别决定是否需要修改源程序文件，在 Keil μVision4 环境中将鼠标指向输出窗口某个错误提示信息并双击，光标会自动跳到编辑窗口中发生错误的源程序行，对于判断错误原因及修改源程序十分方便。

3.2.2 编译预处理

C 语言与其他高级程序设计语言的一个主要区别就是对程序的编译预处理功能，编译预处理器是 C 语言编译器的一个组成部分。C 语言中，通过预处理命令可以在很大程度上为 C 语言本身提供许多功能和符号等方面的扩充，增强了 C 语言的灵活性和方便性。编写程序时把预处理命令加在需要的地方，但它只在程序编译时起作用，且通常是按行进行处理的，因此又称为编译控制行。

C 语言的预处理命令类似于汇编语言中的伪指令。编译器在对程序进行编译之前，先对程序中的编译控制行进行预处理，然后再将预处理的结果与整个 C 语言源程序一起进行编译，产生目标代码。

1. 宏定义

宏定义命令为#define。它的作用是用一个标识符替换一个字符串，而这个字符串既可以是常数、表达式、其他字符串等，还可以是带参数的宏。宏定义的简单形式是符号常量定义，复杂形式是带参数的宏定义。

(1) 不带参数的宏定义。不带参数的宏定义又称符号常量定义，一般格式为：

```
#define 标识符 常量表达式
```

其中，"标识符"是所定义的宏符号名(也称宏名)。它的作用是在程序中使用指定的标识符来代替所指定的常量表达式。例如：#define NaN 0xFFFFFFFF 就是用 NaN 这个符号来代替常数 0xFFFFFFFF。使用了这个宏定义之后，程序中就不必每次都写出常数 0xFFFFFFFF，而可以用符号 NaN 来代替了。

编译时，编译器会自动将程序中所有的符号名 NaN 都替换成常数 0xFFFFFFFF。这种方法使得可以在 C 语言源程序中用一个简单的符号名来替换一个很长的字符串，还可以使用一些有一定意义的标识符，提高程序的可读性。通常程序中的所有符号定义都集中放在程序开始处，便于检查和修改，提高程序的可靠性。如果需要修改程序中的某个常量，不必修改整个程序，只要修改一下相应的符号常量定义即可。

实际使用宏定义时，按一般习惯，通常将宏符号名用大写字母表示，以区别于其他的变量名。宏定义不是 C 语言语句，因此在宏定义行的末尾不要加分号。例如：

```
#define    PAI    3.1415926
#define    R      3.0
```

（2）带参数的宏定义。带参数的宏定义与符号常量定义的不同之处在于，对于源程序中出现的宏符号名不仅进行字符串替换，而且还进行参数替换。带参数的宏定义的一般格式为：

> #define　宏符号名(参数表)　表达式

其中，表达式内包含了括号中所指定的参数，这些参数称为形式参数，在以后的程序中它们将被实际参数所替换。程序中所有带实际参数表的宏符号名，用指定的表达式来替换，同时用参数表中的实际参数替换表达式中对应的形式参数。

带参数的宏定义常用来代表一些简短的表达式，用来代替函数调用，提高程序的执行效率。例如：

> #define MIN(x，y)　(((x)<(y))? (x)：(y))

定义了一个带参数的宏 MIN(x，y)，以后在程序中就可以用这个宏而不用函数 min()。语句"m=MIN(u，v);"经宏展开后成为"m=((u)<(v)?(u)：(v));"。

2．文件包含

文件包含是将另一个指定的文件内容包含进来。文件包含命令的一般格式为：

> #include <文件名>或
>
> #include "文件名"

文件包含命令#include 的功能是用指定文件的全部内容替换该预处理行，采用<文件名>格式时，在头文件目录中查找指定文件；采用"文件名"格式时，在当前目录中查找指定文件，若没找到，再到头文件目录中查找。

为了适应模块化编程的需要，可以将组成 C 语言程序的各个功能函数分散到多个程序文件中，分别由若干人员完成，最后再用#include 命令将它们嵌入到一个总的程序文件中去。也可以将一些常用的符号常量、带参数的宏以及构造类型的变量等定义在一个独立的文件中，当某个程序需要时再将其包含进来，这样做可以减少重复劳动，提高程序的编制效率。由于某种原因需要修改其内容时，只需对相应的包含文件修改，而不必对使用它们的各个程序文件都做修改，这样有利于程序的维护和更新。

文件包含命令#include 通常放在 C 语言程序的开头，被包含文件的类型通常为以".h"为后缀的头文件和以".c"为后缀的源程序文件，既可以是系统提供的，也可以是自己编写的。需要注意的是，一个#include 命令只能指定一个被包含文件，如果程序中需要包含多个文件则需要使用多个包含命令。

C51 在预处理上的功能与 C 相同。

3.3　C51 的基本语法

3.3.1　常量

常量又称为标量，它的值在程序执行过程中不能改变。常量的数据类型有整型、浮点型、字符型和字符串型等。

1．整型常量

整型常量就是整型常数，可表示为以下几种形式。

十进制整数：如 1234、-5678、0 等。

十六进制整数：ANSI C 标准规定十六进制数据以 0x 开头，数字为 0～9，a～f。如 0x123 表示十六进制数，相当于十进制数 291；-0x1a 表示十六进制数，相当于十进制数-26。

长整数：在数字后面加一个字母 L 就构成了长整数，如 2048L、0123L、0xff00L 等。

2．浮点型常量

浮点型常量有十进制数表示形式和指数表示形式两种。十进制数表示形式又称定点表示形式，由数字和小数点组成。如 0.3141、.3141、314.1、3141.及 0.0 都是十进制数表示形式的浮点型常量。在这种表示形式中，如果整数或小数部分为 0 可以省略不写，但必须有小数点。指数表示形式为：

[±]数字[.数字]e[±]数字

其中，[]中的内容为可选项，根据具体情况可有可无，但其余部分必须有。如 123e4、5e6、-7.0e-8 等都是合法的指数形式浮点型常量；而 e9、5e4.3 和 e 都是不合法的表示形式。

3．字符型常量

字符型常量是单引号内的字符，如'a'、'b'等。对于不可显示的控制字符，可以在该字符前面加一个反斜杠"\"组成转义字符。转义字符可以完成一些特殊功能和输出时的格式控制。

4．字符串型常量

字符串型常量由双引号" "内的字符组成，如"ABCD"、"$1234"等都是字符串常量。C 语言将字符串常量作为一个字符类型数组来处理，在存储字符串常量时要在字符串的尾部加一个转义字符"\0"作为该字符串常量的结束符。需要注意的是，字符串常量首尾的双引号是界限符，当需要表示双引号字符串时，可用双引号转义字符"\""来表示。

3.3.2　变量

变量是一种在程序执行过程中其值能不断变化的量。在使用一个变量之前，必须要进行定义，用一个标识符作为变量名并指出它的数据类型和存储类型，以便编译系统为它分配相应的存储单元。在 C51 中对变量进行定义的格式如下：

[存储种类] 数据类型 [存储类型] 变量名;

其中"存储种类"和"存储类型"是可选项。变量的存储种类有四种：自动(auto)、外部(extern)、静态(static)和寄存器(register)。其中，存储种类为静态和外部的变量存放在静态存储区，存储种类为自动的变量存放在动态存储区，存储种类为寄存器的变量则直接送寄存器。定义一个变量时如果忽略存储种类选项，则该变量将为自动(auto)变量。定义一个变量时除了需要说明其数据类型之外，Keil C51 编译器还允许说明变量的存储类型。接下来对这些概念进行详细解释。

1．标准 C 数据类型

数据是单片机操作的对象，是具有一定格式的数字或数值，数据的不同格式就称为数据类型。标准 C 支持的基本数据类型，如表 3-2 所示。

表 3-2　标准 C 支持的数据类型

数据类型	位数	字节数	值　域
signed char	8	1	−128～+127，有符号字符变量
unsigned char	8	1	0～255，无符号字符变量
signed int	16	2	−32768～+32767，有符号整型数
unsigned int	16	2	0～65535，无符号整型数
signed long	32	4	−2147483648～+2147483647，有符号长整型数
unsigned long	32	4	0～+4294967695，无符号长整型数
float	32	4	±1.175494E−38～±3.402823E+38，浮点数(精度 6～7 位)
double	64	8	±4.940656458412465E−324～±1.797693134862316E+308，浮点数(精度 15～16 位)

2．C51 扩展数据类型

针对 MCS-51 单片机的硬件特点，C51 在标准 C 的基础上，扩展了 4 种数据类型，主要针对单片机片内存储区 RAM，如表 3-3 所示。需要注意的是，扩展的数据类型不能采用指针对数据进行存取操作。

表 3-3　Keil C51 扩展的数据类型

数据类型	位数	字节数	值　域
bit	1	/	0 或 1
sfr	8	1	0～255
sfr16	16	2	0～65535
sbit	1	/	0 或 1

(1) 位变量 bit。bit 用于定义位变量的名字，编译器会对其分配地址。位变量分配在内部 RAM 的 20H～2FH 单元相应的位区域，位地址范围是 00～7FH，共 128 个。用 bit 定义位变量的值可以是 1，也可以是 0。定义方法如下：

　bit　位变量;

例如：

　bit　PX;
　/*定义一个叫作 PX 的位变量，存放在地址单元 20H～2FH 中的某一位，其值可以是"0"或"1"*/

(2) 特殊功能寄存器 sfr 和 sfr16。特殊功能寄存器分布在片内数据存储区的地址单元 80H～FFH 之间，"sfr"数据类型占用一个内存单元，利用它可以直接对 MCS-51 单片机的特殊功能寄存器进行定义。"sfr16"数据类型则占两个内存单元，利用它可以定义占两个字节的特殊功能寄存器，在定义时的地址选用低位地址。

定义方法如下：

　sfr　　　　特殊功能寄存器名=地址;
　sfr16　　　特殊功能寄存器名=地址;

例如：

　sfr　　　　PSW = 0xD0;　　　//定义 PSW 寄存器的地址为 D0H

```
sfr      P1 = 0x90;      //定义 P1 寄存器的地址为 90H
sfr16    DPTR = 0x82;    //定义 DPTR 寄存器的低 8 位字节地址为 82H，高 8 位字节地址为 83H
```

通过 sfr 和 sfr16 对 MCS-51 单片机的特殊功能寄存器进行定义，在程序的后续语句中可以直接对特殊功能寄存器进行操作，如在程序后续的语句中可以用"P1=0xff"使 P1 的所有引脚输出为高电平。

(3) 特殊功能位 sbit。sbit 用于定义位变量的名字和地址。被定义的位变量是 sfr 中的可以进行位寻址的确定位，该位变量的绝对地址是确定的且不用编译器分配。利用 sbit 定义位变量名字和地址的方法有如下三种。

① 第一种方法：

```
sbit      位变量名=位地址;
```

这种方法将位的绝对地址赋给位变量，位地址必须位于 80H～FFH 之间。

例如：

```
sbit OV = 0xD2;      //定义 OV 位的绝对地址为 D2H
sbit CY = 0xD7;      //定义 CY 位的绝对地址为 D7H
```

② 第二种方法：

```
sbit      位变量名=特殊功能寄存器名^位位置;
```

当可寻址位位于特殊功能寄存器中时可以采用这种方法。其中，符号"^"前是特殊功能寄存器的名字，"^"后面的数字是特殊功能寄存器可寻址位在寄存器中的位置，取值必须是 0～7。

例如：

```
sfr   PSW = 0xD0;    //定义 PSW 寄存器的地址为 D0H

sbit OV = PSW^2;     //定义 OV 位为 PSW.2

sbit CY = PSW^7;     //定义 CY 位为 PSW.7
```

③ 第三种方法：

```
sbit      位变量名=字节地址^位位置;
```

这种方法以一个常数(字节地址)作为基地址，该常数必须在 80H～FFH 之间并能被 8 整除。"位位置"是一个 0～7 之间的常数。

例如：

```
sbit      OV = 0xD0^2;      //定义 OV 位为字节地址 D0H 的第 2 位
sbit      CY = 0xD0^7;      //定义 CY 位为字节地址 D0H 的第 7 位
```

注意：不要把 bit 与 sbit 混淆。bit 直接用于定义位变量，而 sbit 用于定义位变量的名字和地址。

3．存储类型

定义 C51 一般变量的数据类型时，应同时提及它的存储类型(缺省则由系统默认选择)和与存储器结构的关系，因为 C51 定义的任何数据类型必须以一定的方式定位在 MCS-51 单片机的某一存储区中，否则就没有实际意义。

MCS-51 单片机有片内、片外数据存储区和程序存储区。其中，片内数据存储区是可读写的，MCS-51 单片机(增强型)的衍生系列最多可有 256 个字节的内部数据存储区，其中低 128 字节可直接寻址，高 128 字节(80H～FFH)只能间接寻址。在内部数据存储区的低 128 字节中，20H～2FH 的 16 字节可位寻址。因此，内部数据存储区可分为 3 个不同的数据存储类型：data、idata 和 bdata。

访问片外数据存储区比访问片内数据存储区慢些，因为片外数据存储区是通过数据指针加载地址来间接寻址访问的。C51 提供两种不同数据存储类型 xdata 和 pdata 来访问片外数据存储区。

程序存储区只能读不能写，可能在单片机内部或者外部，或者外部和内部都有，由单片机的型号决定(参见第 1 章表 1-1)，C51 提供了 code 存储类型来访问程序存储区。

C51 存储类型与 MCS-51 单片机实际的存储空间的对应关系如表 3-4 所示。

表 3-4　C51 存储类型与 MCS-51 存储空间的对应关系

存储类型	位数	字节数	值域	与存储空间对应关系
data	8	1	0～127	直接寻址片内数据存储器区，访问速度最快(128 字节)
bdata	1	—	0 或 1	可位寻址片内数据存储区，允许位与字节混合访问(16 字节)
idata	8	1	0～255	间接寻址片内数据存储区，可访问片内全部 RAM 地址空间 (256 字节)
pdata	8	1	0～255	片外 RAM 的 256 字节，由 MOVX @Ri 访问
xdata	16	2	0～65535	片外 64 KB 的 RAM 空间，由 MOVX @DPTR 访问
code	16	2	0～65535	代码存储区(64 KB)，由 MOVC A,@A+DPTR 访问

下面对表 3-4 中的各种存储区加以说明。

(1) DATA 区。DATA 区是寻址最快的，应该把经常使用的变量放在 DATA 区，DATA 区除了包含程序变量外，还包含了堆栈和工作寄存器组。DATA 区声明中的存储类型标识符为 data，通常指片内 RAM 的低 128 字节的内部数据存储区的变量，可直接寻址。

下面是在 DATA 区定义变量的例子：

```
unsigned char data var;       //在 DATA 区定义一个自动的无符号字符型变量 var
unsigned int data string[8];  //在 DATA 区定义一个自动的无符号整型数组变量 string[8]
```

(2) BDATA 区。BDATA 区是 DATA 中的位寻址区，在这个区中声明变量就可进行位寻址。BDATA 区声明中的存储类型标识符为 bdata，指的是内部 RAM 可位寻址的 16 字节存储区(字节地址为 20H～2FH)中的 128 个位。C51 编译器不允许在 BDATA 区中声明 float 和 double 型变量。

下面是在 BDATA 区定义变量的例子：

```
unsigned char bdata var1;     //在 BDATA 区定义一个自动的无符号字符型变量 var1
```

(3) IDATA 区。IDATA 区使用寄存器作为指针来进行间接寻址，常用来存放使用比较频繁的变量。与外部存储器寻址相比，它的指令执行周期和代码长度相对较短。IDATA 区声明中的存储类型标识符为 idata，指的是片内 RAM 的 256 字节的存储区，只能间接寻址，速度比直接寻址慢。

下面是在 IDATA 区定义变量的例子：

```
int    idata var2;            //在 IDATA 区定义一个自动的整型变量 var2
```

extern float idata x,y,z;　　　//在 IDATA 区定义一个外部浮点型变量 x，y，z

(4) PDATA 区和 XDATA 区。PDATA 区和 XDATA 区位于片外存储区，PDATA 区和 XDATA 区声明中的存储类型标识符分别为 pdata 和 xdata。

PDATA 区只有 256 字节，仅指定 256 字节的外部数据存储区。但 XDATA 区最多可达 64 KB，对应的 xdata 存储类型标识符可以指定外部数据存储区 64 KB 内的任何地址。

对 PDATA 区的寻址要比对 XDATA 区寻址快，因为对 PDATA 区寻址，只需要装入 8 位地址，而对 XDATA 区寻址要装入 16 位地址，所以要尽量把外部数据存储在 PDATA 区中。

由于外部数据存储器与外部扩展 I/O 口是统一编址的，因此外部数据存储器地址段中除了包含存储器地址外，还包含外部扩展 I/O 口的地址。

下面是在 PDATA 区和 XDATA 区定义变量的例子：

unsigned char xdata xy[3][4];//在 XDATA 区定义一个自动的无符号字符型二维数组变量 xy[3][4]

float pdata var3;　　　　　　//在 PDATA 区定义一个自动的浮点型变量 var3

(5) 程序存储区 CODE。程序存储区 CODE 声明的标识符为 code，存储的数据是不可改变的。在 C51 编译器中可以用存储区类型标识符 code 来访问程序存储区。

下面是在程序存储区 CODE 定义变量的例子：

unsigned char code array1[ ] ="ABCDEFGH";　//在 CODE 区定义一个自动的字符串数组 array1

单片机访问片内 RAM 比访问片外 RAM 相对快一些，所以应当尽量把频繁使用的变量置于片内 RAM。即采用 data、bdata 或 idata 存储类型，而将容量较大的或使用不太频繁的那些变量置于片外 RAM，即采用 pdata 或 xdata 存储类型。常量只能采用 code 存储类型。

在一般的开发过程中，可以不考虑存储类型，直接定义变量的数据类型，而由 C51 编译器去安排存储类型，即存储模式的设置。

4．存储模式

如在变量定义时略去存储类型标识符，编译器会自动默认存储类型。默认的存储类型进一步由 SMALL、COMPACT 和 LARGE 三个存储模式限制。例如，若声明 char var1，则在使用 SMALL 存储模式下，var1 被定位在 DATA 存储区；在使用 COMPACT 模式下，var1 被定位在 PDATA 存储区；在 LARGE 模式下，var1 被定位在 XDATA 存储区中。

在固定的存储器地址上进行变量的传递，是 C51 标准特征之一。在 SMALL 模式下，参数传递是在片内数据存储区中完成的。LARGE 和 COMPACT 模式允许参数在外部存储器中传递。C51 也支持混合模式。例如，在 LARGE 模式下，我们可以将一些函数放入 SMALL 模式中，从而加快执行速度。下面对存储模式作进一步的说明。

(1) SMALL 模式。所有变量都默认位于 MCS-51 单片机内部的数据存储器，这与使用 data 指定存储类型的方式一样。在此模式下，变量访问的效率高，但所有数据对象和堆栈必须使用内部 RAM。

(2) COMPACT 模式。变量被定义在分页寻址的片外数据存储器中，每一页的片外存储器的长度为 256 字节，适用于变量不超过 256 字节的情况，对应 pdata 存储类型。这时对变量的访问是通过寄存器间接寻址(MOVX　@Ri)进行的。与 SMALL 模式相比，该存储模式的效率比较低，对变量访问的速度也慢一些，但比 LARGE 模式快。

(3) LARGE 模式。变量被定义在片外数据存储器中(最大可达 64 KB)，对应 xdata 存储类型。使用数据指针 DPTR 来间接访问变量(MOVX @DPTR)。这种访问数据的方法效率不是很高，特别是当变量为 2 字节或更多字节时，该模式要比 SMALL 和 COMPACT 产生更多的代码。

对于 Keil μVision4 的 C51 编译器，存储模式在工程设置对话框中 Target 标签页上设置，如图 3-1 所示。

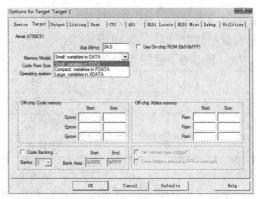

图 3-1 存储模式的设置

3.3.3 常用运算符与表达式

C51 的基本运算与标准 C 类似，对数据有很强的表达能力，有十分丰富的运算符。运算符就是完成某种特定运算的符号，表达式则是由运算符及运算对象所组成的具有特定含义的一个式子。运算符按其在表达式中所起的作用，可分为算术运算符、逻辑运算符、关系运算符、位运算符、赋值运算符、指针/取地址运算符等。

1．算术运算符

算术运算符及其说明如表 3-5 所示。

表 3-5 算术运算符及其说明

符 号	说 明
+	加法运算
−	减法运算
*	乘法运算
/	除法运算
%	取模(余数)运算
++	自增 1
−−	自减 1

运算符"+、−、*"是"加法、减法、乘法"运算，"/"和"%"这两个符号都涉及除法运算，"/"运算是取商，而"%"运算为取余数。例如"5/3"的结果(商)为 1，而"5%3"的结果为 2(余数)。表中的自增和自减运算符是使变量自动加 1 或减 1，自增和自减运算符放在变量之前和变量之后是不同的。例如：

++i，--i：在使用 i 之前，先使 i 值加 1 或减 1。

i++，i--：在使用 i 之后，再使 i 值加 1 或减 1。

例如：若 i=4，则执行 x=++i 时，先使 i 加 1，再引用结果，即 x=5，运算结果为 i=5，x=5。

再如：若 i=4，则执行 x=i++时，先引用 i 值，即 x=4，再使 i 加 1，运算结果为 i=5，x=4。

2．逻辑运算符

逻辑运算符及其说明如表 3-6 所示。逻辑运算符用来求某个条件式的逻辑值，用逻辑运算符将关系表达式或逻辑量连接起来就是逻辑表达式。

表 3-6　逻辑运算符及其说明

符号	说明
&&	逻辑与
‖	逻辑或
！	逻辑非

3．关系运算符

关系运算符就是判断两个数之间的关系。关系运算符及其说明如表 3-7 所示。

4．位运算符

位运算符及其说明如表 3-8 所示。

表 3-7　关系运算符及说明

符号	说明
>	大于
<	小于
>=	大于或等于
<=	小于或等于
==	等于
!=	不等于

表 3-8　位运算符及说明

符号	说明
&	按位与
│	按位或
^	按位异或
～	按位取反
<<	按位左移
>>	按位右移

在实际的控制应用中，人们常常想要改变 I/O 口中某一位的值，而不影响其他位，如果 I/O 口是可位寻址的，那么这个问题就很简单；如果 I/O 口是外部扩展的，只能进行字节操作，要想在这种场合下实现单独的位控，就要利用位运算符进行处理。

【例 3-1】编写程序将扩展的 I/O 口 PORT(只能字节操作)的 PORT.5 清 0，PORT.1 置 1。

参考程序：

```
#include <absacc.h>        //定义片外 I/O 口变量 PORT 要用到头文件 absacc.h
#define PORT XBYTE[0xffc0]  // XBYTE 是绝对地址访问函数中的宏
void   main( )
{
    PORT=0x20 ;

    PORT=(PORT&0xdf)|0x02 ;
}
```

在程序中，用"#include <absacc.h>"即可使用其中定义的宏来访问绝对地址，包括：
CBYTE、DBYTE、PBYTE、XBYTE、CWORD、DWORD、PWORD、XWORD，其中：

- CBYTE 以字节形式对 CODE 区寻址；
- DBYTE 以字节形式对 DATA 区寻址；
- PBYTE 以字节形式对 PDATA 区寻址；
- XBYTE 以字节形式对 XDATA 区寻址；
- CWORD 以字形式对 CODE 区寻址；
- DWORD 以字形式对 DATA 区寻址；
- PWORD 以字形式对 PDATA 区寻址；
- XWORD 以字形式对 XDATA 区寻址。

例 3-1　程序中定义了一个片外 I/O 口变量 PORT，其地址假设为片外数据存储区的
FFC0H。在 main( )函数中，"PORT=0x20;"的作用是将 PORT 赋值为 0x20，从而使扩展的
外部 RAM 空间的地址 FFC0H 的值为 0x20。"PORT=(PORT&0xdf)｜0x02;"的作用是先用
"&0xdf"运算将 PORT.5 置成 0，然后再用"｜0x02"运算将 PORT.1 置为 1。

5．赋值运算符

在 C 语言中，符号"="是一个特殊的运算符，称之为赋值运算符。赋值运算符的作
用是将一个数据的值赋给一个变量，利用赋值运算符将一个变量与一个表达式连接起来的
式子称为赋值表达式，在赋值表达式的后面加上一个";"就构成了赋值语句。赋值语句的
格式如下：

　变量=表达式;

该语句的意思是先计算出右边表达式的值，然后将该值赋给左边的变量。上式中的"表
达式"还可以是另一个赋值表达式，即 C 语言允许进行多重赋值。例如：

　x=9;　　　//将常数 9 赋值给变量 x

　x=y=8;　　//将常数 8 同时赋给变量 x 和 y

复合赋值运算首先对变量进行某种运算，然后将运算的结果再赋给该变量。复合运算
的一般形式为：

　变量　复合赋值运算符　　表达式;

例如："a+=3;"等价于"a=a+3;"，"x*=y+8;"等价于"x=x*(y+8);"。凡是二目运算符，
都可以和赋值运算符一起组合成复合赋值运算符。采用复合赋值运算符，可以使程序简化，
同时还可以提高程序的编译效率。

6．指针和取地址运算符

C 语言提供的两个专门用于指针和取地址的运算符，如表 3-9 所示。

表 3-9　指针和取地址运算符及其说明

符号	说　明
*	取内容
&	取变量的地址

取内容(指针)和取地址的一般形式分别为：

```
变量=*指针变量;
指针变量=&目标变量;
```

取内容运算是将指针变量所指向的目标变量的值赋给左边的变量；取地址运算是将目标变量的地址赋给左边的指针变量。注意：指针变量中只能存放地址(也就是指针型数据)，一般情况下不要将非指针类型的数据赋值给一个指针变量。

指针是 C 语言中一个十分重要的概念，将在 3.7 小节详细介绍。

3.4　C51 的程序结构

C51 的程序按结构可分为三类，即顺序、分支和循环结构。顺序结构是程序的基本结构，程序自上而下，从 main( )函数开始一直到程序运行结束，程序只有一条路可走，没有其他的路径可以选择。顺序结构比较简单和便于理解，这里仅介绍分支结构和循环结构。

3.4.1　分支语句

实现分支结构的语句有：if 语句和 switch 语句。

1. if 语句

if 语句是用来判定所给定的条件是否满足，根据判定结果决定执行哪种操作。

if 语句的基本结构如下：

```
if(表达式)　{语句;}
```

括号中的表达式成立时，程序执行大括号内的语句，否则程序跳过大括号中的语句部分，而直接执行下面的语句。

C51 提供三种形式的 if 语句：

(1) 形式 1：

```
if(表达式)　{语句;}
```

例如：

```
if(x>y)　{max=x; min=y;}
```

即如果 x>y，则 x 赋给 max，y 赋给 min。如果 x>y 不成立，则不执行大括号中的赋值运算。

(2) 形式 2：

```
if(表达式)　{语句1;}
else {语句2;}
```

例如：

```
if(x>y) {max=x;}
else {max=y;}
```

本形式相当于双分支选择结构。

(3) 形式 3：

```
if(表达式1) {语句1;}
else　if(表达式2) {语句2;}
else　if(表达式3) {语句3;}
```

```
    ……
    else　{语句 n;}
```

例如：

```
    if (x>100) {y=1;}
    else　if (x>50) {y=2;}
    else　if (x>30) {y=3;}
    else　if (x>20) {y=4;}
    else　{y=5;}
```

本形式相当于串行多分支选择结构。

在 if 语句中又含有一个或多个 if 语句，这称为 if 语句的嵌套。应当注意 if 与 else 的对应关系，else 总是与它前面最近的一个 if 语句相对应。

2．switch 语句

if 语句只有两个分支可供选择，而 switch 语句是多分支选择语句。switch 语句的一般形式如下：

```
    switch(表达式)
    {
        case　常量表达式 1:{语句 1;}break;
        case　常量表达式 2:{语句 2;}break;
        ……
        case　常量表达式 n:{语句 n;}break;
        default:{语句 n+1;}
    }
```

上述 switch 语句的说明如下：

(1) 每一个 case 的常量表达式必须是互不相同的，否则将出现混乱。

(2) 各个 case 和 default 出现的次序，不影响程序执行的结果。

(3) switch 括号内的表达式的值与某 case 后面常量表达式的值相同时，就执行它后面的语句。当所有的 case 中的常量表达式的值都没有与 switch 语句表达式的值相匹配时，就执行 default 后面的语句。

(4) 在执行一个 case 分支后，若想使流程跳出 switch 结构，即终止 switch 语句的执行，可以用一条 break 语句来达到此目的。如果执行完 case 分支后没有遇到 break 语句，则程序将继续执行后续的 case 语句。switch 语句的最后一个分支可以不加 break 语句，结束后直接退出 switch 结构。

【例 3-2】 在单片机程序设计中，常用 switch 语句作为键盘按键按下的判别，并根据按下键的键号跳向各自的分支处理程序。

参考程序：

```
    keynum=keyscan( );
    switch(keynum)
    {
```

```
case 1:    key1( ); break;         //如果按下键的键值为 1，则执行函数 key1( )
case 2:    key2( ); break;         //如果按下键的键值为 2，则执行函数 key2( )
case 3:    key3( ); break;         //如果按下键的键值为 3，则执行函数 key3( )
case 4:    key4( ); break;         //如果按下键的键值为 4，则执行函数 key4( )
……
default:   ;break;
}
```

例 3-2 中的 keyscan( )为键盘扫描函数(详见 7.4.3 小节)，如果有键按下，该函数就会得到按下按键的键值，将键值赋予变量 keynum。如果键值为 1，则执行键值处理函数 key1( )后返回；如果键值为 2，则执行 key2( )函数后返回；……。执行完一个键值处理函数后，则跳出 switch 语句，从而达到按下不同的按键来进行不同的键值处理的目的。

3.4.2　循环语句

许多实用程序都包含循环结构，熟练地掌握和运用循环结构的程序设计，是 C51 程序设计的基本要求。

实现循环结构的语句有以下三种：while 语句、do-while 语句和 for 语句。

1．while 语句

while 语句的语法形式为：

```
while(表达式)
{
    循环体语句;
}
```

表达式是 while 循环能否继续的条件，如果表达式为真，就重复执行循环体语句；反之，则终止循环体内的语句。

while 循环结构的特点在于，循环条件的测试在循环体的开头，要想执行重复操作，首先必须进行循环条件的测试，如条件不成立，则循环体内的重复操作一次也不能执行。

2．do-while 语句

do-while 语句的语法形式为：

```
do
{
    循环体语句;
}
while(表达式);
```

do-while 语句的特点是先执行内嵌的循环体语句，再计算表达式，如果表达式的值为非 0，则继续执行循环体语句，直到表达式的值为 0 时结束循环。

由 do-while 构成的循环与 while 循环十分相似，它们之间的重要区别是：while 循环的控制出现在循环体之前，只有当 while 后面表达式的值非 0 时，才可能执行循环体，在

do-while 构成的循环中，总是先执行一次循环体，然后再求表达式的值，因此无论表达式的值是 0 还是非 0，循环体至少要被执行一次。

和 while 循环一样，在 do-while 循环体中，要有能使 while 后表达式的值变为 0 的操作，否则，循环会无限制地进行下去。通常 do-while 循环用的并不多，用 while 来实现更直观。

3．for 语句

在三种循环中，经常使用的是 for 语句构成的循环。它不仅可以用于循环次数已知的情况，也可用于循环次数不确定而只给出循环条件的情况，它完全可以替代 while 语句。

for 循环的一般格式为：

```
for(表达式 1; 表达式 2; 表达式 3)
{
    循环体语句;
}
```

for 是 C51 的关键字，其后的括号中通常含有三个表达式，各表达式之间用 ";" 隔开。这三个表达式可以是任意形式的表达式，通常主要用于 for 循环的控制。紧跟在 for( ) 之后的循环体，在语法上要求是一条语句；若在循环体内需要多条语句，应该用大括号括起来组成复合语句。

for 的执行过程如下：

(1) 计算 "表达式 1"，表达式 1 通常称为 "初值设定表达式"。

(2) 计算 "表达式 2"，表达式 2 通常称为 "终值条件表达式"，若满足条件，转下一步，若不满足条件，则转步骤(5)。

(3) 执行一次 for 循环体。

(4) 计算 "表达式 3"，"表达式 3" 通常称为 "更新表达式"，执行完成后，转向步骤(2)。

(5) 结束循环，执行 for 循环之后的语句。

【例 3-3】分别用 while 语句、do-while 语句和 for 语句编写求和程序，求 1+2+3+…+10 的和。

参考程序 1：

```c
void main( )
{
    unsigned int num, sum;
    num=1;
    sum=0;
    while(num<=10)
    {
        sum+=num;
        num++;
    }
}
```

参考程序 2：

```
void main( )
{
    unsigned int num，sum;
    num=1;
    sum=0;
    do
    {
        sum+=num;
        num++;
    }
    while(num<=10);
}
```

参考程序 3：

```
void main( )
{
    unsigned int num，sum;
    sum=0;
    for(num=1; num<=10; num++)
        sum+=num;
}
```

【例 3-4】　编写赋值程序，使片内 RAM 30H～3FH 单元的内容分别为 00H～0FH。
参考程序：

```
data unsigned char buffer[16] _at_ 0x30;
void main( )
{
    unsigned char   i;
    for(i=0; i<16; i++)
        buffer[i]=i;
}
```

在程序中，用关键字_at_实现对指定存储空间绝对地址的访问，使用_at_的格式如下：

[存储类型]　数据类型　变量名　_at_　地址常数;

其中，"存储类型"为 C51 语言能识别的存储类型，"数据类型"为 C51 语言支持的数据类型，"地址常数"是变量名对应的绝对地址。如果变量名后面带有"[n]"，代表在有效的存储器空间之内定义一个长度为"n*数据类型对应的字节数(详见表 3-2)"字节的数据块，数据块的起始地址由地址常数提供。所以，例 3-4 程序第一行的含义是在片内 RAM 中定义一个长度为 16 字节的数据块，该数据块的起始地址为 30H。

3.5　C51 的函数

3.5.1　函数的定义和分类

函数是一个完成一定相关功能的执行代码段。在高级语言中，函数与另外两个名词"子程序"和"过程"用来描述同样的事情。在 C51 中使用的是函数这个术语。C51 中函数的数目是不限制的，但是一个 C51 程序必须至少有一个函数，以 main 为名，称为主函数，主函数是唯一的，整个程序从这个主函数开始执行。

从结构上分，C51 函数可分为主函数 main( )和普通函数两种。而普通函数又分为两种：标准库函数和用户自定义函数。

C51 标准库函数可由用户根据需求调用。

用户自定义函数是用户根据需要所编写的函数。从函数定义的形式分为：无参函数、有参函数和空函数。

1.　C51 标准库函数

C51 编译器提供了丰富的库函数。编程者在进行程序设计时，应该充分利用这些功能强大、资源丰富的标准库函数资源，以提高编程效率。

每个库函数都在相应的头文件中给出了函数原型声明，用户如果需要使用库函数，必须在程序的开头处采用预处理命令#include 将有关头文件包含进来。如果省略了头文件，将不能保证程序的正确运行。例如：

为便于对特殊功能寄存器进行读写操作，我们要在程序开头处使用以下命令：

```
#include <reg51.h>
```

调用输出函数 printf 时，我们要在程序开头处使用以下命令：

```
#include <stdio.h>
```

下面对程序设计中常用的 C51 库函数做以简单介绍。

(1) 字符函数 CTYPE.H。字符函数通常用来对字符做检查和转换。

(2) 内部函数 INTRINS.H。内部函数可以简化我们的一些操作，比如_crol_、_cror_可以实现变量循环移位，_nop_可以执行一次空操作。

(3) 标准输入/输出函数 STDIO.H。标准 I/O 函数通过 MCS-51 单片机的串行口读写数据。如果希望支持其他 I/O 接口，比如改为 LCD 显示，只需要改动 getkey()和 putchar()函数，即修改 lib 目录中的 getkey.c 及 putchar.c 源文件，然后在库中替换它们即可。在使用这些函数之前，应先对 MCS-51 单片机串行口初始化(初始化串行口的语句参见 6.3.1 小节)。

(4) 标准函数 STDLIB.H。标准函数可以完成数据类型转换以及存储器分配操作。

(5)字符串处理函数 STRING.H。字符串函数通常接收串指针作为输入值。一个字符串应包括两个或多个字符，字符串的结尾以空字符表示。

(6) 绝对地址访问函数 ABSACC.H。绝对地址访问函数可简化我们对绝对地址的访问。

(7) 专用寄存器文件 REGxx.H。专用寄存器 REGxx.H 文件中包括了 51 系列所有的 SFR 及其中可寻址位(除 P0～P3 口外)的定义。例如，8051/AT89C51 对应文件为 REG51.H，

8052/AT89C52 对应文件为 REG52.H。如果源程序中没有包含这个头文件，则只能用绝对地址对特殊功能寄存器进行读写操作。

2．用户自定义函数

1) 无参函数

此种函数在被调用时，既无参数输入，也不返回结果给调用函数，只是为完成某种操作而编写的函数。

无参函数的定义形式为：

```
返回值类型标识符　函数名( )
{
    函数体;
}
```

无参函数一般不带返回值，因此函数的返回值类型的标识符可省略。

单片机工作时常需要一些时间的延时，但有时不用十分精确。比如：控制一个指示灯的亮灭来做提示功能，或 A/D 转换器启动后的等待时间等。这种情况下，用指令运行时间的累积来做延时比较便捷，即循环执行指令消磨一段已知的时间。

【例 3-5】 已知单片机的 $f_{osc} = 12$ MHz，编写一个延时 1 s 的函数。

分析：晶振频率 $f_{osc} = 12$ MHz 时，一个机器周期为 $12/f_{osc} = 1$ μs，因此延时 1 s 需要消耗 1000000 个机器周期(1000000 μs)。根据经验，利用 C51 的 for 语句进行内部循环大约延时 8 个机器周期(不同的编译器会产生不同的延时)，因此将 for 语句循环 125 次可以得到 1 ms，采用两个 for 嵌套语句可以得到 1 s。

参考程序：

```
void delay1s( )
{
     unsigned int i, j;
    for(i=0; i<1000; i++)
        for(j=0; j<125; j++);
}
```

2) 有参函数

调用此种函数时，必须提供实际的输入函数。有参函数的定义形式为：

```
返回值类型标识符　函数名(形式参数列表)
形式参数说明
{
    函数体;
}
```

【例 3-6】 已知单片机的 $f_{osc} = 12$ MHz，编写一个延时 n ms 的函数。

参考程序：

```
void delaynms(unsigned int n)
{
```

```
        unsigned int i, j;
        for(i=0; i<n; i++)
            for(j=0; j<125; j++);
    }
```

上面的代码中，delaynms 后面的"( )"中多了一句"unsigned int n"，这就是该函数所带的一个参数。n 是一个 unsigned int 型变量，又叫这个函数的形参，在调用此函数时，用一个具体真实的数据代替此形参，比如 delaynms(300)代表延时 300 ms。

【例 3-7】　定义一个函数 max( )，用于求两个数中的大数。

参考程序：

```
    int a, b;
    int max(a, b)
    {
        if(a>b) return(a);
        else    return(b);
    }
```

上面程序段中，a、b 为形式参数。return( )为返回语句。

3) 空函数

此种函数体内是空白的。调用空函数时，什么工作也不做，不起任何作用。定义空函数的目的，并不是为了执行某种操作，而是为了以后程序功能的扩充。先将一些基本模块的功能函数定义成空函数，占好位置，并写好注释，以后再用一个编好的函数代替它。这样整个程序的结构清晰，可读性好，以后扩充新功能方便。

空函数的定义形式为：

```
    返回值类型标识符　函数名( )
    {   }
```

例如：

```
    float min( )
    {   }                          //空函数，占好位置
```

3.5.2　函数的调用

在一个函数中需要用到某个函数的功能时，就调用该函数。调用者称为主调函数，被调用者称为被调函数。

1．函数调用的一般形式

函数调用的一般形式：

```
    函数名(实际参数列表);
```

若被调函数是有参函数，则主调函数必须把被调函数所需的参数传递给被调函数。传递给被调函数的数据称为实际参数(简称实参)，必须与形参的数据在数量、类型和顺序上都一致。实参可以是常量、变量和表达式。实参对形参的数据是单向的，即只能将实参传递给形参。

2．函数调用的方式

主调用函数对被调用函数的调用有以下三种方式。

1) 函数调用语句

函数调用语句把被调用函数的函数名作为主调函数的一个语句。例如：

```
delay1s( );
```

此时，并不要求函数返回结果数值，只要求函数完成延时 1 s 的操作。

2) 函数结果作为表达式的一个运算对象

函数结果作为表达式的一个运算对象，例如：

```
result=2*max(a, b);
```

被调用函数以一个运算对象出现在表达式中。这要求被调用函数带有 return 语句，以便返回一个明确的数值参加表达式的运算。被调用函数 max 为表达式的一部分，它的返回值乘 2 再赋给变量 result。

3) 函数参数

函数参数即被调用函数作为另一个函数的实际参数。例如：

```
m=max(a, max(u, v));
```

其中，max(u, v)是一次函数调用，它的值作为另一个函数的 max( )的实际参数之一。

3．函数调用的条件

在一个函数调用另一个函数时，需具备以下条件：

(1) 被调用函数必须是已经存在的函数(库函数或用户自定义的函数)。

(2) 如果程序中使用了库函数，或使用了不在同一文件中的另外自定义函数，则应该在程序的开头处使用#include 包含语句，将所有的函数信息包含到程序中来。

例如：#include<stdio.h>，将标准的输入、输出头文件 stdio.h(在函数库中)包含到程序中来。在程序编译时，系统会自动将函数库中的有关函数调入到程序中去，编译出完整的程序代码。

(3) 如果程序中使用了自定义函数，且该函数与调用它的函数同在一个文件中，则应根据主调用函数与被调用函数在文件中的位置，决定是否对被调用函数做出说明。

① 如果被调用函数在主调用函数之后，一般应在主调用函数中，在被调用函数调用之前，对被调用函数的返回值类型做出说明。

② 如果被调用函数出现在主调用函数之前，不用对被调用函数进行说明。通常我们把主函数 main( )放在最后，这样就不必对主函数中的自定义函数进行说明。

③ 如果在文件的开头处，即所有函数定义之前已经说明了函数的类型，则在主调用函数中不必对所调用的函数再做返回值类型说明。

3.5.3　中断服务函数

标准 C 没有处理单片机中断的定义，为了能进行 MCS-51 单片机的中断处理，C51 编译器对函数的定义进行了扩展，增加了一个关键字 interrupt。使用 interrupt 可以将一个函数定义成中断服务函数。由于 C51 编译器在编译时对声明为中断服务程序的函数自动添加了相应的现场保护、阻断其他中断、返回时自动恢复现场等处理的程序段，因而在编写中断服务函数时可不必考虑这些问题，降低了开发者编写中断服务程序的繁琐程度。

中断服务函数的一般形式为：

　函数类型　函数名(形式参数表)　interrupt n　[using m]

其中：interrupt 后面的 n 是中断编号，n 的取值范围为 0～31。编译器从 8n+3 处产生中断向量，具体的中断编号 n 和中断向量取决于不同的 MCS-51 系列单片机芯片。

m 用来选择 MCS-51 单片机中不同的工作寄存器组。单片机可以使用 4 个不同的工作寄存器组，见表 2-2。通过 m 的取值，可以选中 4 个不同的工作寄存器组中的一组。如果不用该选项，则由编译器选第 0 组寄存器组作为工作寄存器组(RAM 地址为 00H～07H)。

有关中断服务函数的具体使用方法，将在第 4 章单片机的中断系统中进行介绍。

3.6　C51 的数组

在单片机的 C51 程序设计中，数组使用较为广泛。用好数组，可以大大提高程序的开发效率。

3.6.1　数组的定义

数组是同类数据的一个有序结合，用数组名来标识。例如，整型变量的有序结合称为整型数组，字符型变量的有序结合称为字符数组。数组中的数据，称为数组元素。

数组有一维、二维、三维和多维数组之分。C51 中常用一维、二维数组和字符数组。

1．一维数组

具有一个下标的数组元素组成的数组称为一维数组，一维数组的形式如下：

　类型说明符　数组名[元素个数];

其中，数组名是一个标识符，元素个数是一个常量表达式，不能是含有变量的表达式。

例如：

　int array1[8];

定义了一个名为 array1 的数组，数组包含 8 个整型元素。在定义数组时，可以对数组进行整体初始化，若定义后对数组赋值，则只能对每个元素分别赋值。例如：

　int a[3]={2, 4, 6};　　　　　//给全部元素赋值，a[0]=2，a[1] =4，a[2]=6
　int b[4]={5, 4, 3, 2};　　　　//给全部元素赋值，b[0]=5，b[1] =4，b[2] =3，b[3]=2

2．二维数组或多维数组

具有两个或两个以上下标的数组，称为二维数组或多维数组。定义二维数组的一般形式如下：

　类型说明符　数组名[行数] [列数];

其中，数组名是一个标识符，行数和列数都是常量表达。例如：

　float　array2[4] [3];　// array2 数组，有 4 行 3 列共 12 个浮点型元素

二维数组可以在定义时进行整体初始化，也可在定义后单个地进行赋值。例如：

　int a[3] [4]={1, 2, 3, 4}, {5, 6, 7, 8}, {9, 10, 11, 12}; //a 数组全部初始化

```
        int b[3] [4]={1, 3, 5, 7}, {2, 4, 6, 8}, { }; // b 数组部分初始化，未初始化的元素为 0
```

3. 字符数组

若一个数组的元素是字符型的，则该数组就是一个字符数组。例如：

```
        char    a[10]={'H', 'E', 'L', 'L', 'O', '! ' '\0'}; // 字符数组
```

定义了一个字符型数组 a[ ]，有 10 个数组元素，并且将 7 个字符(其中包括一个字符串结束标志'\0')分别赋给了 a[0]～a[6]，剩余的 a[7]、a[8]、a[9]被系统自动赋予空格字符。

C51 还允许用字符串直接给字符数组置初值，例如：

```
        char    a[10]= {"HELLO! "};
```

用双引号括起来的一串字符，称为字符串常量，C51 编译器会自动地在字符串末尾加上结束符'\0'。

用单引号括起来的字符为字符的 ASCII 码值，而不是字符串。例如'a'表示 a 的 ASCII 码值 61H，而"a"表示一个字符串，由两个字符即 a 和\0 组成。

一个字符串可以用一维数组来装入，但数组的元素数目一定要比字符多一个，以便 C51 编译器自动在其后面加入结束符'\0'。

3.6.2　数组的应用

在 C51 的编程中，数组有一个非常有用的功能就是查表，如数学运算，编程者更愿意采用查表计算而不是公式计算。例如，对于传感器的非线性转换需要进行补偿，使用查表法就要有效得多。再如，LED 显示程序中根据要显示的数值，找到对应的显示段码送到 LED 显示器显示。表格内容可以事先计算好后装入程序存储器中。

【例 3-8】　使用查表法，计算数 0～9 的平方。

参考程序：

```
    #define uchar unsigned char     //宏定义，用"uchar"代替"unsigned char"
    uchar code square[10]={0, 1, 4, 9, 16, 25, 36, 49, 64, 81}; /*0～9 的平方表，存在程序存储器中*/
    uchar fuction(uchar number)
    {
        return    square[number];    //返回 number 的平方数
    }
    void    main( )
    {
        uchar result;
        result= fuction(7);          //函数 fuction( )的返回值为 7 的平方 49，并存入 result 单元
        while(1);
    }
```

在程序的开始处，"uchar code square[10]={0, 1, 4, 9, 16, 25, 36, 49, 64, 81};"定义了一个无符号字符型的数组 square[ ]，并对其进行了初始化，将数 0～9 的平方值赋予了数组 square[ ]，类型代码 code 指定编译器将平方表定位在程序存储器中。

主函数调用函数 fuction( )，得到实际参数为 7，从 square[ ]数组中查表获得相应的平方

数为 49，即执行 result=fuction(7)后，result 的结果为相应的平方数 49。

3.7　C51 的指针

指针是 C 语言中的一个重要概念，指针类型数据在 C 语言程序中使用得十分普遍。正确地使用指针类型数据，可以有效地表示复杂的数据结构，直接处理内存地址，而且可以更为有效地使用数组。

3.7.1　指针与地址

众所周知，一个程序的指令、常量和变量等都要存放在机器内存单元中，而机器内存是按字节来划分存储单元的，给内存中每个字节都赋予一个编号，这就是存储单元的地址。各个存储单元中所存放的数据，称为该存储单元的内容。计算机在执行任何一个程序时都要涉及寻址操作。所谓寻址，就是按照内存单元的地址来访问该存储单元中的内容，即按地址来读或写该单元中的数据。由于通过地址可以找到所需要的存储单元，因此可以说地址是指向存储单元的。

在 C 语言中为了实现直接对内存单元进行操作，引入了指针类型的数据。指针类型数据是专门用来确定其他类型数据地址的，一个变量的地址就称为该变量的指针。例如，有一个整型变量 i 存放在内存单元 40H 中，则该内存单元地址 40H 就是变量 i 的指针。如果有一个变量专门用来存放另一个变量的地址，则称之为"指针变量"，例如，用另一个变量 ip 来存放整型变量 i 的地址 40H，则 ip 即为一个指针变量。

变量的指针和指针变量是两个不同的概念。变量的指针就是该变量的地址，而指针变量里面存放的是另一个变量在内存中的地址，拥有这个地址的变量称为该指针变量所指向的变量。每个变量都有它自己的指针(即地址)，而每个指针变量都是指向另一个变量的。

为了表示指针变量和它所指向的变量之间的关系，C 语言中用符号"*"来表示"指向"。例如，整型变量 i 的地址 40H 存放在指针变量 ip 中，则可用*ip 来表示指针变量 ip 所指向的变量，即*ip 也表示变量 i，下面两个赋值语句：

```
i=0x50;
*ip=0x50;
```

都是给同一个变量赋值 50H。图 3-2 说明了指针变量 ip 和它所指向的变量 i 之间的关系。

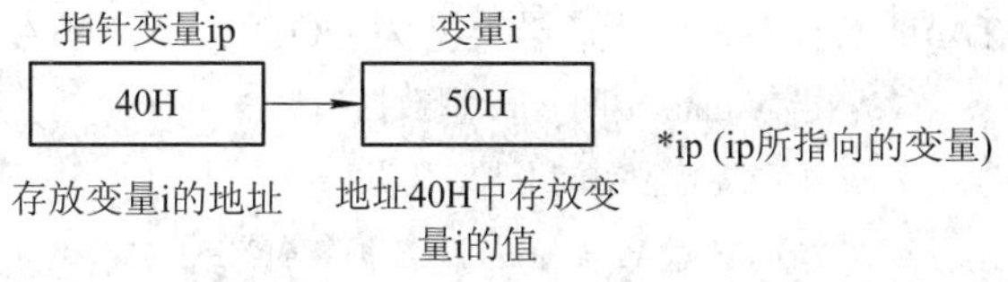

图 3-2　指针变量和它所指向的变量

从图 3-2 可以看到，对于同一个变量 i，可以通过变量名 i 来访问它，也可以通过指向它的指针变量 ip，用*ip 来访问它。前者称为直接访问，后者称为间接访问。符号"*"称为指针运算符，它只能与指针变量一起联用，结果是得到该指针变量所指向变量的值。

3.7.2　指针的定义

指针的定义与一般变量的定义类似，其一般形式如下：

数据类型　[存储器类型 1] * [存储器类型 2] 标识符；

其中，"标识符"是所定义的指针名；"数据类型"说明该指针所指向的变量的类型；"存储器类型 1"和"存储器类型 2"是可选项，它是 Keil C51 编译器的一种扩展。

"存储器类型 1"选项用于指定指针的存储器空间。

如果带有"存储器类型 1"选项，则指针被定义为基于存储器的指针；无此选项时，被定义为一般指针。这两种指针的区别在于它们的存储字节不同。一般指针在内存中占用 3 个字节，而基于存储器的指针在内存中占用 1～2 字节。

"存储器类型 2"选项用于指定指针本身的存储器空间。

一般指针可用于存取任何变量而不必考虑变量在 MCS-51 单片机存储器空间的位置，许多 C51 库函数采用了一般指针，函数可以利用一般指针来存取位于任何存储器空间的数据。

1．一般指针

下面是 Keil C51 定义一般指针的语句：

```
char *c_ptr;
int *i_ptr;
long *l_ptr;
```

上面的一般指针 c_ptr、i_ptr、l_ptr 全部位于 MCS-51 单片机的片内数据存储器中，如果在定义一般指针时带有"存储器类型 2"选项，则可指定一般指针本身的存储器空间位置，例如：

```
char * xdata strptr;            //位于 xdata 空间的一般指针
int * data numptr;              //位于 data 空间的一般指针
long * idata varptr;            //位于 idata 空间的一般指针
```

由于一般指针所指对象的存储器空间位置只有在运行期间才能确定，编译器在编译时无法优化存储方式，必须生成一般代码以保证能对任意空间的对象进行存取，因此一般指针所产生的代码运行速度较慢，如果希望加快运行速度则应采用基于存储器的指针。

2．基于存储器的指针

基于存储器的指针所指对象具有明确的存储器空间，长度可为 1 个字节(存储器类型为 IDATA、DATA、PDATA)或 2 个字节(存储器类型为 CODE、XDATA)，例如：

```
char data *str;              // 指向 data 空间 char 型数据指针
int xdata *numtab;           // 指向 xdata 空间 int 型数据指针
long code *powtab;           // 指向 code 空间 long 型数据指针
```

与一般指针类似，若定义时带有"存储器类型 2"选项，则可指定基于存储器的指针本身的存储器空间位置，例如：

```
char data * xdata str；        //指向 data 空间 char 类型数据指针，指针本身位于 xdata 空间
int xdata * data numtab；      //指向 xdata 空间 int 类型数据指针，指针本身位于 data 空间
```

```
long code * idata powtab;    //指向 code 空间 long 类型数据指针，指针本身位于 idata 空间
```

基于存储器的指针长度比一般指针短，可以节省存储器空间，运行速度快，但它所指对象具有确定的存储器空间，缺乏灵活性。

3.7.3　指针的引用

指针是含有一个数据对象地址的特殊变量，指针变量中只能存放地址。与指针有关的运算符有两个，它们是取地址运算符&和间接访问运算符*。例如：&a 为取变量 a 的地址，*p 为指针 p 所指向的变量。

指针经过定义之后可以像其他基本类型变量一样引用。例如：

变量定义

```
int    i, x, y, *pi, *px, *py;
```

指针赋值

```
pi=&i;          //将变量 i 的地址赋给指针 pi，使 pi 指向 i
px=&x;          //px 指向 x
py=&y;          //py 指向 y
```

指针引用

```
*pi=0;          //等价于 i=0;
*pi+=l;         //等价于 i+=l;
(*pi)+ +;       //等价于 i++;
```

指向相同类型数据的指针之间可以相互赋值。例如：

```
px=py;
```

赋值前，指针 px 指向 x，py 指向 y，经上述赋值之后，px 和 py 都指向 y。

3.8　读写 I/O 端口的 C51 编程

单片机的 I/O 端口 P0～P3 是单片机与外设进行信息交换的桥梁，因而可通过读取 I/O 端口的状态来了解外设的状态，也可向 I/O 端口送出命令或数据来控制外设。对单片机 I/O 端口进行编程控制时，需要对 I/O 端口的特殊功能寄存器进行声明，在 C51 的编译器中，这项声明包含在头文件 reg51.h 中，编程时可通过预处理命令"#include <reg51.h>"把这个头文件包含进去。读写 I/O 端口的例子如下：

C51 读单片机的 I/O 端口(以 P1 为例)：

```
变量=P1;
```

C51 写单片机的 I/O 端口(以 P1 为例)：

```
Pl =数值;
```

C51 读单片机的 I/O 端口的某个引脚(以 P1.3 为例)：

```
sbit P1_3=P1^3;
位变量=P1_3;
```

C51 写单片机的 I/O 端口的某个引脚(以 P1.3 为例)：

```
sbit P1_3=P1^3;
P1_3 =位值;
```

【例3-9】 P1.0 输入的位直接由 P1.1 口输出。

参考程序：

```
#include <reg51.h>
sbit P1_0=P1^0;
sbit P1_1=P1^1;
void main( )
{
        Pl_0 = 1;          //P1 是准双向口，读 P1.0 之前先给 P1.0 写 1
        while(1)           //循环读 P1.0 并送至 P1.1
        {
            P1_1=P1_0;
        }
}
```

【例3-10】 89C51 的 P1 口接了 8 个发光二极管，如图 3-3 所示，请编程实现发光二极管由右向左流水显示。

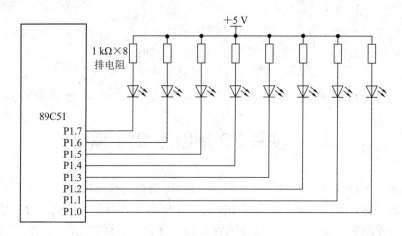

图 3-3　例 3-10 电路图

分析： 因为 8 个发光二极管采取共阳极连接，所以若想点亮最右边的发光二极管，首先要向 P1 口输出 11111110B(FEH)，延时一段时间后(为了让人们观察到流水现象，需要让每个点亮的发光二极管保持一段时间)，再向 P1 口输出 11111101B(FDH)即可点亮下一个发光二极管，再延时一段时间后向 P1 口输出 11111011B(FBH)可点亮下一个发光二极管，依此类推，可以点亮其余 5 个。

通过上述分析，可以总结出多种实现流水显示的方法，下面列举几种常见的方法。

参考程序 1：

```
#include  <reg51.h>            //51 系列单片机头文件
#include  <intrins.h>          //包含_crol_函数所在的头文件
```

```
#define  uchar  unsigned  char      //宏定义
#define  uint   unsigned  int       //宏定义
void   delaynms(uint n)             //延时 n ms 函数
{
    uint   i, j;
    for(i=0; i<n; i++)
        for(j=0; j<125; j++);
}
void   main( )                      //主函数
{
    P1=0xfe;                        //赋初值，预备右边第一个灯亮
    while(1)
    {
        delaynms(500);              //延时 500 ms
        P1=_crol_(P1,1);            //左环移一次
    }
}
```

参考程序 2：

```
#include <reg51.h>                  //51 系列单片机头文件
#define  uchar  unsigned  char      //宏定义
#define  uint   unsigned  int       //宏定义
void   delaynms(uint n)             //延时 n ms 函数
{
    uint   i, j;
    for(i=0; i<n; i++)
        for(j=0; j<125; j++);
}
void   main( )                      //主函数
{
    uchar  i, temp;
    while(1)
    {
        temp=0x01;                  //左移初值
        for(i=0; i<8 i++)
        {
            P1=~temp;               //temp 中的数据取反后输出到 P1 口
            delaynms(500);          //延时 500 ms
            temp=temp<<1;           //temp 中数据左移一次
        }
```

```
        }
    }
```

参考程序 3：

```
#include <reg51.h>              //51 系列单片机头文件
#define  uchar unsigned  char   //宏定义
#define  uint  unsigned  int    //宏定义
uchar  code  tab[ ]={0xfe, 0xfd, 0xfb, 0xf7, 0xef, 0xdf, 0xbf, 0x7f}; /*定义无符号字符
型数组，数组元素为点亮发光二极管的状态控制码*/
void   delaynms(uint n)         //延时 n ms 函数
{
    uint   i, j;
    for(i=0; i<n; i++)
        for(j=0; j<125; j++);
}
void   main( )                  //主函数
{
    uchar   i;
    while(1)
    {
        for(i=0; i<8; i++)
        {
            P1=tab[i];          //向 P1 口送点亮数据
            delaynms(500);      //延时 500 ms
        }
    }
}
```

参考程序 4：

```
#include <reg51.h>              //51 系列单片机头文件
#define  uchar unsigned  char   //宏定义
#define  uint  unsigned  int    //宏定义
uchar  code  tab[ ]={0xfe, 0xfd, 0xfb, 0xf7, 0xef, 0xdf, 0xbf, 0x7f}; /*定义无符号字符
型数组，数组元素为点亮发光二极管的状态控制码*/
uchar  *p[ ]={&tab[0], &tab[1], &tab[2], &tab[3], &tab[4], &tab[5], &tab[6], &tab[7]};
/*初始化指针数组，数组元素为点亮发光二极管的状态控制码的地址*/
void   delaynms(uint n)         //延时 n ms 函数
{
    uint   i, j;
    for(i=0; i<n; i++)
        for(j=0; j<125; j++);
```

```
        }
    void    main( )                         //主函数
    {
        uchar    i;
        while(1)
        {
            for(i=0; i<8; i++)
            {
                P1=*p[i];               //向 P1 口送点亮数据
                delaynms(500);          //延时 500 ms
            }
        }
    }
```

程序说明：

(1) 参考程序 1 中使用了循环左移函数 "_crol_(P1, 1)"，括号中第 1 个参数为循环左移的对象，即对 P1 中的内容循环左移，第 2 个参数为左移的位数，即左移 1 位。在编程中一定要把含有移位函数的头文件 intrins.h 包含在内。

(2) 参考程序 2 中使用移位运算符 "<<" 控制数据移位，使用时要注意 "<<" 与 "_crol_" 的区别。移位运算符 "<<" 实现数据左移的时候是将最高位移入 Cy 位中，低位补 0，而 "_crol_" 是将移除的高位再补到低位，即循环移位。此外，移位运算符 "<<" 每次只能左移 1 位，而 "_crol_" 可以移动多位。

(3) 参考程序 3 中建立了 1 个字符型数组，数组元素为控制 8 个发光二极管显示的数据，通过将数组元素依次送到 P1 口实现流水显示。该程序通过类型代码 code 指定编译器将数组 tab[ ]定位在程序存储器中，如果不加类型代码，该数组将被分配在内部数据存储器中。

(4) 参考程序 4 中建立了 2 个数组，第一个数组是字符型数组，数组元素为控制 8 个发光二极管显示的数据，第二个数组是指针数组，数组元素为第一个数组元素的地址。该程序通过指针数组将点亮发光二极管的状态控制码依次送到 P1 口实现流水显示。

思 考 与 练 习

1．已知片内 RAM 的 30H 单元和 40H 单元各存放了一个 8 位无符号数，试编写程序比较这两个数的大小。若(30H)≥(40H)，则将地址为 20H 的内存单元置 0；否则，则将地址为 20H 的内存单元置 1。

2．已知片内 RAM 的 20H 单元中存放着一个无符号数 X，试编写程序求出下式的函数值 Y，并将结果存放在 21H 单元中。

$$Y = \begin{cases} AAH & X > 10H \\ 00H & X = 10H \\ FFH & X < 10H \end{cases}$$

3. 已知片内 RAM 的 20H 单元中存放着一个有符号数 X，试编写程序求出下式的函数值 Y，并将结果存放在 21H 单元中。

$$Y = \begin{cases} 1 & X > 0 \\ 0 & X = 0 \\ -1 & X < 0 \end{cases}$$

4. 试编写程序，将片内 RAM 以 30H 为起始地址的 10 个单元中的数据求和，并将结果送入 40H 单元。假设和不大于 255。

5. 试编写程序，查找片内 RAM 以 30H 为起始地址 10 个单元数据的最小值，并将结果送入 40H 单元。

6. 试编写程序，将片内 RAM 30H～50H 单元的数据块，全部搬移到片外 RAM 从 1000H 起始的存储区域，并将原数据区全部填为 00H。

7. 试编写程序将片内 RAM 以 40H 为起始地址的数据块传送到片外 RAM 以 2000H 为起始地址的区域，直到发现"$"字符，传送停止。

8. 试编写程序，求平方和 $c = a^2 + b^2$，设 a、b 分别存于内部 RAM 的 30H、31H 两个单元，计算结果存在内部 RAM 的 32H 单元中。

第 4 章 单片机的中断系统

中断系统在计算机系统中起着十分重要的作用，一个功能很强的中断系统，能大大提高计算机对外部事件的处理效率，增强实时性。MCS-51 单片机具备一套完善的中断系统，包括 5 个中断源、2 个中断优先级，可以实现两级中断嵌套，开发者通过软件可实现对中断的控制。

本章从应用的角度重点讲述 MCS-51 单片机的中断系统的结构、工作原理、实现过程和 C 语言编程方法。

4.1 中断系统的基本概念和基本结构

4.1.1 中断的基本概念

在日常生活中，有很多中断的例子。例如一个人正在家中看书，突然门铃或电话铃响了(必须马上处理)，他必须暂时停止看书，做好记号，去开门或者接电话，待事情处理完毕后，按照标记的记号再继续之前的阅读工作。这种正常的工作过程被外部事件打断的现象就是中断。

在单片机中，当 CPU 正在处理某件事情的时候(如正在执行主程序时)，单片机外部或内部发生的某一事件(如某个引脚上电平的变化，一个脉冲沿的发生或计数器的计数溢出等)请求 CPU 迅速去处理，于是 CPU 暂时中止当前的工作，转去处理所发生的事件，事件处理完毕后，CPU 再回到刚刚被暂停的地方继续原来的工作，这个过程称为中断，如图 4-1 所示。

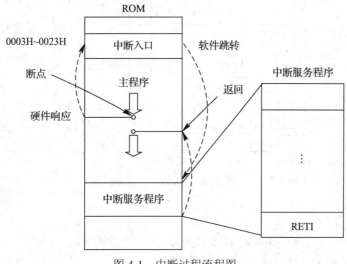

图 4-1 中断过程流程图

能引起 CPU 产生中断的事件称为中断源。中断源向 CPU 提出的处理请求，称为中断请求。CPU 接受中断请求，暂时中止自身的事情转去处理事件的过程，称为中断响应过程。CPU 对事件的整个处理过程，称为中断服务。为实现中断而编写的服务程序，称为中断服务程序。事件处理完毕，再回到原来被中断的地方(即断点)，称为中断返回。单片机是通过相应的硬件电路和软件程序来完成中断功能的，所以将能完成中断功能的硬件系统和软件系统统称为中断系统。

中断是 MCS-51 单片机的一个重要功能。采用中断技术可以使单片机实现以下功能：

(1) 分时操作。单片机的中断系统可以使 CPU 与外设同步工作。CPU 在启动外设后，可以继续执行主程序。而外设把数据准备好后，发出中断请求，CPU 响应该中断请求并为其服务。中断处理完成后，CPU 恢复执行主程序，外设也继续工作。因此，CPU 可以指挥多个外设同时工作，从而大大提高 CPU 的利用率和输入/输出的速度。

(2) 实时处理。当单片机用于实时控制时，现场采集到的各种参数、信息随时可能发出中断请求，若中断是开放的，CPU 就可以立即响应并加以处理。

(3) 故障处理。如果单片机在运行过程中出现了事先预料不到的情况或故障时(如掉电、存储器奇偶校验出错、运算溢出等)，可以利用中断系统自行处理而不必停机。

4.1.2　中断系统的基本结构

MCS-51 单片机的中断系统包括 5 个中断源、2 个中断优先级(可以实现两级中断嵌套)，4 个用于中断控制的寄存器(IE、IP、TCON 和 SCON)，其中断系统结构如图 4-2 所示。

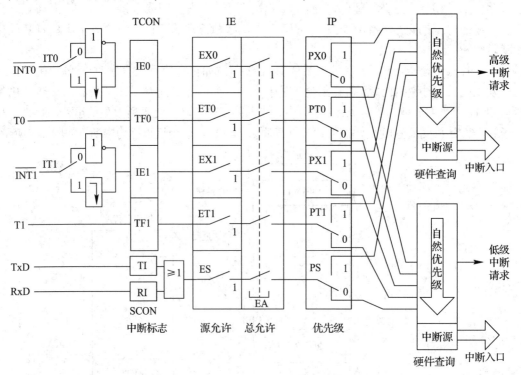

图 4-2　MCS-51 单片机的中断系统结构

MCS-51 单片机有 5 个中断源，分别为：

(1) $\overline{INT0}$：外部中断 0 请求，可由 IT0 选择其有效方式。当 CPU 检测到 $\overline{INT0}$(P3.2)引脚上出现有效的中断信号时，置位 IE0，向 CPU 申请中断。

(2) $\overline{INT1}$：外部中断 1 请求，可由 IT1 选择其有效方式。当 CPU 检测到 $\overline{INT1}$(P3.3)引脚上出现有效的中断信号时，置位 IE1，向 CPU 申请中断。

(3) T0：定时器/计数器 T0 溢出中断请求。当定时器/计数器 T0 发生溢出时，置位 TF0，向 CPU 申请中断。

(4) T1：定时器/计数器 T1 溢出中断请求。当定时器/计数器 T1 发生溢出时，置位 TF1，向 CPU 申请中断。

(5) TxD/RxD：串行口中断请求。当串行口接收完一帧串行数据时置位 RI，或当串行口发送完一帧串行数据时置位 TI，向 CPU 申请中断。

这些中断源的中断请求标志位分别设置在特殊功能寄存器 TCON 和 SCON 中。

通常，外部中断源有以下几种：

(1) I/O 设备中断源。键盘、打印机、A/D 转换器等 I/O 设备在完成自身的操作后，向单片机发出中断请求，请求单片机对其进行处理。

(2) 控制对象中断源。当单片机用作实时控制时，被控对象常常被用作中断源，用于产生中断请求信号，要求单片机及时采集系统的控制参量、越限参数以及要求发送和接收数据等等。例如，电压、电流、温度、压力、流量和流速等超越上限和下限以及开关和继电器的闭合或断开都可以作为中断源来产生中断请求信号，并要求单片机通过执行中断服务程序来加以处理。

(3) 故障中断源。单片机外部故障源引起外部中断，如掉电中断等。在掉电时，掉电检测电路检测到它时就自动产生一个掉电中断请求，单片机检测到后便可以在大滤波电容维持正常供电的几秒内通过执行掉电中断服务程序来保护现场和启用备用电池，以便电源恢复正常后继续执行掉电前的用户程序。

4.2　中断系统的控制与实现

MCS-51 单片机对中断的控制是通过 4 个特殊功能寄存器实现的，它们分别是中断请求标志寄存器 TCON、串行口控制寄存器 SCON，中断允许控制寄存器 IE 和中断优先级控制寄存器 IP。

4.2.1 中断请求控制

1. TCON 中的中断标志位

TCON 是定时器/计数器 T0 和 T1 的控制寄存器，同时也锁存 T0 和 T1 的溢出中断请求标志及外部中断 0 和外部中断 1 的中断请求标志等。TCON 是可位寻址的特殊功能寄存器，寄存器字节地址为 88H，位地址为 88H～8FH。TCON 的格式如下：

	D7	D6	D5	D4	D3	D2	D1	D0
(88H)	8FH	8EH	8DH	8CH	8BH	8AH	89H	88H
TCON	TF1	TR1	TF0	TR0	IE1	IT1	IE0	IT0

与中断有关的标志位有 6 个，具体含义如下：

① IT0：外部中断 0 触发方式控制位。该位由软件置 1 或清 0。

当 IT0=0 时，外部中断 0 为电平触发方式。CPU 在每个机器周期的 S5P2 时刻对 $\overline{INT0}$(P3.2)引脚的电平进行采样，若采样到低电平，则表示中断信号有效。

电平触发方式时，外部中断源的有效低电平必须保持到请求获得响应时为止，否则就会漏掉；在中断服务结束之前，中断源的有效低电平必须撤除，否则中断返回之后将再次产生中断。该方式适合于外部中断输入为低电平，且在中断服务程序中能清除外部中断请求源的情况。如并行接口芯片 8255 的中断请求线在接受读或写操作后即被复位，因此以其去请求电平触发方式的中断比较方便。

当 IT0=1 时，外部中断 0 为边沿触发方式，CPU 在每个机器周期的 S5P2 时刻对 $\overline{INT0}$(P3.2)引脚的电平进行采样，如果在连续的两个机器周期检测到 $\overline{INT0}$ 引脚由高电平变为低电平，则表示中断信号有效。

边沿触发方式时，在相继两次采样中，先采样到外部中断输入为高电平，下一个周期采样到外部中断输入为低电平，则置位中断申请标志 IE0。若 CPU 暂时不能响应，中断申请标志也不会丢失，直到 CPU 响应此中断时才清 0。另外，为了保证下降沿能够被可靠地采样到，$\overline{INT0}$ 引脚上的负脉冲宽度至少要保持一个机器周期。边沿触发方式适合于以负脉冲形式输入的外部中断请求，如 ADC0809 的转换结束信号 EOC 为正脉冲，经反相后就可以作为 MCS-51 单片机的外部中断请求信号。

② IE0：外部中断 0 的中断请求标志位。当 CPU 检测到 $\overline{INT0}$ 引脚上出现有效的中断信号时(若 IT0=0，且检测到 $\overline{INT0}$ 引脚为低电平时；若 IT0=1，且检测到 $\overline{INT0}$ 引脚出现负跳变时)，IE0 由硬件置 1，向 CPU 申请中断。

③ IT1：外部中断 1 触发方式控制位。其功能与 IT0 类似。

④ IE1：外部中断 1 的中断请求标志位。其功能与 IE0 类似。

⑤ TF0：T0 溢出中断请求标志位。当启动定时器/计数器 T0 计数后，T0 从初值开始加 1 计数，当最高位产生溢出时，TF0 由硬件置 1，向 CPU 申请中断。

CPU 响应 TF0 中断时，由硬件清 0 TF0。

⑥ TF1：T1 溢出中断请求标志位。其功能与 TF0 类似。

2. SCON 中的中断标志位

SCON 是串行口控制寄存器，也是可位寻址的特殊功能寄存器，寄存器字节地址为 98H，位地址为 98H～9FH。SCON 的格式如下：

	D7	D6	D5	D4	D3	D2	D1	D0
(98H)	9FH	9EH	9DH	9CH	9BH	9AH	99H	98H
SCON	SM0	SM1	SM2	REN	TB8	RB8	TI	RI

与中断有关的标志位有两个，具体含义如下：

① TI：串行口发送中断请求标志位。每当串行口发送完一帧串行数据后，TI 由硬件自动置 1。CPU 响应该中断时，不能自动清除 TI，必须在中断服务程序中用软件对 TI 标志位清 0。

② RI：串行口接收中断请求标志位。每当串行口接收完一帧串行数据后，RI 由硬件

自动置 1。CPU 响应该中断时，不能自动清除 RI，必须在中断服务程序中用软件对 RI 标志位清 0。

其他位的功能参见 6.2.3 小节。

4.2.2 中断允许控制

MCS-51 单片机对中断源的开放或屏蔽，是由中断允许寄存器 IE 控制的。IE 是可位寻址的特殊功能寄存器，寄存器字节地址为 A8H，位地址为 A8H～AFH。IE 的格式如下：

	D7	D6	D5	D4	D3	D2	D1	D0
(A8H)	AFH	AEH	ADH	ACH	ABH	AAH	A9H	A8H
IE	EA			ES	ET1	EX1	ET0	EX0

IE 中各位的含义如下：

① EA：中断允许总控制位。若 EA=0，则所有中断请求被屏蔽(CPU 关中断)；若 EA=1，则 CPU 开放所有中断(CPU 开中断)，但 5 个中断源的中断请求是否被允许，还要由 IE 中的低 5 位所对应的 5 个中断请求允许控制位的状态来决定，即 IE 对中断的开放和关闭为两级控制。

② ES：串行中断允许位。若 ES=0，则禁止串行口中断；若 ES=1，则允许串行口中断。

③ ET1：定时器/计数器 T1 的溢出中断允许位。若 ET1=0，则禁止 T1 溢出中断；若 ET1=1，则允许 T1 溢出中断。

④ EX1：外部中断 1 中断允许位。若 EX1=0，则禁止外部中断 1 中断；若 EX1=1，则允许外部中断 1 中断。

⑤ ET0：定时器/计数器 T0 的溢出中断允许位。若 ET0=0，则禁止 T0 溢出中断；若 ET0=1，则允许 T0 溢出中断。

⑥ EX0：外部中断 0 中断允许位。若 EX0=0，则禁止外部中断 0 中断；若 EX0=1，则允许外部中断 0 中断。

MCS-51 单片机复位后，IE 各位被复位成"0"状态，所有中断请求被禁止，用户必须通过主程序中的指令来开放所需中断，以便相应中断请求来到时为 CPU 所响应。对 IE 各位的操作，既可以用字节操作指令来编写，也可以由位操作指令来实现。

4.2.3 中断优先级控制

MCS-51 单片机的中断源有两个中断优先级，每一个中断源均可由软件设定为高优先级中断或低优先级中断，可实现两级中断嵌套，即当 CPU 正在处理一个中断请求时，又出现了另一个优先级比它高的中断请求，这时，CPU 就暂时中止原中断服务程序的执行，保护当前断点，转去响应优先级更高的中断请求。等到处理完更高级别的中断服务程序后，再继续执行原来较低级的中断服务程序。两级中断嵌套的过程如图 4-3 所示。

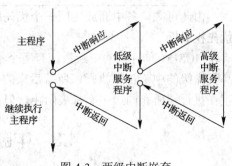

图 4-3 两级中断嵌套

由图 4-3 可见，一个正在执行的低优先级中断程序能被高优先级的中断源所中断，但不能被另一个低优先级的中断源所中断。若 CPU 正在执行高优先级的中断，则不能被任何中断源所中断。

MCS-51 单片机各中断源的优先级都是由中断优先级控制寄存器 IP 中的相应位来规定的。IP 是可位寻址的特殊功能寄存器，寄存器字节地址为 B8H，位地址为 B8H～BFH。IP 的格式如下：

	D7	D6	D5	D4	D3	D2	D1	D0
(B8H)	BFH	BEH	BDH	BCH	BBH	BAH	B9H	B8H
IP				PS	PT1	PX1	PT0	PX0

IP 中各位的含义如下：

① PX0：外部中断 0 中断优先级设定控制位。若 PX0=1，则外部中断 0 被设定为高优先级中断；若 PX0=0，则外部中断 0 被设定为低优先级中断。

② PT0：定时器/计数器 0 中断优先级设定控制位。若 PT0=1，则 T0 被设定为高优先级中断；若 PT0=0，则 T0 被设定为低优先级中断。

③ PX1：外部中断 1 中断优先级设定控制位。若 PX1=1，则外部中断 1 被设定为高优先级中断；若 PX1=0，则外部中断 1 被设定为低优先级中断。

④ PT1：定时器/计数器 1 中断优先级设定控制位。若 PT1=1，则 T1 被设定为高优先级中断；若 PT1=0，则 T1 被设定为低优先级中断。

⑤ PS：串行口中断优先级设定控制位。若 PS=1，则串行口被设定为高优先级中断；若 PS=0，则串行口被设定为低优先级中断。

MCS-51 单片机复位后，IP 被全部清 0，即全部设置为低优先级中断。当同时接收到多个相同优先级的中断请求时，响应哪个中断源取决于内部硬件的查询顺序。同级中断源的优先级顺序如表 4-1 所示。

表 4-1　同级中断源的优先级顺序

中断源	同级的中断优先级
$\overline{INT0}$	最高
T0	
$\overline{INT1}$	↓
T1	
RxD/TxD	最低

由此可知，**各中断源在同一个优先级的条件下，外部中断 0 的优先权最高，串行口的优先权最低。**

MCS-51 单片机的中断系统有两个不可寻址的"优先级激活触发器"：一个用来指示某高优先级的中断正在执行，所有后来的中断均被阻止；另一个用来指示某低优先级的中断正在执行，所有同级中断都被阻止，但不阻断高优先级的中断请求。

4.3　中断系统的处理过程

中断处理过程可分为三个阶段，即中断响应、中断处理和中断返回。

4.3.1 中断响应

1．中断响应条件

CPU 响应中断的条件如下：

(1) 有中断源发出中断请求。

(2) 中断总允许位 EA=1，即 CPU 开中断。

(3) 申请中断的中断源的中断允许位为 1，即该中断没有被屏蔽。

(4) 无同级或更高级中断正在被服务。

(5) 当前指令已执行到最后一个机器周期，即在完成正在执行的指令前，不会响应中断，从而保证每条指令在执行过程中不被打断。

(6) 若当前正在执行的指令是 RETI 或是访问 IE、IP 的指令，则在执行 RETI 或写入 IE、IP 指令之后，不能马上响应中断请求，至少再执行一条其他指令之后才会响应。

2．中断响应过程

MCS-51 单片机的 CPU 在每个机器周期的 S5P2 时刻顺序采样每个中断源的中断标志位，然后在下一个机器周期查询该采样。如果查询到某个中断标志为 1，则表明该中断源有中断请求。如果满足中断响应的条件，则在下一个机器周期开始时按优先级进行中断处理，并响应该中断。

MCS-51 单片机一旦响应中断，首先置位相应的中断"优先级激活触发器"，以阻止同级和低级中断，然后由硬件自动生成一条长调用指令"LCALL addr16"，把 PC(程序计数器)当前值压入堆栈，以保护断点，再将相应的中断入口地址送入 PC，使程序转向该中断入口地址单元中，以执行中断服务程序。各中断源的入口地址如表 4-2 所示。

表 4-2 中断源及其对应的入口地址

中断源	入口地址
$\overline{\text{INT0}}$	0003H
T0	000BH
$\overline{\text{INT1}}$	0013H
T1	001BH
RxD/TxD	0023H

由表 4-2 可知，MCS-51 单片机的两个相邻中断源的入口地址只相差 8 个字节，一般的中断服务程序都超过 8 个字节，所以通常是在中断入口地址单元放一条长转移指令 LJMP，这样可以使中断服务程序灵活地安排在 64 KB ROM 中的任何地方，如图 4-1 所示。

中断服务程序从中断入口地址开始执行，一直到返回指令 RETI 为止，CPU 执行完这条指令后，把响应中断时所置位的优先级激活触发器清 0，然后从堆栈中弹出断点地址放入 PC，使 CPU 返回主程序。

3．中断响应时间

从查询中断请求标志位到转向中断服务入口地址所需的机器周期数称为中断响应时间。

根据中断响应条件，如果查询到中断请求信号的这个机器周期恰好处于正在执行指令的最后一个机器周期，那么在这个机器周期结束后，将由 CPU 自动执行一条硬件子程序调用指令 LCALL，以转到相应的中断入口地址单元，从而对中断进行处理。因为查询中断标志需要 1 个机器周期，长调用指令需要 2 个机器周期，所以中断响应时间最短为 3 个机器周期。

如果查询到中断请求信号时刚好是刚开始执行 RETI 或是访问 IE、IP 的指令，则需要把当前指令执行完再继续执行一条指令后，才能响应中断。执行上述的 RETI 或是访问 IE、IP 的指令最长需要 2 个机器周期，而接着再执行的一条指令，最长需要 4 个机器周期(乘法指令 MUL 或除法指令 DIV)，再加上硬件子程序调用指令 LCALL 需要 2 个机器周期，所以中断响应时间最长为 8 个机器周期。

对于一个单中断系统，**中断响应时间总是在 3~8 个机器周期之间**。

4．中断请求的撤销

中断请求被响应后，要及时撤销中断请求，否则会引起重复响应。

1) 定时器/计数器中断请求的撤销

中断请求被响应后，硬件自动将中断请求标志位 TF0 或 TF1 清 0，因此定时器/计数器中断请求是自动撤销的。

2) 外部中断请求的撤销

外部中断请求的撤销包括中断标志位的清 0 和外部中断信号的撤销。

边沿触发方式：中断被响应后，IE0 或 IE1 由硬件自动清 0，由于负脉冲信号过后就消失了，所以外部中断请求也是自动撤销的；

电平触发方式：中断被响应后，IE0 或 IE1 由硬件自动清 0，但中断请求信号的低电平可能继续存在，在以后的机器采样中，又会把已清 0 的 IE0 或 IE1 重新置 1，造成重复中断。为了避免这种情况出现，**应尽量采用边沿触发方式**。

如果采用电平触发方式，要彻底撤销外部中断请求，需在中断响应后把中断请求信号引脚从低电平强制改变为高电平。因为 CPU 无法直接干预外电路，所以在引脚处用硬件电路(再配合相应的软件)来撤销外电路过期的中断请求。图 4-4 所示是一种低电平触发后的中断标志位撤销电路。

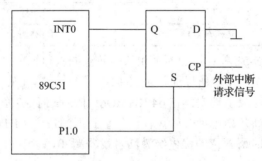

图 4-4　电平方式外部中断请求的撤销电路

为实现图 4-4 所示的撤销中断请求功能，需要在中断服务程序中加如下两条指令：

```
P1|=0x01;          //将 P1.0 位置 1
P1&=0xfe;          //再将 P1.0 位清 0
```

第一条指令执行后 P1.0 位有一个 "1" 信号输出给 D 触发器的 S 端,将 Q 端直接置 "1" (清除了标志位);第二条指令执行后 P1.0 位恢复 "0",D 触发器的 Q 端将在 CP 的作用下由 D 端控制。

由上述分析可知,只要 P1.0 端输出一个负脉冲就可以使 D 触发器置 "1",从而撤销了低电平的中断请求信号。

3) 串行口中断请求的撤销

串行口中断被响应后,CPU 无法知道是接收中断还是发送中断,还需测试这两个中断标志位的状态,以判定是接收操作还是发送操作。所以**串行口中断请求的撤销只能使用软件方法**,即在中断服务程序中用如下指令清除标志位:

```
TI=0;        //清 TI 标志位
RI=0;        //清 RI 标志位
```

4.3.2　中断处理

CPU 响应中断后即转至中断服务程序的入口,执行中断服务程序。从中断服务程序的第一条指令开始到返回指令为止,这个过程称为中断处理或中断服务。不同的中断源服务的内容及要求各不相同,其处理过程也有所区别。一般情况下,中断处理包括两部分内容:一是保护现场,二是为中断源服务。

所谓现场,是指中断时刻单片机中某些寄存器(状态寄存器 PSW、累加器 A、工作寄存器等)和存储器单元中的数据或状态。为了使中断服务程序的执行不破坏这些数据或状态,以免在中断返回后影响主程序的运行,要求把它们送入堆栈中保存起来,这就是保护现场。中断处理结束后,在返回主程序前,需要把保存的现场内容从堆栈中弹出,以恢复那些寄存器和存储器单元中的原有内容,这就是现场恢复。现场保护一定要位于中断处理程序的前面,而现场恢复一定要位于中断处理程序的后面。

采用汇编语言编写中断程序时,应该根据中断处理程序的具体情况来决定保护哪些内容。采用 C51 编写中断服务函数时可不必考虑这些问题,因为 C51 编译器在编译时对声明为中断服务程序的函数自动添加了相应的现场保护、阻断其他中断、返回时自动恢复现场等处理的程序段,从而降低了开发者编写中断服务程序的繁琐程度。

所谓中断源服务,是指根据中断源的具体要求进行相应的处理。

4.3.3　中断返回

中断处理程序的最后一条执行指令必须是 RETI。CPU 执行完这条指令时,一方面要清除中断响应时所置位的优先级激活触发器,另一方面要从堆栈中弹出断点地址放入 PC,使程序回到原断点处,继续执行原来的程序。

RET 指令虽然也能控制 PC 返回到原来中断的地方,但 RET 指令没有清 0 中断优先级状态触发器的功能。若采用 RET 指令作中断处理程序的最后一条执行指令,返回到主程序后中断控制系统会认为中断仍在进行,其后果是与此同级或低级的中断请求将不被响应。所以**不能用 RET 指令代替 RETI 指令**。

4.3.4 中断请求的深入理解

MCS-51 单片机有 6 个中断请求标志位，即 IE0、IE1、TF0、TF1、RI、TI，对应着 5 个中断。当满足中断请求的条件时，由硬件置位(=1)，如：外中断引脚输入信号产生下降沿、计数器产生计数满额溢出等。如果这时满足中断响应条件，则会产生中断，我们可以编写中断服务程序完成相应的工作。

假设没有开放中断，在满足条件的情况下，中断请求标志位也会由单片机硬件置位。这样，我们就可以通过对中断请求标志位的查询，完成同样的任务，即编写查询程序来替代中断服务程序。只是在查询情况需要注意对中断请求标志位的清 0。

表 4-3 给出了中断请求标志位的变化情况。

表 4-3　中断请求标志位的变化情况

中断源	中断请求标志位名称	置位条件	置位方法	清 0 方法	
				中断方式	查询方式
$\overline{INT0}$	IE0	单片机 12 引脚产生有效输入信号	硬件自动置位	硬件自动清 0	软件编程清 0
$\overline{INT1}$	IE1	单片机 13 引脚产生有效输入信号	硬件自动置位	硬件自动清 0	软件编程清 0
T0	TF0	计数器/定时器 0 产生计数溢出(计满)	硬件自动置位	硬件自动清 0	软件编程清 0
T1	TF1	计数器/定时器 1 产生计数溢出(计满)	硬件自动置位	硬件自动清 0	软件编程清 0
TxD	TI	发送缓冲器空(发完一个字节)	硬件自动置位	软件编程清 0	软件编程清 0
RxD	RI	接收缓冲器满(收到一个字节)	硬件自动置位	软件编程清 0	软件编程清 0

4.4　中断系统的应用

4.4.1　中断函数

为了方便设计者直接使用 C51 编写中断服务程序，C51 中定义了中断函数。这在 3.5.3 小节中已经进行了简要介绍。由于 C51 编译器在编译时对声明为中断服务程序的函数自动添加了相应的现场保护、阻断其他中断、返回时自动恢复现场等处理的程序段，因而在编写中断服务函数时可不必考虑这些问题。

中断服务函数的一般形式为：

    函数类型　函数名(形式参数表)　interrupt n　[using m]

其中：interrupt 后面的 n 是中断编号，对于 MCS-51 单片机，n 的取值范围为 0~4，编译器从 8n+3 处产生中断向量。MCS-51 单片机的中断源对应的中断编号和中断向量如表 4-4 所示。

表 4-4 MCS-51 单片机的中断编号和中断向量

中断源	中断编号	中断向量
$\overline{INT0}$	0	0003H
T0	1	000BH
$\overline{INT1}$	2	0013H
T1	3	001BH
RxD/TxD	4	0023H

MCS-51 单片机在内部 RAM 中可以使用 4 个不同的工作寄存器组，每个工作寄存器组包含 8 个工作寄存器(R0~R7)，见表 2-2。C51 扩展了一个关键字 using，using 后面的 m 用来选择 MCS-51 单片机中不同的工作寄存器组。如果不用该选项，则由编译器选第 0 组寄存器组作为工作寄存器组(RAM 地址为 00H～07H)。

例如，外部中断 0 的中断服务函数书写如下：

```
void  int0( )  interrupt 0  using 1 //中断编号为 0，选择第 1 组工作寄存器组
```

C51 的中断调用与标准 C 的函数调用是不一样的，当中断事件发生后，对应的中断函数被自动调用，中断函数既没有参数，也没有返回值。中断函数会带来如下影响：

(1) 编译器会为中断函数自动生成中断向量。

(2) 在必要时，特殊功能寄存器 ACC、B、DPTR 和 PSW 的内容被保存到堆栈中。

(3) 退出中断函数时，所有保存在堆栈中的工作寄存器及特殊功能寄存器被恢复。

4.4.2 中断程序的内容

中断程序一般包含中断初始化程序和中断服务程序两部分。

1. 中断初始化程序

对中断实现控制实质上就是对与中断有关的特殊功能寄存器进行管理和控制。单片机复位后，这些寄存器的内容都被清 0，所有中断源都被屏蔽，要想开放 CPU 中断，允许某些中断源中断，必须对相关寄存器进行状态预置。中断初始化程序是指用户对相关寄存器中的各控制位进行赋值，即对如下内容进行初始化：

(1) 设置中断允许控制寄存器 IE，允许相应中断源中断。

(2) 设置中断优先级寄存器 IP，选择并分配所使用中断源的优先级。此项可选。

(3) 如果是外部中断源，还要设置中断请求的触发方式 IT0 或 IT1，以决定采用电平触发方式还是边沿触发方式。

(4) 如果是定时器/计数器中断或串行通信中断，应该设置相应的工作方式。

【例 4-1】 试编写设置外部中断源 1 为边沿触发的高优先级中断源的初始化程序(假设程序中包含了头文件"reg51.h")。

参考程序 1(采用位操作指令)：

```
EA=1;        //开启中断允许总控制位
EX1=1;       //允许外部中断 1 中断
PX1=1;       //设外部中断 1 为高优先级
```

IT1=1;	//设外部中断 1 为边沿触发方式

参考程序 2(采用字节传送指令):

IE=0x84;	//为 IE 赋值 1000 0100B，即令 EA 和 EX1 为"1"
IP=0x04;	//为 IP 赋值 0000 0100B，即令 PX1 为"1"
TCON=0x04;	//为 TCON 赋值 0000 0100B，即令 IT1 为"1"

2. 中断服务程序

中断服务程序要根据中断任务的具体要求进行编写。

在编写 MCS-51 单片机中断程序时，应遵循以下原则：

(1) 中断函数没有返回值，如果定义了一个返回值，将会得到不正确的结果。因此建议将中断函数定义为 void 类型，以明确说明没有返回值。

(2) 中断函数不能进行参数传递，如果中断函数中包含任何参数声明都将导致编译出错。

(3) 在任何情况下都不能直接调用中断函数，否则会产生编译错误。因为中断函数的返回是由汇编语言指令 RETI 完成的，RETI 指令会影响 MCS-51 单片机中的硬件中断系统内不可寻址的中断优先级寄存器的状态。如果在没有实际中断请求的情况下，直接调用中断函数，也就不会执行 RETI 指令，其操作结果有可能产生一个致命的错误。

如果在中断函数中再调用其他函数，则被调用的函数所使用的寄存器组必须与中断函数使用的寄存器组不同。

4.4.3　外部中断源的应用程序

【**例 4-2**】 89C51 的 P1 口接了 8 个发光二极管，在外部中断 0 输入引脚(P3.2)接了一只按键 K0，在外部中断 1 输入引脚(P3.3)接了一个按键 K1，如图 4-5 所示。试编程实现如下功能：每按动 K1 按键一次，从右向左依次点亮 8 个发光二极管中的一个。

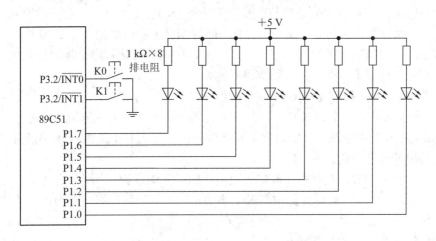

图 4-5　例 4-2 电路图

分析：因为 8 个发光二极管采取共阳极连接，所以若想通过外部中断 1 依次点亮 8 个发光二极管中的一个，首先要保证从 P1 口输出的数据中只有 1 位为"0"，其余 7 位为"1"，然后将该数据循环左移，即可实现 8 个发光二极管的依次点亮。本例的中断服务程序中，将利用 C51 自带的库函数_crol_实现数据的循环左移。

假设外部中断 1 采用边沿触发，高优先级。

参考程序：

```
#include <reg51.h>            //51 系列单片机头文件
#include <intrins.h>          //包含_crol_函数所在的头文件
#define uchar unsigned char   //宏定义
uchar    temp;               //定义一个变量，用来给 P1 口赋值
void     main( )             //主函数
{
    EA=1;                    //开总中断
    EX1=1;                   //开外中断 1
    PX1=1;                   //外中断 1 设成高级别中断
    IT1=1;                   //外中断 1 设成边沿触发
    temp=0xfe;               //赋初值，预备右边第一个灯亮
    while(1);                //主程序循环，原地等待中断申请
}
void     int1( ) interrupt 2 //外部中断 1 的中断服务函数
{
    P1=temp;                 //输出到 P1 口
    temp=_crol_(temp，1);    //左环移一次
}
```

特别需要注意的是：由于主程序没有实质性功能，所以我们在主程序的结尾处加了"while(1)"用来等待中断，中断的断点也在这条语句上。**如果没有这条语句，程序就会产生程序运行错误。**在实际的单片机应用系统中，"while(1)"应该是一段具有实际功能的循环程序(参见例 4-3)。

【**例 4-3**】　对于图 4-5 所示的电路，试编程实现如下功能：当无外部中断请求时，每隔 1 s，从右向左依次点亮 8 个发光二极管中的 1 个；当按键 K1 被按下时，8 只发光二极管的显示状态改为闪烁显示(假设二极管点亮及熄灭的时间都是 1 s)，闪烁 5 次后，继续依次点亮。假设系统时钟频率为 12 MHz。

分析：根据题意，在无外部中断请求时，从右向左依次点亮 8 只发光二极管中的 1 个，所以数据循环左移的程序段要放在主程序中，当有外部中断请求时，再根据要求修改 P1 口的状态。

本例参考 3.5.1 的方法，编写一个延时子程序，以实现 1 s 的时间间隔。利用该方法计算得到的时间，忽略了赋值语句产生的时间延时，所以不够精确。第 5 章将介绍如何利用定时器/计数器获取更精确的定时时间。

参考程序：

```
#include <reg51.h>            //51 系列单片机头文件
#include <intrins.h>          //包含_crol_函数所在的头文件
#define uchar unsigned char   //宏定义
```

```
#define   uint   unsigned   int        //宏定义
uchar     temp;                        //定义一个变量，用来给 P1 口赋值
void      delaynms(uint  n )           //延时 n ms 函数
{
    uint   i, j;
    for(i=0; i<n; i++)
        for(j=0; j<125; j++);
}
void      main( )                      //主函数
{
    EA=1;                              //开总中断
    EX1=1;                             //开外中断 1
    PX1=1;                             //外中断 1 设成高级别中断
    IT1=1;                             //外中断 1 设成边沿触发
    temp=0xfe;                         //赋初值，预备右边第一个灯亮
    while(1)
    {
        P1=temp;                       //输出到 P1 口
        temp=_crol_(temp, 1);          //左环移一次
        delaynms(1000);                //延时 1 s
    }
void      int1( )   interrupt 2   using 0    //外部中断 1 的中断服务函数
{
    uchar  m;
    for(m=0; m<5; m++)
    {
        P1=0;                          //8 个发光二极管都点亮
        delaynms(1000);                //延时 1 s
        P1=0xff;                       //8 个发光二极管都熄灭
        delaynms(1000);                //延时 1 s
    }
}
```

4.4.4 外部中断源的扩展及应用

　　MCS-51 单片机只有两个外部中断源的输入端，但实际应用中可能需要两个以上的外部中断源，这时就要对外部中断源的输入端进行扩展。扩展外部中断源的方法有定时器/计数器扩展法、中断和查询相结合的扩展法、硬件电路扩展法。这里仅介绍中断和查询相结合的外部中断源扩展法。

　　利用 MCS-51 单片机的两个外部中断线，每个中断线可以通过"与"的关系连接多个

外部中断源,同时利用 MCS-51 的 I/O 端口作为各中断源的识别标志,其原理如图 4-6 所示。

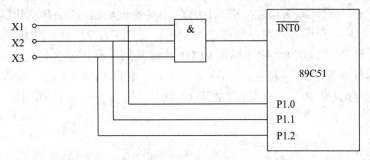

图 4-6　中断和查询相结合的外部中断源扩展电路

图 4-6 中的三个外部中断源在没有中断事件时输出高电平,通过与门输入到 $\overline{INT0}$ 端的电平为高电平,表示没有中断事件发生。当任意一个外部中断源有中断请求并送出一个低电平时,CPU 能立即响应该中断请求。在中断服务程序中,查询 P1.0、P1.1、P1.2 引脚上哪一个有低电平,判断是哪一个外部中断源发出的中断请求,并执行相应的中断处理程序(如查询到 P1.0 引脚上有低电平,表明是外部中断源 X1 发出的中断请求,执行完 X1 的处理程序后返回主程序)。

【例 4-4】 用单片机监测 X1、X2、X3 三个外部设备在运行过程中是否有故障。无论哪个设备出现故障,都必须立刻处理,所以采用中断系统来检测这三个外部设备。当系统无故障时,3 个故障源输入端 X1~X3 全为低电平,对应的 3 个显示灯全灭;当某个设备出现故障时,其对应的输入端由低电平转为高电平,从而引起 MCS-51 单片机中断,中断服务程序的任务是判定故障,并点亮对应的发光二极管。实现上述功能的电路如图 4-7 所示。其中,发光二极管 LED1~LED3 对应 3 个输入端 X1~X3。3 个故障源通过或非门与 89C51 的外部中断 0 的输入端相连,同时,X1~X3 与 P1 口的 P1.0~P1.2 引脚相连,3 个发光二极管 LED1~LED3 分别与 P1 口的 P1.3~P1.5 相连。

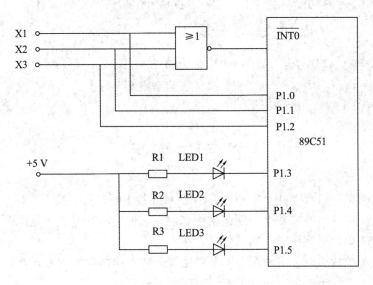

图 4-7　多故障检测电路

　　分析： 根据题意，在进行故障检测之前，要先对 P1 口进行处理，不仅要使发光二极管熄灭，还要保证能正确读取 X1、X2、X3 的状态，为实现该功能，先给 P1 口赋值 1111 1111B。进入中断后，要利用查询方式对中断源进行判断，处理方法为：若 P1.0 为高电平，说明 X1 有故障，则将 P1.3 位清 0，使二极管 LED1 导通发光，若 P1.0 为低电平，说明 X1 无故障(P1.0=0)，继续判断 P1.1；若 X2 有故障(P1.1=1)，则将 P1.4 位清 0，使二极管 LED2 导通发光，否则继续判断 P1.2；若 X3 有故障(P1.2=1)，则将 P1.5 位清 0，使二极管 LED3 导通发光，否则，程序继续返回到主程序。

　　参考程序：

```c
#include <reg51.h>              //51 系列单片机头文件
sbit    X1=P1^0;                //将 X1 定义为 P1.0 引脚
sbit    X2=P1^1;                //将 X2 定义为 P1.1 引脚
sbit    X3=P1^2;                //将 X3 定义为 P1.2 引脚
sbit    LED1=P1^3;              //将 LED1 定义为 P1.3 引脚
sbit    LED2=P1^4;              //将 LED2 定义为 P1.4 引脚
sbit    LED3=P1^5;              //将 LED3 定义为 P1.5 引脚
void    main( )                 //主函数
{
    EA=1;                       //开总中断
    EX0=1;                      //开外部中断 0
    IT0=1;                      //外部中断 0 设成边沿触发
    P1=0xff;                    //令发光二极管熄灭，同时在输入数据前先向对应口输出"1"
    while(1);                   //循环等待
}
void    int0( )    interrupt 0  //外部中断 0 的中断服务函数
{
    if(X1==1)    LED1=0;        //判断设备 X1 是否故障？
    if(X2==1)    LED2=0;        //判断设备 X2 是否故障？
    if(X3==1)    LED3=0;        //判断设备 X3 是否故障？
}
```

思考与练习

1. MCS-51 单片机有哪几个中断源？CPU 响应各中断时其中断入口地址是多少？
2. MCS-51 单片机的有几个中断请求标志位？它们的清 0 方式各是什么？
3. MCS-51 单片机响应中断的条件是什么？
4. MCS-51 单片机外部中断源有哪两种触发方式？这两种触发方式有什么区别？
5. MCS-51 单片机外部中断源的扩展方式有哪些？
6. 对于图 4-5 所示的电路，试编程实现如下功能：每按动 K0 按键一次，从左向右依次点亮 8 个发光二极管中的一个。

7. 对于图 4-5 所示的电路，试编程实现如下功能：当无外部中断请求时，每隔 1s，从左向右依次点亮 8 个发光二极管中的 1 个；当按键 K0 被按下时，上下 4 只发光二极管交替闪烁显示(假设二极管点亮及熄灭的时间都是 1 s)，闪烁 8 次后，返回中断前状态；当按键 K1 被按下时，8 只发光二极管全部闪烁(假设二极管点亮及熄灭的时间都是 1s)，闪烁 10 次后，返回中断前状态。假设系统时钟频率为 12 MHz，外部中断 0 为低优先级，外部中断 1 为高优先级。

8. 假设多故障检测电路如图 4-8 所示，试编程实现如下功能：当系统无故障时，4 个故障源输入端 X1～X4 全为高电平，对应的 4 个显示灯全灭；当某个设备出现故障时，点亮对应的发光二极管。其中，发光二极管 LED1～LED4 对应 4 个输入端 X1～X4，X1～X4 与 P1 口的 P1.0～P1.3 引脚相连，4 个发光二极管 LED1～LED4 分别与 P1 口的 P1.4～P1.7 相连。

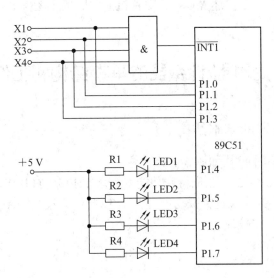

图 4-8　多故障检测电路

第5章 单片机的定时器/计数器

在工业检测、控制领域中，许多场合都要用到计数或定时功能。例如对外部事件进行计数、产生精确的定时时间、作为串行口的波特率发生器等。MCS-51 单片机片内集成有两个可编程的定时器/计数器，即 T0 和 T1，它们都有定时和计数两种功能，可用于定时控制、延时、对外部事件计数和检测等场合。此外，T1 还可以作为串行口的波特率发生器。

本章从应用的角度重点讲述 MCS-51 单片机的定时器/计数器的结构、工作原理和 C 语言编程方法。

5.1 定时器/计数器的基本结构和工作原理

5.1.1 定时器/计数器的基本结构

定时器/计数器的基本结构如图 5-1 所示。

由图 5-1 可知，T0 由 2 个 8 位特殊功能寄存器 TH0 和 TL0 组成，T1 由 TH1 和 TL1 组成。T0 和 T1 的工作方式通过特殊功能寄存器 TMOD 来设定，T0 和 T1 的启动和停止由特殊功能寄存器 TCON 来控制。

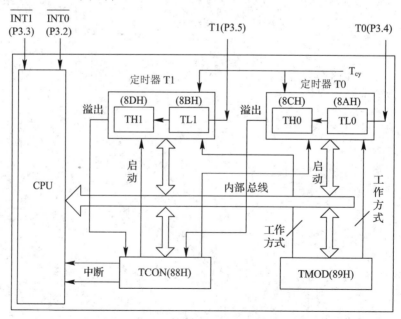

图 5-1 定时器/计数器的基本结构

5.1.2　定时器/计数器的工作原理

图 5-2 所示是定时器/计数器的工作原理图。

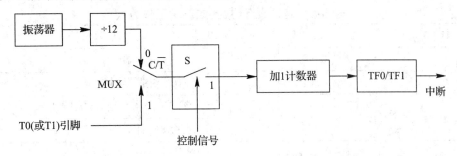

图 5-2　定时器/计数器的工作原理图

由图 5-2 可知，定时器/计数器的核心部件是加 1 计数器。根据输入脉冲的来源不同，定时器/计数器分为两种工作模式，定时模式和计数模式。

当 T0 或 T1 设置为定时模式时，定时器对单片机内部的机器周期(系统内部振荡器输出脉冲的 12 分频)进行自动加 1 计数，将计数值乘以机器周期就得到了定时时间。

当 T0 或 T1 设置为计数模式时，计数器对来自输入引脚 T0(P3.4)或 T1(P3.5)的负脉冲信号进行计数。为确保电平信号在变化之前至少被采样一次，要求输入的高电平和低电平信号至少应维持一个完整的机器周期，即它至少需要两个机器周期来识别一个高电平到低电平的跳变，所以**计数模式时的计数频率最高为 f_{osc}(晶振)的 1/24**。

定时器/计数器无论工作在定时模式还是计数模式，对输入脉冲的计数都不占用 CPU 的时间，除非定时器或计数器溢出，才能中断 CPU 的当前操作。定时器/计数器计满溢出时硬件令 TCON 中的 TF0 或 TF1 置 1，可以采用中断方式加以响应，也可以采用查询方式来处理。由此可见，定时器/计数器是单片机中效率高而且工作灵活的部件。

定时器本质上是一个计数器，由于初值可以根据需要设定，实际计数值就可控，则定时时间也是可控的。

5.1.3　定时器/计数器的控制

MCS-51 单片机中有两个特殊功能寄存器与定时器/计数器有关，其中 TMOD 用于设置定时器/计数器的工作模式和工作方式，TCON 用于控制定时器/计数器的启动、停止和中断请求。

1．工作方式寄存器 TMOD

工作方式寄存器 TMOD 用于选择定时器/计数器的工作模式和工作方式，是不可位寻址的特殊功能寄存器，其字节地址为 89H。TMOD 的格式如下：

	D7	D6	D5	D4	D3	D2	D1	D0
(89H) TMOD	GATE	$C/\overline{T}$	M1	M0	GATE	$C/\overline{T}$	M1	M0
	←定时器/计数器 T1→				←定时器/计数器 T0→			

由此格式看出，TMOD 的 8 位分为两组，其中高 4 位用于控制 T1，低 4 位用于控制

T0。TMOD 中各位的含义如下：

① M1、M0：工作方式选择位。定时器/计数器有四种工作方式，由 M1、M0 进行设置，如表 5-1 所示。

表 5-1　定时器/计数器的四种工作方式

M1　M0	方　　式	说　　明
0　　0	方式 0	13 位定时器/计数器
0　　1	方式 1	16 位定时器/计数器
1　　0	方式 2	自动重新装载的 8 位定时器/计数器
1　　1	方式 3	T0 分成两个 8 位计数器，T1 停止计数

② $C/\overline{T}$：定时/计数模式选择位。

$C/\overline{T}$ =0，设置为定时模式，对内部机器周期进行计数。

$C/\overline{T}$ =1，设置为计数模式，对来自 T0、T1 引脚的外部脉冲信号进行计数。

③ GATE：门控位。

GATE=0 时，只要用软件使 TCON 中的运行控制位 TR0(或 TR1)为 1，就可以启动 T0 (或 T1)；

GATE=1 时，既要用软件使运行控制位 TR0(或 TR1)为 1，还要使 $\overline{INT0}$ 或 $\overline{INT1}$ 引脚为高电平，才可以启动 T0(或 T1)。

MCS-51 单片机复位后，TMOD 所有位被清 0，使用前可以通过软件来设定它的工作方式。因为 TMOD 不能进行位寻址，所以只能采用字节操作指令设置 TMOD。

若要将 T0 设置为计数模式，按方式 2 工作，必须用如下指令对 TMOD 赋值：

```
TMOD=0x06;
```

2．中断请求标志寄存器 TCON

设定好 TMOD 后，定时器/计数器还不能进入工作状态，还必须通过设置 TCON 中的某些位来启动它。TCON 的低 4 位与外部中断设置有关，TCON 的高 4 位用于控制定时器/计数器的启动、停止和中断申请。TCON 的格式如下：

	D7	D6	D5	D4	D3	D2	D1	D0
(88H)	8FH	8EH	8DH	8CH	8BH	8AH	89H	88H
TCON	TF1	TR1	TF0	TR0	IE1	IT1	IE0	IT0

TCON 中与定时器/计数器相关的高 4 位功能如下：

① TR0：T0 运行控制位。

当 TR0=1 时，启动 T0 计数；当 TR0=0 时，停止 T0 计数。

② TF0：T0 溢出中断请求标志位。

当启动定时器/计数器 T0 计数后，T0 从初值开始加 1 计数，当最高位产生溢出时，TF0 由硬件置 1，向 CPU 申请中断。CPU 响应 TF0 中断时，TF0 由硬件清 0，若不采用中断方式，则 TF0 必须由软件清 0。

③ TR1：T1 运行控制位。其功能与 TR0 类似。

④ TF1：T1 溢出中断请求标志位。其功能和 TF0 类似。

5.2 定时器/计数器的工作方式

MCS-51 单片机的定时器/计数器共有四种工作方式(方式 0、1、2、3)，T0 和 T1 均可以设置在前三种工作方式(方式 0、1、2)，且 T0 和 T1 的工作原理相同，方式 0、1、2 对 T0 和 T1 均有效，只有 T0 才可以设置为工作方式 3。下面以 T0 为例介绍定时器/计数器的四种工作方式。

5.2.1 方式 0

当 TMOD 的 M1M0 为 00 时，定时器/计数器工作于方式 0，如图 5-3 所示。

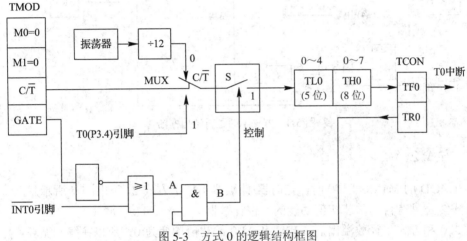

图 5-3 方式 0 的逻辑结构框图

方式 0 为 13 位计数器，由 TL0 的低 5 位和 TH0 的 8 位组成。当 TL0 的低 5 位计满溢出时向 TH0 进位，当 TH0 计满溢出时，将中断标志位 TF0 置 1，并向 CPU 申请中断。该方式是为兼容 MCS-48 而设的，在实际应用中几乎不再使用。

方式 0 和方式 1 的结构与操作基本相同，其差别仅仅在于计数的位数不同。方式 0 为 13 位计数器，而方式 1 为 16 位计数器，详细内容参考工作方式 1。

5.2.2 方式 1

当 TMOD 的 M1M0 为 01 时，定时器/计数器工作于方式 1，如图 5-4 所示。

方式 1 为 16 位计数器。T0 工作在方式 1 时，由 TL0 构成计数器的低 8 位、TH0 构成计数器的高 8 位。

当 TL0 计满溢出时向 TH0 进位，当 TH0 计满溢出时，将中断标志位 TF0 置 1，并向 CPU 申请中断。

当 $C/\overline{T}$ =0 时，多路转换开关 MUX 接振荡器 12 分频的输出端，即 T0 工作于定时模式，对机器周期进行计数。计数值乘以机器周期等于定时时间。

当 $C/\overline{T}$ =1 时，多路转换开关 MUX 接 P3.4 引脚，接收外部输入的信号，即 T0 工作在计数模式，对外部脉冲进行计数。

当 GATE=0 时，$\overline{INT0}$ 被屏蔽，对或门输出不产生影响，此时仅由 TR0 来控制 T0 的开启和关闭。当 TR0=1 时，T0 将从初值开始加 1 计数。当 TR0=0 时，停止计数。

当 GATE=1 时，T0 的开启与关闭取决于 $\overline{INT0}$ 和 TR0 相与的结果，即只有当 TR0=1 且 $\overline{INT0}$=1 时，T0 才开始工作，否则停止计数。利用该特点可以测量在 $\overline{INT0}$ 端出现的正脉冲的宽度。

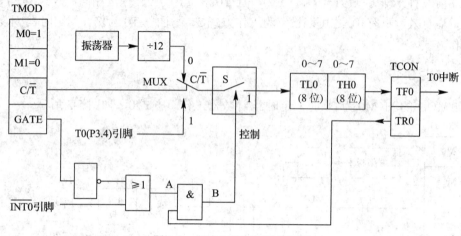

图 5-4　方式 1 的逻辑结构框图

5.2.3　方式 2

当 TMOD 的 M1M0 为 10 时，定时器/计数器工作于方式 2，如图 5-5 所示。

方式 2 是具有自动重装初值功能的 8 位计数器。

方式 0 和方式 1 计数溢出后，TH0 和 TL0 的初值均变为 0，所以在编制循环程序时需要反复设定初值，既不方便又影响定时精度。方式 2 将 TL0 作为 8 位计数器，TH0 仅保存计数初值而不参与计数。初始化时 TL0 和 TH0 的值均是初值，且相等。当 TL0 计满溢出时，CPU 在将溢出中断请求标志位 TF0 置 1 的同时自动将 TH0 中的初值重新装入 TL0 中，使 TL0 从初值重新开始计数。

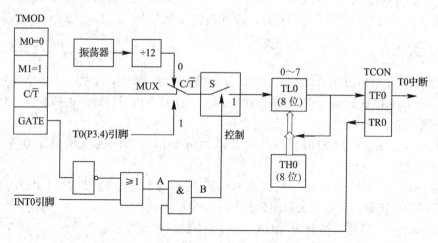

图 5-5　方式 2 的逻辑结构框图

方式 2 省去了重装初值的时间，可以实现精确的定时。其中 T1 采用方式 2，常用于产生单片机串行通信中的波特率，并且只有 T1 才能产生波特率信号。

5.2.4　方式 3

当 TMOD 的 M1M0 为 11 时，定时器/计数器工作于方式 3，如图 5-6 所示。

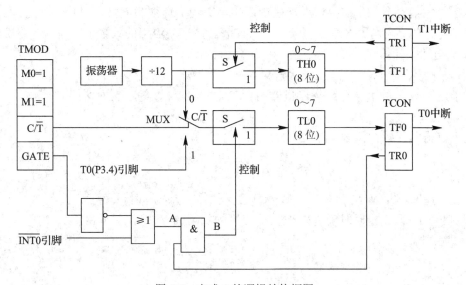

图 5-6　方式 3 的逻辑结构框图

方式 3 只适用于 T0，当 T0 工作在方式 3 时，TL0 和 TH0 成为两个独立的 8 位计数器。TL0 使用 T0 的所有控制位：$C/\overline{T}$、GATE、TR0、TF0 和 $\overline{INT0}$，它的操作与方式 0 和方式 1 类似。TH0 要借用 T1 的运行控制位 TR1 和溢出标志位 TF1，且只能作 8 位定时器，即只能对机器周期进行计数，而不能对外部脉冲进行计数。

当 T0 工作在方式 3 时，T1 可以工作在方式 0、1、2。因为它不能置位 TF1，所以只能用于不需要中断控制的场合，或用作串行口的波特率发生器。通常，当 T1 用作串行口波特率发生器时，T0 才定义为方式 3，以增加一个 8 位计数器。

工作方式 1 和工作方式 2 是实际应用中最常用的两种方式，应该重点掌握。

5.3　定时器/计数器的应用

5.3.1　定时器/计数器初值计算和初始化

1. 计数初值的计算

MCS-51 单片机的定时器/计数器具有四种工作方式，因为不同工作方式下计数器的位数不同，所以计数的最大值也不同。假设当前工作方式下的最大计数值用 M 表示，则各种工作方式的最大计数值如下：

方式 0：　　　$M = 2^{13} = 8192$

方式 1:　　　　　　$M = 2^{16} = 65536$

方式 2:　　　　　　$M = 2^8 = 256$

方式 3:　　　　　　$M = 2^8 = 256$

MCS-51 单片机采用特殊功能寄存器 TH0 和 TL0 来存放定时器 T0 的计数初值,TH1 和 TL1 来存放定时器 T1 的计数初值。T0 和 T1 从初值开始以"加 1"方式进行计数,当计数值达到最大值时会产生溢出,并产生中断申请。由于计数初值可以由软件设定,所以定时时间是可控的。假设用 X 表示计数初值,N 表示能产生溢出的计数值,可得计数模式下,计数值 N 与计数初值 X 之间的关系:

$$X = M - N \tag{5-1}$$

对于定时模式,计数值 N 乘以机器周期 T_{cy}($T_{cy}=12/f_{osc}$)等于定时时间 t,即

$$t = N \times T_{cy} = (M - X) \times T_{cy} \tag{5-2}$$

由此式可以得到计数初值 X 的表达式为

$$X = M - t \times \frac{f_{osc}}{12} \tag{5-3}$$

其中:f_{osc} 为晶振频率,M 为最大计数值,t 为所需的定时时间。

【例 5-1】　假设定时时间为 5 ms,单片机的主频(晶振频率)为 6 MHz,使用 T0,求方式 1 的计数初值。

解:　　　　　　　　　　$T_{cy} = \dfrac{12}{6\,\text{MHz}} = 2\,\mu s$

$$X = M - \frac{t}{T_{cy}} = M - \frac{5\,\text{ms}}{2\,\mu s} = M - 2500$$

对于方式 1,

$$X = 2^{16} - 2500 = 63036 = 0F63CH$$

其中低 8 位 3CH 要送入 TL0,高 8 位 F6H 要送入 TH0。

2. 定时器/计数器的初始化

由于定时器/计数器是可编程的,因此在利用定时器/计数器进行定时或计数之前,要先通过软件对其进行初始化。初始化的步骤如下:

① 根据要求为工作方式寄存器 TMOD 赋值,以设定 T0 和 T1 的工作模式和工作方式。

② 根据需要计算计数初值,并将初值送入 TH0、TL0、TH1、TL1。

③ 根据需要给 IE 和 IP 赋值,以开放相应中断和设置中断优先级。

④ 设置 TCON 中的 TR0、TR1,以启动或禁止 T0、T1 的运行。

【例 5-2】　假设 T0 为定时模式,按方式 2 工作,TH0、TL0 的初值均为 0FH,且允许 T0 中断,请对该定时器进行初始化(假设程序中包含了头文件"reg51.h")。

参考程序:

```
TMOD=0x02;        //T0 为定时器方式 2
TL0=0x0f;         //置计数初值
TH0=0x0f;
EA=1;             //CPU 开中断
```

```
ET0=1;        //允许 T0 中断
TR0=1;        //启动 T0 工作
```

5.3.2　计数应用

【例 5-3】 在某工厂的一条自动饮料生产线上，每生产 12 瓶饮料，就需要发出一个包装控制信号自动执行装箱操作，试编写程序完成这一计数任务。假设用 T0 完成计数，用 P1.0 发出控制信号，包装流水线示意图如图 5-7 所示。

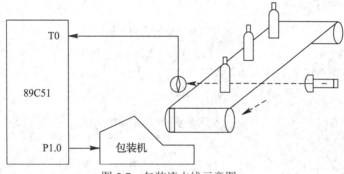

图 5-7　包装流水线示意图

分析：(1) 选择工作方式：因为计数值为 12，所以选用 T0 的工作方式 2 来完成此任务。假设此时 T1 不工作，则方式控制字为 TMOD = 06H。

(2) 求计数初值 X：

$$X = 256 - 12 = 244 = F4H$$

因此，TL0 和 TH0 的初值都为 F4H。

本题可以采用查询和中断两种方式进行编程，如图 5-8 所示。无论采用哪种方式，都要先按照定时器/计数器的初始化步骤对相关特殊功能寄存器进行设置，并且当计数值达到要求后，对 P1.0 进行设置。本题假设 P1.0 为高电平时发出控制信号，且该控制信号只要持续 2 个机器周期以上即可。

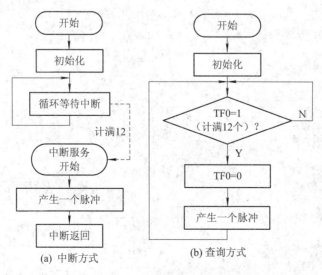

图 5-8　例 5-3 的流程

需要注意的是：

① 若采用中断方式进行控制，一旦计数值达到要求，计数器便产生溢出，从而进入中断服务程序，同时硬件自动将中断标志位 TF0 清 0。

② 若采用查询方式进行控制，程序需要不断对中断标志位 TF0 进行查询：若 TF0 为 0，计数器未溢出，则程序在当前指令循环；若 TF0 为 1，计数器溢出，则执行下面的程序，此时 T0 虽然发出中断请求，但因为 IE 中的相应开关断开，所以该中断请求不会得到响应，为此需要利用软件将 TF0 清 0。

参考程序 1(采用中断方式)：

```
#include  <reg51.h>              //51 系列单片机头文件
#include  <intrins.h>            //包含_nop_函数所在的头文件
sbit      P1_0=P1^0;             //位定义
void      main( )                //主函数
{
    TMOD=0x06;                   //设 T0 工作在方式 2，计数模式
    TH0=0xf4;                    //装入计数初值
    TL0=0xf4;
    EA=1;                        //开总中断
    ET0=1;                       //T0 开中断
    TR0=1;                       //启动 T0
    P1_0=0;                      //为 P1.0 赋初值
    while(1);                    //等待中断
}
void      counter0( )  interrupt  1   //T0 的中断服务函数
{
    P1_0=1;                      //产生脉冲信号高电平
    _nop_( );                    //以下两句用于延迟两个机器周期，产生可靠的控制脉冲
    _nop_( );
    P1_0=0;                      //产生脉冲信号低电平
}
```

参考程序 2(采用查询方式)：

```
#include  <reg51.h>              //51 系列单片机头文件
#include  <intrins.h>            //包含_nop_函数所在的头文件
sbit      P1_0=P1^0;             //位定义
void      main( )                //主函数
{
    TMOD=0x06;                   //设 T0 工作在方式 2，计数模式
    TH0=0xf4;                    //装入计数初值
    TL0=0xf4;
    TR0=1;                       //启动 T0
```

```
    P1_0=0;                    //为 P1.0 赋初值
    while(1)
    {
        while(!TF0);           //查询 TF0 的状态
        TF0=0;                 //清 T0 中断申请
        P1_0=1;                //产生脉冲信号高电平
        _nop_( );              //以下两句用于延迟两个机器周期，产生可靠的控制脉冲
        _nop_( );
        P1_0=0;                //产生脉冲信号低电平
    }
}
```

【例 5-4】 利用定时器 T1 的方式 2 对外部信号计数，要求每计满 100 个数将 P1.7 取反。

分析:(1) 确定方式字:假设此时 T0 不工作,则 T1 工作在方式 2 的控制字为 TMOD=60H。

(2) 计算初值:

$$X = 2^8 - 100 = 156 = 9CH$$

因此，TL1 和 TH1 的初值都为 9CH。

本题与例 5-3 类似，都是实现计数功能，所以实现方法类似，既可以采用中断方式又可以采用查询方式，这里只介绍中断方式，查询方式的编程方法可以参考例 5-3。

参考程序:

```
#include <reg51.h>               //51 系列单片机头文件
sbit     P1_7=P1^7;              //位定义
void     main( )                 //主函数
{
    TMOD=0x60;                   //设 T1 工作在方式 2，计数模式
    TH1=0x9c;                    //装入计数初值
    TL1=0x9c;
    EA=1;                        //开总中断
    ET1=1;                       //T1 开中断
    TR1=1;                       //启动 T1
    while(1);                    //等待中断
}
void     counter1( )  interrupt  3   //T1 的中断服务函数
{
    P1_7=!P1_7;                  //P1.7 位取反
}
```

5.3.3　定时应用

【例 5-5】 假设系统时钟频率为 6 MHz，现欲利用定时器 T0 每隔 1 ms 产生宽度为 1 个机器周期的正脉冲，并由 P1.0 送出，如图 5-9 所示，请编程实现该功能。

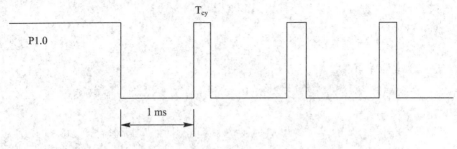

图 5-9　例 5-5 输出波形图

分析：(1) 选择工作方式：因为 $T_{cy} = 12/f_{osc} = 2\ \mu s$，由定时器各种工作方式的特性，可计算出方式 0 最长可定时 16.384 ms，方式 1 最长可定时 131.072 ms，方式 2、3 最长可定时 512 μs。

本题中定时时间 t = 1 ms，选择 T0 的工作方式 1 来完成此任务。假设此时 T1 不工作，则方式控制字为 TMOD=01H。

(2) 计算初值 X：

$$X = 2^{16} - \frac{1000\ \mu s}{2\ \mu s} = 65536 - 500 = 65036 = \text{FE0CH}$$

因此 T0 的初值为 TH0=0FEH，TL0=0CH。

本题与例 5-3 类似，也可以采用查询和中断两种方式进行编程，处理过程也大致相同，与例 5-3 最大的不同之处在于本例的定时器/计数器将工作于定时模式。

参考程序 1(采用中断工作方式)：

```
#include <reg51.h>              //51 系列单片机头文件
sbit    P1_0=P1^0;              //位定义
void    main( )                 //主函数
{
    TMOD=0x01;                  //设 T0 工作在方式 1，定时模式
    TH0=0xfe;                   //装入计数初值
    TL0=0x0c;
    EA=1;                       //开总中断
    ET0=1;                      //T0 开中断
    TR0=1;                      //启动 T0
    P1_0=0;                     //将输出口 P1 的第 0 位清 0(输出脉冲的起始值)
    while(1);                   //等待中断
}
void    timer0( )  interrupt  1  //T0 的中断服务函数
{
    P1_0=1;                     //产生脉冲信号高电平
    P1_0=0;                     //产生脉冲信号低电平
    TH0=0xfe;                   //重新装载计数初值
```

```
        TL0=0x0c;
    }
```

参考程序 2(采用查询工作方式):

```
    #include    <reg51.h>          //51 系列单片机头文件
    sbit        P1_0=P1^0;         //位定义
    void        main( )            //主函数
    {
        TMOD=0x01;                 //设 T0 工作在方式 1,定时模式
        TH0=0xfe;                  //装入计数初值
        TL0=0x0c;
        TR0=1;                     //启动 T0
        P1_0=0;                    //为 P1.0 赋初值
        while(1)
        {
            while(!TF0);           //查询 TF0 的状态
            TF0=0;                 //清 T0 中断申请
            P1_0=1;                //产生脉冲信号高电平
            P1_0=0;                //产生脉冲信号低电平
            TH0=0xfe;              //重新装载计数初值
            TL0=0x0c;
        }
    }
```

【例 5-6】设时钟频率为 12 MHz,编程实现用定时器 T1 产生 50 Hz 的方波,并由 P1.7 输出此方波。

分析:(1) 选择工作方式:因为 $T_{cy} = 12/f_{osc} = 1\ \mu s$,由定时器各种工作方式的特性,可计算出方式 0 最长可定时 8.912 ms,方式 1 最长可定时 65.536 ms,方式 2、3 最长可定时 256 μs。

因为 50 Hz 方波的周期为 20 ms,所以只要每隔 10 ms 变化一次 P1.7 的电平,就可获得 50 Hz 的方波,即本例的定时时间为 10 ms,所以选择 T1 的工作方式 1 来完成此任务。假设此时 T0 不工作,则方式控制字为 TMOD=10H。

(2) 计算初值 X:

$$X = 2^{16} - \frac{10000\ \mu s}{1\ \mu s} = 65536 - 10000 = 55536 = D8F0H$$

因此 T1 的初值为 TH1=0D8H,TL1=0F0H。

参考程序:

```
    #include    <reg51.h>          //51 系列单片机头文件
    sbit        P1_7=P1^7;         //位定义
    void        main( )            //主函数
    {
```

```
    TMOD=0x10;                    //设 T1 工作在方式 1，定时模式
    TH1=0xd8;                     //装入计数初值
    TL1=0xf0;
    EA=1;                         //开总中断
    ET1=1;                        //T1 开中断
    TR1=1;                        //启动 T1
    while(1);                     //等待中断
}
void      counter1( )   interrupt   3     //T1 的中断服务函数
{
    P1_7=!P1_7;                   //P1.7 位取反
    TH1=0xd8;                     //重新装载计数初值
    TL1=0xf0;
}
```

【例 5-7】 89C51 的 P2 口接了 8 个发光二极管，如图 5-10 所示。要求通过定时器 T1 实现 8 个发光二极管每隔 1s 从右向左依次循环点亮。假设系统时钟频率为 12 MHz。

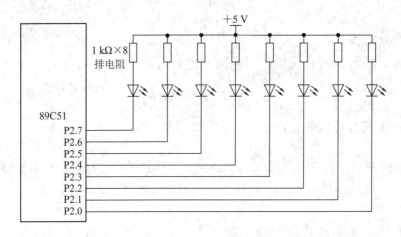

图 5-10　例 5-7 电路图

分析：(1) 选择工作方式：本例定时时间较长，超出方式 0～3 的最长定时范围，所以不能直接采用方式 0～3 实现该定时功能。我们可以将这 1 s 定时时间分成若干份，每份定时时间在所选工作方式的定时范围内，然后用软件进行计数来实现该功能。

本例选择 T1 的工作方式 1，每隔 50 ms 中断一次，中断 20 次为 1 s。假设此时 T0 不工作，则方式控制字为 TMOD=10H。

(2) 计算计数初值：

$$X = 2^{16} - \frac{50000\ \mu s}{1\ \mu s} = 15536 = 3CB0H$$

因此 TH1=3CH，TL1=B0H。

(3) 20 次计数的实现：采用循环程序的方法实现中断 20 次计数。

参考程序：

```
#include <reg51.h>              //51 系列单片机头文件
#include <intrins.h>            //包含_crol_函数所在的头文件
#define  uchar  unsigned  char  //宏定义
uchar    num;                   //循环计数器初值
void      main( )               //主函数
{
    TMOD=0x10;                  //设 T1 工作在方式 1，定时模式
    TH1=0x3c;                   //装入计数初值
    TL1=0xb0;
    EA=1;                       //开总中断
    ET1=1;                      //T1 开中断
    TR1=1;                      //启动 T1
    num=0;                      //记录中断次数
    P2=0xfe;                    //点亮最右边发光二极管
    while(1);                   //等待中断
}
void      timer1( )  interrupt  3  //T1 的中断服务函数
{
    num++;                      //中断次数加 1
    if(num==20)                 //判断是否到达循环次数，50 ms × 20 = 1 s
    {
        num=0;                  //重新计数
        P2=_crol_(P2, 1);       //左环移一次
    }
    TH1=0x3c;                   //重新装载计数初值
    TL1=0xb0;
}
```

5.3.4　门控位的应用

【例 5-8】利用 T0 测量 $\overline{INT0}$ 引脚出现的正脉冲的宽度，并将测量结果(以机器周期的形式)存放在 30H 和 31H 两个单元中。

　　分析：要想测量 $\overline{INT0}$ 引脚出现的正脉冲的宽度，首先要将 T0 设置为方式 1 的定时模式，TR0 置 1，门控位 GATE 置 1，T0 初值取 0。这样当 $\overline{INT0}$ 引脚变为高电平时采用外触发方式启动 T0 定时，即对机器周期计数；当外部 $\overline{INT0}$ 引脚变为低电平时停止 T0 计数，这时 TH0 和 TL0 中的值就是 $\overline{INT0}$ 引脚为高电平期间所经过的机器周期数。处理过程如图 5-11 所示。

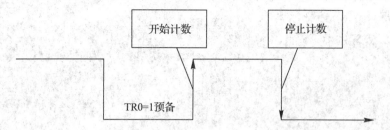

图 5-11　测量 $\overline{\text{INT0}}$ 引脚正脉冲的处理过程

参考程序：

```
#include  <reg51.h>              //51 系列单片机头文件
#define   uchar unsigned char
data   uchar TL _at_ 0x30;
data   uchar TH _at_ 0x31;
sbit   P3_2=P3^2;               //位定义
void      main( )               //主函数
{
    TMOD=0x09;                  //设 T0 工作在方式 1，定时模式
    TH0=0;                      //装入计数初值
    TL0=0;
    while(P3_2==1);             //等待INT0电平变低
    TR0=1;                      //当INT0由高变低时使 TR0=1，准备计数
    while(P3_2==0);             //等待INT0电平变高
    while(P3_2==1);             //现在INT0高电平，T0 开始计数，直到INT0变低
    TR0=0;                      //INT0由高变低，T0 停止计数
    TL=TL0;                     //存结果
    TH=TH0;
}
```

5.3.5　扩展外部中断源

MCS-51 单片机只有两个外部中断源的输入端，但实际应用中可能有两个以上的外部中断源，如果片内定时器/计数器未被使用，可以利用定时器/计数器来扩展外部中断源。

扩展方法：将定时器/计数器设置为计数模式，计数初值设定为满程，将待扩展的外部中断源接到定时器/计数器的外部计数引脚，从该引脚输入一个下降沿信号，计数器加 1 后便产生定时器/计数器溢出中断。因此，可把定时器/计数器的外部计数引脚作为扩展中断源的中断输入端。

【例 5-9】 用 T0 扩展一个外部中断源。

分析：如果将 T0 设置为方式 2 的计数模式，TH0、TL0 的初值均为 FFH，并令 T0 允许中断、CPU 开中断，当 T0 外部引脚上出现一个下降沿信号时，TL0 计数加 1，产生溢出，将 TF0 置 1，向 CPU 发出中断请求。同时 TH0 的内容 FFH 又装入 TL0，作为下一轮的计数初值。这样，T0 引脚每输入一个下降沿，都将 TF0 置 1，向 CPU 发出中断请求，所以就相当于多了一个边沿触发的外部中断源。

参考程序：

```
#include   <reg51.h>
… …
TMOD=0x06;
TL0=0xff;
TH0=0xff;
TR0=1;          //启动 T0 工作
EA=1;           //CPU 开中断
ET0=1;          //允许 T0 中断
… …
```

思考与练习

1. MCS-51 单片机定时器/计数器工作于定时和计数模式有什么异同点？

2. MCS-51 单片机定时器/计数器的四种工作方式各有什么特点？

3. 假设系统时钟频率为 12 MHz，利用定时器 T0 编程实现如下功能：使 P1.0 引脚上输出一个周期为 40 ms 的方波。

4. 假设系统时钟频率为 12 MHz，编程实现用定时器 T1 产生定时脉冲，每隔 2 ms 从 P1.5 引脚输出脉宽为 3 个机器周期的正脉冲。

5. 假设系统时钟频率为 12 MHz，利用定时器 T1 编程实现如下功能：要求从 P2.1 引脚输出一个脉冲波形，高电平持续 3 ms，低电平持续 10 ms。

6. 假设系统时钟频率为 12 MHz，改写例 5-7 的程序，使之变成通过定时器 T0 实现 8 个发光二极管每隔 2 s 从左向右依次循环点亮。

7. 假设系统时钟频率为 12 MHz，利用定时器 T0 设计两个不同频率的方波，P1.0 输出频率为 200 Hz，P1.1 输出频率为 100 Hz。

8. 假设系统时钟频率为 12 MHz，利用定时器 T0 编程实现如下功能：要求从 P1.7 引脚输出一个脉冲频率为 2 kHz、占空比为 7：10 的脉冲宽度调制(PWM)信号。

第6章　单片机串行通信接口

串行通信是单片机应用系统与其它计算机(包括单片机)沟通的手段。本章讲述串行通信的基本原理、串行口的内部结构和工作原理，重点讲述 MCS-51 单片机串行通信的应用编程。

6.1　串行通信的基本概念

随着计算机系统的广泛应用和计算机网络的快速发展，通信功能显得越来越重要。通信既包括计算机与外部设备之间的信息交换，也包括计算机与计算机之间的信息交换。

在计算机系统中，CPU 和外部通信有两种基本方式，并行通信与串行通信，图 6-1 是这两种通信方式的示意图。

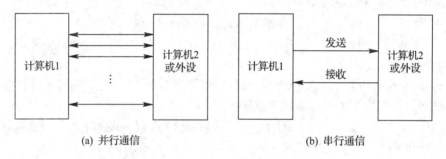

(a) 并行通信　　　　　　　　　　　(b) 串行通信

图 6-1　通信基本方式

1．并行通信

并行通信传输中有多个数据位，同时在两个设备之间传输，传送速度快，如图 6-1(a)所示。并行通信主要用于近距离通信，其优点是传输速度快，处理简单。计算机内的总线结构就是并行通信的例子。

2．串行通信

在串行通信中，数据是一位一位地在通信线上传输的，先由发送设备将并行数据经并/串转换电路转换成串行方式，再逐位经传输线传输到接收设备中，并在接收端将数据从串行方式重新转换成并行方式，以供接收方使用，如图 6-1(b)所示。串行通信的数据传输速度要比并行通信的慢得多，但所需传输线少，特别适用于远距离通信。

6.1.1　串行通信的分类

按照串行通信设备的时钟控制方式，串行通信可分为异步通信和同步通信两类。

1．异步通信

在**异步通信**中，数据是以字符为单位传输的，字符间隔不固定。字符帧由发送端一帧一帧地发送，每一帧数据均为低位在前，高位在后，通过传输线被接收端一帧一帧地接收。发送端和接收端可以由各自独立的时钟来控制数据的发送和接收，这两个时钟彼此独立，互不同步。

在异步通信中，接收端是依靠字符格式来判断发送端是何时开始发送、何时结束发送的。字符格式是异步通信的一个重要指标。字符格式的规定使双方能够将同一个由"0"和"1"组成的串理解成同一种意义。在没有数据通信的情况下，发送线为高电平，每当接收端检测到传输线上发送过来的低电平(字符帧中的起始位)时，就知道发送端已开始发送数据；每当接收端接收到字符帧中的停止位时，就知道一帧字符信息已发送完毕。

在异步通信中，通信双方必须规定相同的字符帧格式和波特率，波特率大小由用户根据实际情况选定。图 6-2 是串行异步通信的字符帧格式示意图。

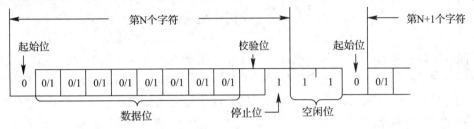

图 6-2　异步通信的字符帧格式

1) 字符帧格式

字符帧也称为数据帧，由起始位、数据位、校验位、停止位四部分组成。

① 起始位：位于字符的开头，1 位，用低电平 0 表示，表示字符的开始，通知接收端准备接收。

② 数据位：紧跟在起始位之后，可以是 5～8 位数据，发送时低位在前，高位在后。

③ 校验位：1 位，位于数据位之后，也可以没有校验位。

④ 停止位：位于字符最后，以高电平 1 表示字符的结束，告诉接收端本帧数据发送完毕，为下一帧数据作准备。

在串行通信中，两个字符之间可以没有空闲，但如果在第一个字符停止位后不是紧接着传送下一个字符，可在停止位后加若干个"空闲位"，使线路处于等待状态。空闲位用高电平 1 表示。图 6-2 就表示了带有 2 个空闲位的字符格式。接收端不断检测线路的状态，若连续为 1 后又检测到一个 0，就知道有一个新的字符已经到来。

2) 波特率

在串行通信中，用"波特率"来描述数据的传输速率。**波特率是单位时间内传输码元符号的个数(传符号率)**，是衡量串行数据速度快慢的重要指标。比特率是单位时间内传输二进制代码的位数，其单位为 b/s(bits per second，也有用 bps 表示)。在单片机的串行通信中，波特率和比特率是相同的。国际上规定了一个标准波特率系列：110 b/s、300 b/s、600 b/s、1200 b/s、1800 b/s、2400 b/s、4800 b/s、9600 b/s、14.4 kb/s、19.2 kb/s、28.8 kb/s、33.6 kb/s、56 kb/s。例如 9600 b/s，指每秒传送 9600 位，包含字符的数位和其他必需的数位(如奇偶校验位等)。大多数串行口电路的接收波特率和发送波特率可以分别设置，但接收方的接收波特率必须与发送方的发送波特率相同。

异步通信不需要传送同步时钟，字符长度不受限制，因此设备简单；其缺点是字符中因包含起始位和停止位而降低了有效数据的传输速率。

2．同步通信

在异步通信中，每个字符要用起始位和停止位作为字符开始和结束的标志，占用了时间，当数据较多的时候更明显，所以在传递数据块时，为了提高速度，常去掉这些标志，采用同步通信方式。

同步通信时，将许多字符组成一个信息组，这样，字符可以一个接一个地传输。但是，在每组信息(通常称为帧)的开始要加上同步字符，在没有信息要传输时，要填上空字符，因为同步通信不允许有间隙。在同步通信过程中，一个字符可以对应 5～8 位。当然，对同一个传输过程，所有字符对应同样的数位，比如 n 位。这样，传输时按每 n 位划分为一个时间片，发送端在一个时间片中发送一个字符，接收端则在一个时间片中接收一个字符。

同步通信时，一个信息帧中包含许多字符，每个信息帧用同步字符作为开始，一般情况下，同步字符和空字符使用同一个代码。在整个系统中，由一个统一的时钟控制发送端的发送和空字符。接收端能识别同步字符，当接收端检测到有一串数位和同步字符相匹配时，就认为开始一个信息帧，于是，把此后的数位作为实际传输信息来处理。同步信息帧通常由同步字符、数据字符和校验字符 CRC 三部分组成，格式如下：

同步字符 1	同步字符 2	数据字符 1	数据字符 2	...	数据字符 n	CRC 1	CRC 2

由于数据块传递开始要用同步字符来指示，同时要求由时钟来实现发送端与接收端之间的严格同步，故硬件较复杂。

6.1.2　串行通信的数据传输方式

串行通信双方进行数据传送时，根据同一时刻数据流的方向可分为三种基本的数据传送方式：单工通信、半双工通信和全双工通信。

(1) 单工通信：通信双方之间只有一根数据传输信号线，信息传送只能在一个方向上进行，如图 6-3(a)所示。

(2) 半双工通信：通信双方之间只有一根数据传输信号线，通过接收和发送转换开关，使得双方可以交替进行发送和接收，但两个方向的数据传送不能同时进行，如图 6-3(b)所示。

(3) 全双工通信：通信双方之间有两条数据传输信号线，可以在同一时刻进行两个方向的数据传送，此时通信系统的每一端都应该设置发送器和接收器。如图 6-3(c)所示。

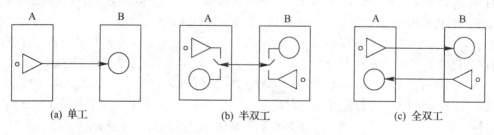

图 6-3　串行通信的数据传输方式

6.2　串行口的内部结构和工作原理

在串行通信中，数据是逐位按顺序传送的，而计算机内部的数据是并行的，因此当计算机向外设发送信息时，必须将并行数据转换成串行数据再通过串行口进行传送。反之，又必须将串行数据转换成并行数据再输入到计算机中。**能够完成异步通信的硬件电路称为UART，即通用异步收发器**，它的主要功能是将计算机内部传送过来的并行数据转换为输出的串行数据流，将计算机外部传送过来的串行数据转换为字节；在输出数据流中加入起始位和停止位，并从接收数据流中删除起始位和停止位。

MCS-51 单片机内部具有一个采用 UART 工作方式的全双工的串行通信接口。该接口不仅可以同时进行数据的接收和发送，也可以作为同步移位寄存器使用。该接口有四种工作方式，其中字符格式有 8 位、10 位、11 位，并可以以不同的波特率工作。

6.2.1　串行口的内部结构

MCS-51 单片机内部的串行口是全双工的，其内部结构如图 6-4 所示。该接口有两根串行通信传输线 RxD(P3.0) 和 TxD(P3.1)，用于数据的接收和发送。当单片机串行口和其他设备的串行口连接时，一定是**本机的接收连接对方的发送，本机的发送连接对方的接收**，并且双方的地相连(三线制)，如图 6-5 所示。

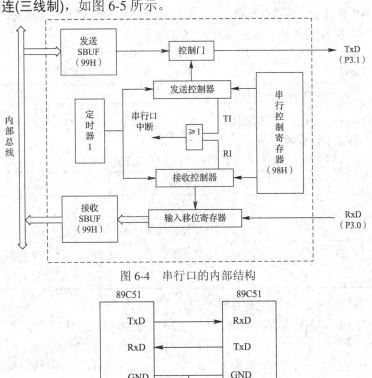

图 6-4　串行口的内部结构

图 6-5　双机通信连接示意图

6.2.2 串行口的工作原理

MCS-51 单片机在物理上存在两个互相独立的接收、发送数据缓冲器，这样可以同时进行数据的接收和发送，实现全双工传送。发送缓冲器只能写入不能读出，接收缓冲器只能读出不能写入。串行口还有接收缓冲作用，即从接收寄存器中读出前一个已收到的字节之前就能开始接收第二字节。两个串行口数据缓冲器(实际上是两个寄存器)通过特殊功能寄存器 SBUF 来访问。**写入 SBUF 的数据存储在发送缓冲器，用于串行发送；从 SBUF 读出的数据来自接收缓冲器，用于串行接收**。两个缓冲器共用一个地址 99H(特殊功能寄存器 SBUF 的地址)，由于接收和发送使用不同的指令，所以共用地址也不会造成混淆。

发送数据需要执行以 SBUF 为目的操作数的指令，读出数据需要执行以 SBUF 为源操作数的指令，例如：

> SBUF=a;   //将变量 a 中数据通过串口一位一位地发送出去
> a=SBUF;   //从串口接收缓冲器中取走数据给变量 a

此外，与串行口有关的特殊功能寄存器还有 SCON 和 PCON，分别控制串行口的工作方式、工作过程以及波特率。

6.2.3 串行口的控制与状态

1. 串行口控制寄存器 SCON

MCS-51 单片机串行通信的方式选择、接收和发送控制以及串行口的状态标志均由特殊功能寄存器 SCON 控制和指示，SCON 的格式如下：

	D7	D6	D5	D4	D3	D2	D1	D0
(98H)	9FH	9EH	9DH	9CH	9BH	9AH	99H	98H
SCON	SM0	SM1	SM2	REN	TB8	RB8	TI	RI

① SM0、SM1：指定串行口的工作方式。串行口有四种工作方式，各种方式的区别在于功能、数据格式和波特率的不同，如表 6-1 所示。

表 6-1　串行口的工作方式

SM0　SM1	工作方式	说明	波特率
0　0	方式 0	同步移位寄存器	$f_{osc}/12$
0　1	方式 1	10 位异步收发	由定时器控制
1　0	方式 2	11 位异步收发	$f_{osc}/32$ 或 $f_{osc}/64$
1　1	方式 3	11 位异步收发	由定时器控制

② SM2：多机通信控制位。主要用于方式 2 和方式 3 中。

在方式 2 和方式 3 处于接收状态时，如 SM2=1，REN=1，且接收到的第 9 位数据 RB8 是 1，则 RI(接收中断标志位)才被置 1；若接收到的第 9 位数据 RB8 是 0，则 RI 不会置 1。

在方式 2 和方式 3 处于接收状态时，如 SM2=0，REN=1，无论接收到的第 9 位数据 RB8 是 0 还是 1，RI 都会被置 1。

在方式 1 中，如 SM2=1，只有在接收到有效停止位时，RI 才会被置 1。所以，方式 1

中 SM2 一般设置为 0，以免丢失数据。

在方式 0 中，SM2 必须为 0。

③ REN：允许串行接收控制位。由软件置 1 或清 0。REN=1，允许接收，启动串行口的 RxD，开始接收数据；REN=0，禁止接收。

④ TB8：在方式 2 和方式 3 时，它是要发送的第 9 个数据位，一般是程控位，由软件置 1 或清 0。如在多机通信中，TB8 用于表示是地址帧或数据帧。在方式 0 和方式 1 中，此位不用。

⑤ RB8：接收数据位 8。在方式 2 和方式 3 时，它是接收到的第 9 个数据位。在方式 1 中，若 SM2=0，RB8 是接收到的停止位；在方式 0 中，此位不用。

⑥ TI：发送中断请求标志位。在方式 0 中，当发送完第 8 位数据时，由硬件置 1；在其他方式中，在发送停止位前，由硬件置 1。TI=1 时，申请中断，CPU 响应中断后，发送下一帧数据。**在任何方式中，TI 都必须由软件清 0**。

⑦ RI：接收中断请求标志位。在方式 0 中，接收第 8 位结束时，由硬件置 1；在其他方式中，在接收停止位的中间时刻，由硬件置 1。RI=1 时，申请中断，要求 CPU 取走数据。但在方式 1 中，SM2=1 时，若未接收到有效的停止位，则不会对 RI 置位。**在任何方式中，RI 都必须由软件清 0**。

2. 电源控制寄存器 PCON

电源控制寄存器 PCON 的格式如下：

	D7	D6	D5	D4	D3	D2	D1	D0
(87H)								
PCON	SMOD	—	—	—	GF1	GF0	PD	IDL

其中，D7 位 SMOD 是串行口波特率倍增位。SMOD 为 1 时，串行口工作方式 1、方式 2、方式 3 的波特率加倍。具体值见各种工作方式下的波特率计算公式。

6.2.4　串行口的工作方式

MCS-51 单片机的串行口有四种工作方式，用户可以通过 SCON 中的 SM0、SM1 位来选择，见表 6-1。**实际应用中，方式 1 和方式 3 应用最多**。

1. 方式 0

串行口的工作方式 0 为移位寄存器输入/输出方式，可外接移位寄存器，以扩展 I/O 口，也可外接同步输入/输出设备。

方式 0 时，收发的数据为 8 位，低位在前，高位在后；波特率固定为 $f_{osc}/12$，其中 f_{osc} 为单片机的晶振频率；数据从 RxD 端出入(注意，不只是接收)，这时 TxD 端仅输出同步移位脉冲。

1) 接收过程

CPU 在每个机器周期都会采样每个中断标志。在 RI=0 且 REN=1(允许接收)时，启动一次接收过程。这时 RxD 为数据输入端，TxD 端输出同步脉冲。串行口以 $f_{osc}/12$ 的波特率接收 RxD 引脚上的数据信息。当接收完毕时，置中断标志 RI=1，发出中断申请，CPU 查询到 RI=1 或响应中断后，从接收缓冲器 SBUF 中获取数据，最后由软件复位 RI。

2) 发送过程

将待发送数据送入发送缓冲器 SBUF 后便启动了一次发送，在 TI=0 时，8 位数据按低位至高位顺序由 RxD 端输出，同时由 TxD 端输出移位脉冲，且每个脉冲输出 1 位数据。8 位数据输出结束时，TI 被置位。

以方式 0 工作时，SM2 位(多机通信制位)必须为"0"。

2. 方式 1

串行口工作于方式 1 时，被定义为 10 位的异步通信接口，即传送的一帧信息为 10 位二进制数——1 位起始位"0"，8 位数据位(先低位后高位)，1 位停止位"1"，其中起始位和停止位是在发送时自动插入的，数据位由 TxD 发送，由 RxD 接收。

方式 1 的波特率是可变的，此时，串行口和定时器 1 是有关系的。在硬件电路上，T1 的计数输出不仅使 TF1 置位，而且会产生一个脉冲送入串行口。这时方式 1 的波特率就取决于 T1(注意只是 T1，不是 T0)的溢出频率(每秒钟 T1 溢出多少次)和 PCON 中的 SMOD 的值。

$$方式1的波特率 = \left(\frac{2^{SMOD}}{32}\right) \times T1的溢出频率$$

1) 发送过程

CPU 执行任何一条以 SBUF 为目的操作数的指令，就启动发送。串行口的 UART 自动在 8 位数据的前后分别插入 1 位起始位和 1 位停止位，构成 1 帧信息。在本机内发送移位脉冲的作用下，数据依次由 TxD 端发出。在 8 位数据发出完毕以后，在停止位开始发送前，将 TI 置位。

2) 接收过程

当检测到 RxD 引脚上由 1 到 0 的跳变时开始接收过程，并复位内部 16 分频计数器，以实现同步。计数器的 16 个状态把 1 位时间等分成 16 份，并在第 7、8、9 个计数状态时采样 RxD 的电平，因此每位数值采样三次，当接收到的三个值中至少有两个值相同时，这两个相同的值才被确认接收。这样可排除噪声干扰。如果检测到起始位的值不是 0，则复位接收电路，并重新寻找另一个 1 到 0 的跳变。

当检测到起始位有效时，在 REN=1 且 RI=0 的情况下，就启动接收器。在本机内接收移位脉冲的作用下，串行口把数据一位一位地移入接收移位寄存器中，直到 9 位数据全部收齐(包括 1 位停止位)。接收完一帧的信息后，在 RI=0 且 SM2=0 或接收到的停止位为"1"的前提下，将接收移位寄存器中的 8 位数据送入接收缓冲寄存器 SBUF 中；接收到的停止位装入 SCON 中的 RB8，并将 RI 置位。

3. 方式 2 和方式 3

方式 2 和方式 3 为 9 位异步通信接口，串行口发送/接收的一帧信息为 11 位二进制数——1 位起始位"0"，8 位数据位(先低位后高位)，1 位奇偶校验位或其他数据位，1 位停止位"1"。方式 2 和方式 3 的发送、接收过程是完全一样的，只是波特率不同。**方式 3 的波特率是可变的**，计算公式与方式 1 相同。

1) 发送过程

和方式 1 相似，只不过发送的一帧信息共 11 位，附加的第 9 位数据 D8 是 SCON 中的 TB8，在 8 位数据和 TB8 位发送完毕后，将中断标志位 TI 置 1。

2) 接收过程

与方式 1 基本相同，不同之处是方式 2 和方式 3 存在真正的附加的第 9 位数据 D8，共需要接收 9 位有效数据(方式 1 只是把停止位作为第 9 位处理)，D8 装入 SCON 中的 RB8。接收完一帧的信息后，在 RI=0 且 SM2=0 或接收到的第 9 位数据为"1"的前提下，将接收移位寄存器中的 8 位数据送入接收缓冲寄存器 SBUF 中；接收到的第 9 位数据装入 SCON 中的 RB8，并将 RI 置 1。

6.3　串行通信的应用

利用 MCS-51 单片机的串行口，可以进行两个单片机之间的串行异步通信，也可以在多个单片机之间进行串行异步通信，还可以在单片机和 PC 机之间进行串行通信；应用串行口可以进行数据通信，也可以传输现场采集的监测数据。总之，串行通信接口有着极其广泛的应用。

6.3.1　串行口波特率的确定和初始化

1. 波特率的计算

1) 方式 0 的波特率

方式 0 的波特率的计算公式如下：

$$波特率 = \frac{f_{osc}}{12} \tag{6-1}$$

式中：f_{osc} 为晶振频率。

2) 方式 2 的波特率

方式 2 的波特率的计算公式如下：

$$波特率 = \left(\frac{2^{SMOD}}{64}\right) \times f_{osc} \tag{6-2}$$

式中：SMOD 为波特率加倍位；f_{osc} 为晶振频率。因为 SMOD 的值不是 0 就是 1，所以方式 2 的波特率也只有两种可能：$f_{osc}/32$ 或 $f_{osc}/64$。

3) 方式 1 或方式 3 的波特率

对于串行口的方式 1 和方式 3，它们的波特率是可变的，其大小主要取决于定时器 1 的溢出频率。

波特率由定时器/计数器 T1 自动产生，通常将 T1 设置在方式 2 定时模式，并启动 T1 开始工作即可。当 T1 用作波特率发生器时，为了避免溢出而产生不必要的中断，应使 ET1=0(即不允许 T1 产生中断)。波特率的计算公式如下：

$$波特率=2^{SMOD} \times \frac{f_{osc}}{12 \times 32 \times (256-X)} \tag{6-3}$$

式中：X 为 T1 的初值；SMOD 为波特率加倍位；f_{osc} 为晶振频率。

波特率应采用标准系列。考虑到串行通信的可靠性，MCS-51 单片机的标准波特率一般采用：110 b/s、300 b/s、600 b/s、1200 b/s、1800 b/s、2400 b/s、4800 b/s、9600 b/s、19200 b/s。

通常是已知波特率，求 T1 的初值 X。其计算公式如下：

$$X=256-2^{SMOD} \times \frac{f_{osc}}{12 \times 32 \times 波特率} \tag{6-4}$$

X 值有时不是整数。这时应调整 SMOD 的取值，以选取最接近整数的值。当时钟频率选用 11.0592 MHz 时，计算出来的 X 值为整数，极易获得标准的波特率，所以很多单片机系统选用这个看起来"怪"的晶振频率就是这个道理。

2．串行口初始化的步骤

在使用串行口前，应对相关的控制寄存器进行初始化，主要内容为：

(1) 确定串行口工作方式(配置 SCON 寄存器)。

(2) 确定 T1 的工作方式(配置 TMOD 寄存器)。

(3) 设置 SMOD 位(若不用 SMOD，可跳过此步)。

(4) 根据波特率计算 T1 的初值，装载 TH1 和 TL1。

(5) 启动 T1(置位 TR1)。

(6) 串行口中断设置(配置 IE、IP 寄存器)。

对 T1 的初始化一般只进行一次，不能重复，否则程序运行时可能会出现错误。

【例 6-1】 某 8051 单片机控制系统，晶振频率为 12 MHz，要求串行口发送数据为 8 位、波特率为 1200 b/s，编写串行口的初始化程序(设 SMOD=1)。

分析：设 SMOD=1，则 T1 的时间常数 X 的值为：

$$X=256-2^{SMOD} \times \frac{f_{osc}}{12 \times 32 \times 波特率}$$

$$=256-2^1 \times \frac{12 \times 10^6}{12 \times 32 \times 1200}$$

$$=256-52.08=203.92 \approx 204=CCH$$

参考程序：

```
    SCON=0x40;      /串行口工作于方式 1
    PCON|=0x80;     //SMOD=1
    TMOD=0x20;      //T1 工作于方式 2，定时方式
    TH1=0xcc;       //设置时间常数初值
    TL1=0xcc;
    TR1=1;          //启动 T1
```

需要指出的是，在波特率的设置中，SMOD 位数值的选择直接影响着波特率的精确度。例如波特率=2400 b/s，f_{osc}=6 MHz，这时 SMOD 可以选为 1 或 0。由于对 SMOD 位数值的不同选择，所产生的波特率误差是不同的。

若选择 SMOD=1，则

$$X=256-2^1\times\frac{6\times10^6}{12\times32\times2400}=242.98\approx243$$

实际产生的波特率及误差为：

$$波特率=2^{SMOD}\times\frac{f_{osc}}{12\times32\times(256-X)}=2^1\times\frac{6\times10^6}{12\times32\times(256-243)}=2403.85\,b/s$$

$$波特率误差=\frac{2403.85-2400}{2400}\times100\%=0.16\%$$

若选择 SMOD=0，则

$$X=256-2^0\times\frac{6\times10^6}{12\times32\times2400}=249.49\approx249$$

实际产生的波特率及误差为：

$$波特率=2^0\times\frac{6\times10^6}{12\times32\times(256-249)}=2232.14\,b/s$$

$$波特率误差=\frac{2400-2232.14}{2400}\times100\%=6.99\%$$

上面的分析计算说明了 SMOD 值虽然可以任意选择，但在某些情况下它会使波特率产生误差。因而在波特率设置时，需考虑 SMOD 值的选取。

表 6-2 列出了常用波特率的设置方法。

表 6-2　常用波特率设置方法

波特率 (b/s)	晶振 (MHz)	初值 SMOD=0	初值 SMOD=1	误差 (%)	晶振 (MHz)	初值 SMOD=0	初值 SMOD=1	误差(%) SMOD=0	误差(%) SMOD=1
300	11.0592	A0H	40H	0	12	98 H	30H	0.16	0.16
600	11.0592	D0H	A0H	0	12	CCH	98H	0.16	0.16
1200	11.0592	E8H	D0H	0	12	E6H	CCH	0.16	0.16
1800	11.0592	F0H	E0H	0	12	EFH	DDH	2.12	−0.79
2400	11.0592	F4H	E8H	0	12	F3H	E6H	1.16	1.16
3600	11.0592	F8H	F0H	0	12	F7H	EFH	−3.35	2.12
4800	11.0592	FAH	F4H	0	12	F9H	F3H	−6.99	−3.55
7200	11.0592	FCH	F8H	0	12	FCH	F7H	8.51	−6.99
9600	11.0592	FDH	FAH	0	12	FDH	F9H	8.51	8.51
14400	11.0592	FEH	FCH	0	12	FEH	FCH	8.51	8.51
19200	11.0592	—	FDH	0	12	FEH	FDH	−18.6	8.51
28800	11.0592	FFH	FEH	0	12	FFH	FEH	8.51	8.51

6.3.2　串行口用于扩展并行 I/O 口

1．用方式 0 扩展并行输出口

MCS-51 单片机的串行口在方式 0 时外接一个串入并出的移位寄存器，就可以扩展一个并行输出 I/O 口。所用的移位寄存器应该带有输出允许控制端，这样可以避免在数据串行输出时引起并行输出端出现不稳定的输出。图 6-6(a)所示为 89C51 串行口方式 0 发送的基本连线方法，所用芯片为 CMOS 的 8 位移位寄存器 CD4094，其 STB 为输出允许控制端。当 STB=1 时，打开输出控制口，实现并行输出。

在串行口发送数据时，可以由 TI 置位后引起中断请求，并在中断服务程序中发送下一组数据；也可以通过查询 TI 的值来实现数据的传送(但应预先关闭中断)。

【例 6-2】　用 89C51 串行口外接 CD4094 扩展 8 位并行输出口。如图 6-6(b)所示，8 位并行输出口的各位都接一个发光二极管。要求发光二极管从左到右以一定延时轮流显示，且不断循环。发光二极管为共阴极接法。

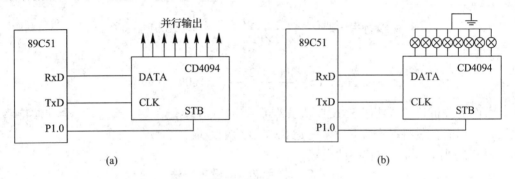

图 6-6　串行口方式 0 扩展并行输出口

分析：设数据串行发送采用查询方式，显示的延时依靠调用延时函数 delaynms 来实现，延时子程序参考前面章节内容。

参考程序：

```
#include <reg51.h>          //51 系列单片机头文件
#include <intrins.h>        //包含_cror_函数所在的头文件
#define  uchar  unsigned  char    //宏定义
#define  uint  unsigned  int      //宏定义
uchar    temp;              //定义一个变量
sbit     STB=P1^0;
void delaynms(uint n)
{
    uint  i, j;
    for(i=0; i<n; i++)
        for(j=0; j<125; j++);
}
void     main( )           //主函数
```

```
{
    SCON=0x00;              //串行口方式 0 初始化
    temp=0x80;              //最左边的发光二极管先亮
    STB=0;
    while(1)
    {
        SBUF=temp;
        while(!TI);
        STB=1;             //启动并行输出
        delaynms(1000);
        TI=0;
        temp=_cror_(temp, 1);  //右环移一次
        STB=0;
    }
}
```

2．用方式 0 扩展并行输入口

用方式 0 外接一个并入串出的移位寄存器就可扩展一个并行的输入口。所用的移位寄存器必须带有预置/移位控制端，由单片机的一个输出端加以控制，以实现先由 8 位输入口置入数据到移位寄存器，然后再串行移位，从而实现由单片机的串行口到接收缓冲器的传送，最后将数据由接收缓冲器读入 CPU。

图 6-7(a)所示为 89C51 串行口方式 0 接收的基本连线方法，所用芯片为 CD4014，其 P/$\overline{S}$ 端为预置/移位控制端。当 P/$\overline{S}$=1 时，并行置入数据；当 P/$\overline{S}$=0 时，开始串行移位。

在串行接收时，由 RI 引起中断或通过对 RI 查询来决定何时将接收到的字符读入 CPU 中(在采用查询方式时，也需预先关闭中断)。

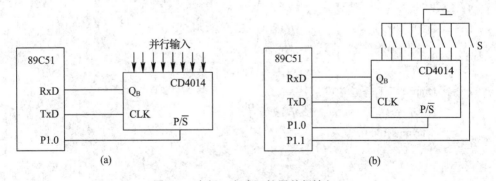

图 6-7　串行口方式 0 扩展并行输入口

【例 6-3】 用 89C51 串行口外加移位寄存器扩展 8 位并行输入口。如图 6-7(b)所示，输入数据由 8 个开关提供，另有一个开关 S 提供联络信号。当 S=0 时，表示要求输入数据。输入的 8 位开关量为逻辑模拟子程序 LOG 提供输入信号。

分析：串行口方式 0 的接收，要用 SCON 寄存器中的 REN 位来作开关控制，采用查询 RI 的方式来决定数据传送。

参考程序：

```c
#include <reg51.h>              //51 系列单片机头文件
#include <intrins.h>            //包含_crol_函数所在的头文件
#define uchar unsigned char     //宏定义
#define uint unsigned int       //宏定义
uchar    temp;                  //定义一个变量
sbit     PNS=P1^0;
sbit     S=P1^1;
void delaynms(uint n)
{
    uint   i, j;
    for(i=0; i<n; i++)
      for(j=0; j<125; j++);
}
void   LOG( uchar temp)         //模拟处理程序
{
    //处理程序...
}
void    main( )                 //主函数
{
    while(1)
    {
        while(S);
        PNS=1;                  //并行置入数据
        PNS=0;                  //开始串行移位
        SCON=0x10;              //串行口方式 0 启动接收
        while(!RI);             //查询 RI
        RI=0;
        temp=SBUF;
        LOG(temp);              //数据交给 LOG 函数
        delaynms(1000);
    }
}
```

6.3.3 双机通信

进行双机通信时，两机应设定相同的数据格式和相同的波特率。双机异步通信的编程通常采用两种方法：查询方式和中断方式。

单片机在上电时，发送缓冲器为空，而发送中断请求标志位 TI 初值也为"0"，这时 TI 不会变成"1"。串行口通信发送程序的开始，必须先发送一个字符，才能使得 TI 置"1"，查询方式或中断方式得以进入正常工作状态。

下面就通过示例来介绍这两种方法。

【例 6-4】 按图 6-8 连接两个单片机系统进行串行通信，双机的 RxD 和 TxD 交叉相连，甲机的 P1 端口连接 8 个开关，乙机的 P1 端口通过上拉电阻连接 8 个 LED 灯，甲机读取 P1 口的 8 个开关状态后，通过串行口发送到乙机，乙机收到甲机收到的 8 个开关状态后送入 P1 端口控制 8 个 LED 灯的状态，波特率为 1200 b/s，晶振频率为 12 MHz。

分析：设 SMOD=0，则 T1 的时间常数 X 的值为：

$$X=256-2^{SMOD}\times\frac{f_{osc}}{12\times32\times 波特率}=256-2^{0}\times\frac{12\times10^{6}}{12\times32\times1200}$$

$$=256-26.04=229.96\approx230=E6H$$

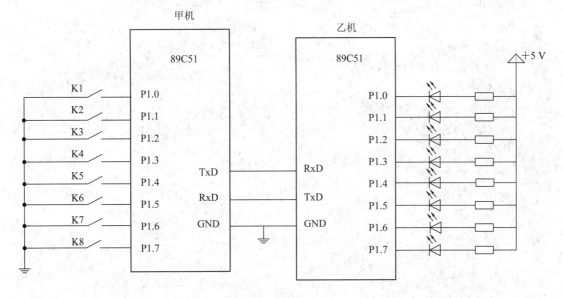

图 6-8　串行口方式 1 单工通信原理图

参考程序 1（采用查询方式）：

```
//甲机发送
#include <reg51.h>          //51 系列单片机头文件
#define uchar unsigned char //宏定义
void    main( )            //主函数
{
    TMOD=0x20;
    TH1=0xe6;
    TL1=0xe6;
    SCON=0x40;
    PCON=0x00;
    TR1=1;
    P1=0xff;                //P1 是准双向口，读 P1 口之前先给 P1 口送高电平
```

```
    SBUF=P1;                    //启动串行发送
    while(1)
    {
        while(!TI);
        TI=0;
        SBUF=P1;
    }
}


//乙机接收
#include  <reg51.h>            //51 系列单片机头文件
#define  uchar  unsigned  char  //宏定义
void      main( )              //主函数
{
    TMOD=0x20;
    TH1=0xe6;
    TL1=0xe6;
    SCON=0x50;
    PCON=0x00;
    TR1=1;
    while(1)
    {
        while(!RI);
        RI=0;
        P1=SBUF;
    }
}
```

参考程序 2(采用中断方式):

```
//甲机发送
#include  <reg51.h>            //51 系列单片机头文件
#define  uchar  unsigned  char  //宏定义
void      main( )              //主函数
{
    TMOD=0x20;
    TH1=0xe6;
    TL1=0xe6;
    SCON=0x40;
    PCON=0x00;
```

```
        TR1=1;
        EA=1;
        ES=1;
        P1=0xff;                        //P1 是准双向口，读 P1 口之前先给 P1 口送高电平
        SBUF=P1;
        while(1);
    }
    void    send( )    interrupt 4 using 0
    {
        TI=0;
        SBUF=P1;
    }


//乙机接收
#include  <reg51.h>                      //51 系列单片机头文件
#define  uchar  unsigned  char          //宏定义
void      main( )                        //主函数
    {
        TMOD=0x20;
        TH1=0xe6;
        TL1=0xe6;
        SCON=0x50;
        PCON=0x00;
        TR1=1;
        EA=1;
        ES=1;
        while(1);
    }


void    receiver( )    interrupt 4 using 0
    {
        RI=0;
        P1=SBUF;
    }
```

【例 6-5】 按图 6-9 连接两个单片机系统进行串行通信，双机的 RxD 和 TxD 交叉相连，甲乙双机分别配有 1 个按键和 2 个 LED 数码管。2 个 LED 数码管分别代表发送和接收的数据。甲机通过按键 SW2 产生一个 0～9 之间的随机数并在 LED2 上显示，同理乙机通过按键 SW3 产生一个 0～9 之间的随机数并在 LED3 上显示。按键 SW1 按下时，甲机和乙机同时通过串行口发送产生的随机数，甲机接收的数据显示在 LED1 上，乙机收到的数据

显示在 LED4 上，实现全双工通信，波特率为 2400 b/s，双方晶振都采用 11.0592 MHz，预置值 TH1=0F4H。

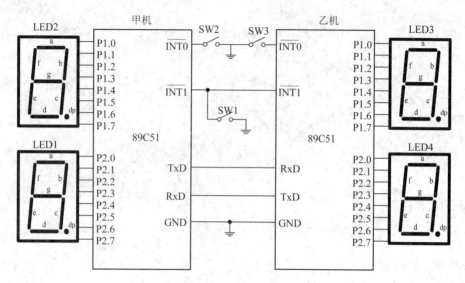

图 6-9　串行口方式 1 全双工通信原理图

分析：

(1) 产生随机数的方法有很多，由于串行通信要开启 T1，所以需要随机数的时候去读取 TL1 获取随机数。

(2) 图中 LED 数码管全部采用共阳极接法，显示数字时需要将对应的字形码送入 LED 数码管的数据线上(原理参考 7.4.2 小节)。

(3) 甲机和乙机都是 P2 口对应 LED 显示数据，P1 口对应 LED 显示接收数据，SW1 按钮控制发送，所以甲机和乙机程序相同。

参考程序：

```
#include  <reg51.h>              //51 系列单片机头文件
#define   uchar  unsigned  char  //宏定义
#define   LEDsend  P1
#define   LEDrec   P2
uchar     seg[ ]={0xc0, 0xf9, 0xa4, 0xb0, 0x99, 0x92, 0x82, 0xf8, 0x80, 0x90};
uchar     send, rec;
void      main( )                //主函数
{
    TMOD=0x20;
    TH1=0xf4;
    TL1=0xf4;
    SCON=0x50;
    PCON=0x00;
    TR1=1;
```

```
        EA=1;

        EX1=1;

        EX0=1;

        ES=1;

        while(1)

        {

          LEDsend=seg[send];

          LEDrec=seg[rec];

        }

}

void      int0( )    interrupt 0

{

        send=TL1%10;

}

void      int1( )    interrupt 2

{

        ES=0;

        SBUF=send;

        while(!TI);

        TI=0;

        ES=1;

}

void      serial( )    interrupt 4

{

        RI=0;

        rec=SBUF;

}
```

6.3.4　多机通信

单片机的多机通信通常采用主从式。对于多机通信方式，要有一台主机和多台从机。主机发送的信息可以传送到各个从机或指定的从机，各从机发送的信息只能被主机接收，从机之间不能直接进行通信。

1. 多机通信原理

图 6-10 所示是多机通信的一种连接示意图。

主机向从机发送的信息分地址和数据两类，以第 9 数据位作区分标志，为 0 时表示数据，为 1 时表示地址。多机通信的实现，主要依靠主、从机之间的正确设置，判断 SM2 及判断发送或接收的第 9 位数据(TB8 或 RB8)来完成的。当串口工作在方式 2、3 接收时，只有同时满足下列两个条件，才会将接收到的数据装入 SBUF 和 RB8,并产生置位 RI 的信号，否则接收到的数据信号将会丢失。

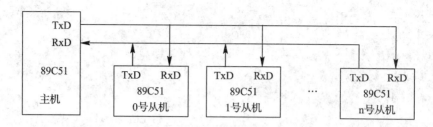

图 6-10 多机通信连接示意图

① RI=0。

② SM2=0 或接收到的第 9 位数据=1。

· 若 SM2=0，接收到的第 9 位数据无论是 1 还是 0，数据都装入 SBUF，并置 RI=1，向 CPU 发出中断请求。

· 若 SM2=1，接收到的第 9 位数据=1，此时数据也能够装入 SBUF，并置 RI=1，向 CPU 发出中断请求；但如果接收到的第 9 位数据=0，则不产生中断请求，信息将被丢失，不能接收。

多机通信正是应用了条件②的接收条件实现的，具体过程如下：

(1) 全部从机均初始化为方式 2 或方式 3，SM2=1，允许中断。

(2) 主机发送要寻址的从机地址，其中 TB8=1 表示发送的是呼叫地址帧(TB8=0 时为数据帧)。

(3) 所有从机均接收主机发送的地址，并进行地址比较。

(4) 被寻址的从机确认地址后，置本机的 SM2=0，向主机返回地址，供主机核对。

(5) 核对无误后，主机向被寻址的从机发送命令，通知从机接收或发送数据。

(6) 通信只能在主、从机之间进行，两个从机之间的通信需通过主机作中介。

(7) 本次通信结束后，从机重置 SM2=1，主机可再对其他从机寻址。

2．多机通信应用实例

根据上述多机通信具体过程，下面给出一个简单的应用实例。

【例 6-7】 如图 6-10 所示，采用查询方式将主机字符数组 send 中的 8 个字符发送给 02 号从机；02 号从机将接收到的数据放到内部字符数组 rec 中，波特率为 1200 b/s，fosc = 11.0592 MHz，预置值 TH1=0E8H。

主机程序：

```
#include  <reg51.h>              //51 系列单片机头文件
#define   uchar  unsigned  char   //宏定义
#define   uint unsigned  int      //宏定义
uchar     send[8]={0x00, 0x01, 0x02, 0x03, 0x04, 0x05, 0x06, 0x07};
void      main( )                 //主函数
{
    bit flag02=0;
    uint i;
    uchar temp;
```

```
    TMOD=0x20;                      //设置 T1 工作方式 2
    TH1=0xe8;                       //产生 1200 b/s 波特率的初值
    TL1=0xe8;
    TR1=1;
    SCON=0xd8;                      //方式 3，SM2=0，允许接收，TB8=1 表示发送的是呼叫地址帧
    while(!flag02)
    {
        SBUF=0x02;                  //主机发送要寻址的从机地址
        while(!TI);
        TI=0;
        while(!RI);
        RI=0;
        temp=SBUF;
        if(temp==0x02)
            flag02=1;
    }
    TB8=0;                          //主机向被寻址的从机发送数据，TB8=0
    for(i=0; i<8; i++)
    {
        SBUF=send[i];
        while(!TI);
        TI=0;
    }
}
```

2 号从机程序：

```
#include <reg51.h>                  //51 系列单片机头文件
#define  uchar unsigned  char       //宏定义
#define  uint unsigned  int         //宏定义
uchar    rec[8];
void     main( )                    //主函数
{
    bit flag02=0;
    bit flag_finish=0;
    uint  i;
    uchar temp;
    TMOD=0x20;                      //设置 T1 工作方式 2
    TH1=0xe8;                       //产生 1200 b/s 波特率的初值
    TL1=0xe8;
    TR1=1;
```

```
    SCON=0xf0;                    //方式 3，SM2=1(接收地址帧)，允许接收
    while(!flag02)
    {
        while(!RI);
        RI=0;
        temp=SBUF;
        if(temp==0x02);           //判断是否寻址本机
        {
            SM2=0;                //确认地址后，置本机的 SM2=0
            SBUF=0x02;            //向主机返回地址
            while(!TI);
            TI=0;
            for(i=0; i<8; i++)
            {
                while(!RI);
                RI=0;
                if(RB8)
                {
                    SM2=1;   //若接收的仍为地址帧，则置位 SM2，返回重新接收地址帧
                    i=0;
                    break;
                }
                else
                {
                    rec[i]=SBUF;
                }
            }
            flag02=1;
        }
    }
}
```

6.3.5　单片机与 PC 机之间的通信

　　随着计算机的广泛应用，上、下位机的主从工作方式越来越为数据采集和控制系统所使用。单片机价格低廉、控制方便，可作为从机，进行现场数据采集和控制；PC 机的计算能力强、运行速度块、人机交互便捷，可作为主机。单片机和 PC 机都具有异步通信接口，但输出电平不同，单片机为 TTL 电平，PC 机为 RS-232 电平，所以**单片机与 PC 机之间必须通过电平转换才能实现串行通信。**

1. RS-232 接口

在计算机的主板上一般都装有异步通信适配器(也可以通过 USB 口转换)，它使计算机有能力与其他具有 RS-232 标准接口的设备进行通信。而 MCS-51 单片机本身有一个全双工的串行口，因此只要配上电平转换的驱动电路、隔离电路就可以和 RS-232 接口组成一个简单的通信通道。

RS-232C 是异步串行通信中常用的标准接口(也称为标准总线)，它是由美国电子工业协会公布的。

RS-232C 的具体规定主要如下：

1) 机械特性

连接器：由于 RS-232C 并未定义连接器的物理特性，因此，出现了 DB-25 和 DB-9 等各种类型的连接器，其引脚的定义也各不相同。图 6-11 所示是常用的两种连接器。

现在的 PC 上使用的 COM1 和 COM2 就是标准的 RS-232C 接口，采用 9 针结构。

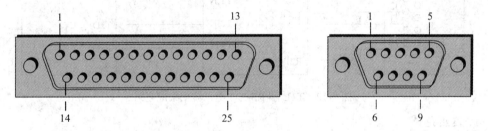

图 6-11 DB-25(阳头)连接器和 DB-9(阳头)连接器

2) 功能特性

RS-232C 接口主要信号线的功能定义如表 6-3 所示。

表 6-3 RS-232C 接口主要信号线的功能

引脚序号	信号名称	符 号	流 向	功 能
2(3)	发送数据	TxD	DTE→DCE	DTE 发送串行数据
3(2)	接收数据	RxD	DTE←DCE	DTE 接收串行数据
4(7)	请求发送	RTS	DTE→DCE	DTE 请求 DCE 将线路切换到发送方式
5(8)	允许发送	CTS	DTE←DCE	DCE 告诉 DTE 线路已接通可以发送数据
6(6)	数据设备就绪	DSR	DTE←DCE	DCE 准备好
7(5)	信号地			信号公共地
8(1)	载波检测	DCD	DTE←DCE	表示 DCE 接收到远程载波
20(4)	数据终端就绪	DTR	DTE→DCE	DTE 准备好
22(9)	振铃指示	RI	DTE←DCE	表示 DCE 与线路接通，出现振铃

注："引脚序号"一列中括号内的是 DB-9 连接器的引脚序号。

3) 电气特性

RS-232C 规定了自己的电气标准，采用负逻辑电平，即逻辑"0"为+5 V～+15 V，逻辑"1"为-5 V～-15 V。因此，RS-232C 不能和 TTL 电平直接相连，使用时必须进行电平转换。MCS-51 单片机的输入、输出电平均为 TTL 电平，而 PC 配置的是 RS-232C 标准接口，所以两者连接时要加电平转换电路。

常用的电平转换集成电路如图 6-12 所示，采用 MAX232 等芯片。仅需+5 V 电源，内置电子升压泵将+5 V 转换为−10 V～+10 V，内置两个发送器和两个接收器，且与 TTL/CMOS 电平兼容，使用非常方便。

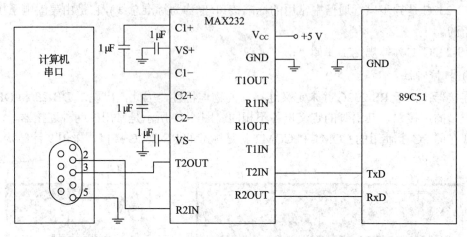

图 6-12　TTL 和 RS-232 电平转换集成电路

4) 适用范围

RS-232C 接口总线适用于通信距离仅为几十米、传输速率小于 20 kb/s 的设备。如果距离增加，可以适当地降低传输速率，以保证通信的可靠性。

5) 系统连接

用 RS-232C 总线连接系统时，有远程通信方式和近程通信方式之分。远程通信是指传输距离大于几十米的通信，其特点是在通信线路中必须使用调制解调器 Modem。如果传输距离小于几十米，则称为近程通信，其特点是通信双方可使用 RS-232C 电缆直接互连。

(1) 远程通信。如图 6-13 所示是采用 RS-232C 总线，并通过调制解调器实现计算机和一个前置数据采集器(可以由单片机实现)的远程通信的原理框图。

(2) 近程通信。当计算机与终端之间，或两台 PC 之间，或 PC 与数据采集器(可以由单片机实现)之间采用 RS-232C 总线标准近距离串行通信时，可将两个 DTE 直接连接，从而省去作为 DCE 的调制解调器。

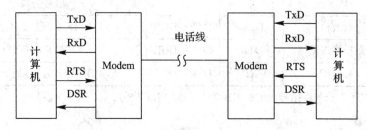

图 6-13　用调制解调器实现计算机远程通信

图 6-14(a)是一种最简单的"三线制"连接方式。在此种连接方式中，仅需将"发送数

据"与"接收数据"交叉相连以及将双方的地线相连即可。此连接方式不适用于需要检测"允许发送""载波检测""数据设备就绪"等信号状态的通信程序。

图 6-14(b)除了按"三线制"进行连接外，还将同一设备的"请求发送""允许发送"和"载波检测"连在一起，将"数据终端就绪"和"数据设备就绪"连在一起。对于此种连接方式，那些需要检测"允许发送""载波检测""数据设备就绪"等信号状态的通信程序可以运行下去，但并不能真正检测到对方的状态，只是程序受到该连接方式的"蒙蔽"而已。

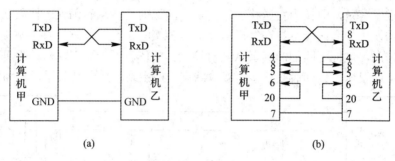

(a)　　　　　　　　　　　　　　　　(b)

图 6-14　无联络线方式和联络线短接方式

6) RS-232C 接口存在的问题

(1) 传输距离短、速率低。RS-232C 接口总线适用于通信距离仅为几十米、传输速率最大为 20 kb/s 的设备。

(2) 有电平偏移。RS-232C 接口收发双方共地。当通信距离较远时，两端的地电位差别较大，信号地上的地电流会产生压降，当一方输出的逻辑电平到达对方时，其逻辑电平可能偏移较大，严重时会发生逻辑错误。

(3) 抗干扰能力差。RS-232C 采用单端输入/输出，传输过程总的干扰和噪声会混在正常的信号中。为了提高信噪比，RS-232C 标准不得不采用比较大的电压摆幅。

2. RS-485 接口

针对 RS-232C 标准存在的问题，为了适用于更远的传输距离和更快的传输速率，EIA 制定了新的串行通信标准 RS-485 和 RS-422，其中 RS-485 应用广泛，通常采用的转换器件为 MAX485。图 6-15 所示为由 MAX485 构成的 RS-485 标准通信接口的示意图。

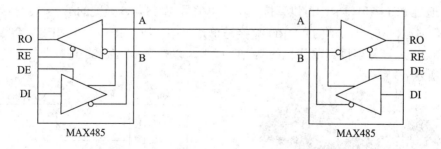

图 6-15　用 MAX485 构成的 RS-485 标准通信接口

由于 MAX485 输出的高阻特性，除了能构成点对点的通信外，还能实现点对多点的通信。在多点通信系统中，必须有一个主站，其余的为从站，多个从站用地址识别。当主站要求某一从站发送信息时，将由主站发出与该从站地址相匹配的命令，选中的从站发回信息，未选中的则不予响应。

图 6-16 为采用点对多点通信的分布式通信系统。该系统采用半双工的工作模式，通过控制发送允许信号和接收允许信号来控制信号的流向。在正常工作状态下，控制主站的发送允许信号和接收允许信号使输出发送器有效，即处于发送状态；同时控制所有从站的发送允许信号和接收允许信号使接收器有效，即处于接收状态。当主站发出命令时，所有的从站接收到命令；当发送的命令字中的地址信息与某一从站的地址相匹配时，该从站使能信号控制发送器有效，即转为发送状态，地址不匹配的其余从站仍处于接收状态，以免信号线上的数据发生冲突；而主站在发送命令后转为接收状态，此时只有主站接收从选中的从站发回的信息，地址不匹配的其余从站对接收到的信息不予处理，从而保证了通信的正常进行。当从站发送完数据后必须转为接收状态，而主站在接收到数据后转为发送状态。

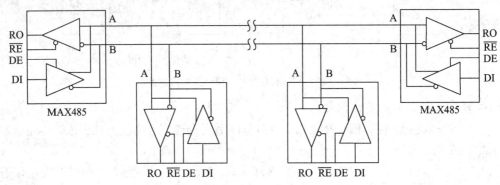

图 6-16　采用点对多点通信的半双工分布式通信系统

点对多点通信时，发送器连接的点数由发送器的驱动能力和接收器的负载特性决定，通常能驱动的点数为 32 个，而后期推出的器件可达 64、128 甚至 256 个点。由于接收器通过接收端的电平差来判断传输的电平，因此对连接系统的导线没有严格的要求，只需采用双绞线即可构成网络。

由于 PC 默认只带有 RS-232 接口，故有两种方法可以得到 PC 机的 RS-485 电路：

① 通过 RS-232/RS-485 转换器(见图 6-17)将 PC 串口 RS-232 信号转换成 RS-485 信号，对于情况比较复杂的工业环境，最好选用防浪涌带隔离栅的产品。

② 通过 PCI 多串口卡，可以直接选用输出信号为 RS-485 类型的扩展卡。

对于 MAX485，只需将 DI、RO 直接与单片机的 TxD、RxD 分别相连，将 MAX485 的 DE 和 $\overline{RE}$ 短接并连接到单片机的某 I/O 口上，以控制 MAX485 进行收、发数据，如图 6-18 所示。

图 6-17　RS-232/RS-485 转换器图

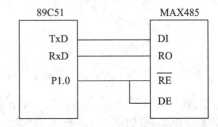

图 6-18　89C51 与 MAX485 的连接图

3. 编程举例

开发 MCS-51 单片机串行口通信程序时，开发者通常只负责单片机端的程序，怎样确认串行口通信程序是否正确呢？我们可以采用串口调试工具软件来辅助调试。

【例 6-8】按照图 6-12 连接计算机和单片机，使用串口调试工具软件，发送一组数据，编写单片机程序，将接收到的数据再发送到计算机上，并在接收窗口显示。

(1) **计算机串口检查**：将 PC 的串行口的收、发引脚用连接线连接。运行串口调试软件 (网上有多种此类软件可供下载试用)，在发送区输入发送信息，在接收区会显示出与发送信息相同的接收信息，如图 6-19 所示。

图 6-19　串口调试工具软件界面

(2) **联机编程调试**：连接单片机与 PC 的串行口，在串口调试工具软件上设置波特率：9600 b/s；数据位：8 位；停止位：1 位，编写单片机串行口测试程序，利用 PC 的串行口调试软件实现字符或字符串的发送和接收。

单片机串行口测试程序：

```
#include  <reg51.h>        //51 系列单片机头文件
#include  <intrins.h>      //包含_nop_函数所在的头文件
#define  uchar unsigned char  //宏定义
uchar    temp;
void     main( )           //主函数
{
    TMOD=0x20;            //设置 T1 工作方式 2
    SCON=0x50;           //方式 3，SM2=0，允许接收，TB8=1 表示发送的是呼叫地址帧
    TH1=0xfd;            //产生 9600 b/s 波特率的初值
    TL1=0xfd;
    TR1=1;
```

```
    ES=1;
    EA=1;
    while(1);
}
void      serial( )   interrupt 4
{
    if(RI)
    {
      RI=0;
      temp=SBUF;
      _nop_();                      //产生一条 NOP 指令
      _nop_();
      _nop_();
      SBUF=temp;
    }
    if(TI)
    {
      TI=0;
    }
}
```

该程序运行后，在串口调试软件的发送区键入的字符会由 PC 的串行口发送到单片机
串行口，单片机串行口接收的这些信息再由单片机的串行口发送到 PC，并由串口调试软件
显示在接收区，如图 6-20 所示。

图 6-20　串口调试运行结果

本例程只作为单片机串口程序调试方法介绍,实际的计算机端串行通信程序应根据实际需要编写。

思考与练习

1. 什么是串行异步通信?它有哪些特点?有哪几种字符格式?

2. 定时器用作波特率发生器时,为什么要使用方式 2?若已知通信选用的波特率和系统时钟频率,如何计算 T1 的初值?

3. 串行口工作在方式 1 和方式 3 时,定时器 T1 工作于方式 2 的初值表达式是什么?

4. 某异步通信接口,其字符形式由 1 个起始位 0、8 个数据位、1 个校验位和 1 个停止位 1 组成,当该接口每分钟传送 2000 个字符时,传送波特率为多少?

5. 已知定时器 T1 设置为方式 2,用作波特率发生器,系统时钟频率为 6 MHz,求可能产生的最高和最低波特率。

6. 用 89C51 单片机的串行口扩展并行 I/O 接口,控制 16 个发光二极管依次发光,要求画出电路图,并编写相应的程序。

7. 设计一个 MCS-51 单片机的双机通信系统,试编程将甲机片内 RAM 的 30H~3FH 的数据块通过串行口发送到乙机片外 RAM 的 1000H~100FH 单元中去,要求接收和发送均采用中断方式。设晶振频率为 11.0592 MHz,波特率为 2400 b/s。

8. 改写例 6-7 的程序,使之变成采用查询方式将主机 40H~5FH 中的数据发送给 03 号从机;03 号从机将接收到的数据放到内部 RAM 30H~4FH 单元中,波特率为 9600 b/s,$f_{osc} = 11.0592$ MHz。

第 7 章　单片机并行扩展技术

MCS-51 单片机在一块芯片上集成了 CPU、RAM、ROM 及 I/O 接口等微型计算机的基本部件，使用起来非常方便。但单片机内的 RAM、ROM 和 I/O 接口数量有限，不够使用时，需进行扩展。因此，单片机的系统扩展主要是指外接数据存储器、程序存储器或 I/O 接口等，以满足应用系统的需要。

本章重点讲述编址方法，以及 ROM、RAM、I/O 扩展的硬件电路，并在键盘和显示的内容上给出实际编程案例，最后介绍 A/D 和 D/A 转换器及应用。

7.1　单片机的最小系统

最小应用系统，是指能维持单片机运行的最简单配置的系统。这种系统成本低廉、结构简单，常用来构成简单的控制系统，如开关状态的输入/输出控制等。对于片内有 ROM/EPROM 的单片机，其最小应用系统即为配有晶振、复位电路和电源的单个单片机。对于片内无 ROM/EPROM 的单片机，其最小系统除了外部配置晶振、复位电路和电源外，还应当外接 EPROM 或 E^{2}PROM 作为程序存储器使用。

当然，最小系统有可能无法满足应用系统的功能要求。比如，有时即使有内部程序存储器，但由于程序很长，程序存储器容量可能不够；对一些数据采集系统，内部数据存储器容量也可能不够等，这就需要根据情况扩展 EPROM、RAM、I/O 口及其他所需的外围芯片。

7.1.1　80C51/89C51 最小应用系统

MCS-51 单片机的特点就是体积小，功能全，系统结构紧凑，硬件设计灵活。对于简单的应用，最小系统即能满足要求。

80C51/89C51 是片内有 ROM/E^{2}PROM 的单片机，因此，用这些芯片构成的最小系统简单、可靠。

用 80C51/89C51 单片机构成最小应用系统时，只要将单片机接上时钟电路和复位电路即可，具体电路见第 2 章。

7.1.2　8031 最小应用系统

8031 是片内无程序存储器的芯片，因此，其最小应用系统必须在片外扩展 EPROM。图 7-1 所示为外接程序存储器的最小应用系统。片外 8KB 单元地址要求地址线 13 根(A0~

A12)，它由 P0 和 P2.0～P2.4 组成；地址锁存器的锁存信号为 ALE(Address Latch Enable)。程序存储器的选通信号为 $\overline{PSEN}$ (Program Store Enable)。由于程序存储器芯片只有一片，故其片选线($\overline{CE}$)可以直接接地。

　　8031 芯片本身的连接除了 $\overline{EA}$ **必须接地**外(选择外部存储器)，其他与 80C51/89C51 最小应用系统一样，也必须有复位及时钟电路。

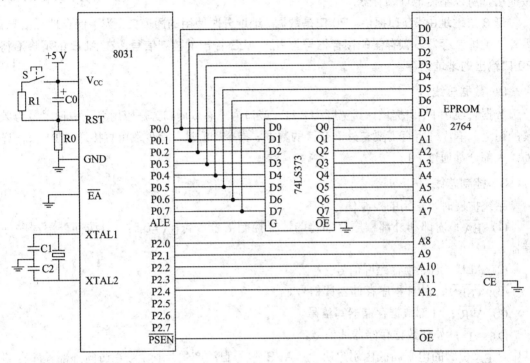

图 7-1　8031 最小应用系统

7.2　总线扩展及编址方法

7.2.1　单片机的外总线结构

　　图 7-2 给出了 MCS-51 单片机应用系统的外总线结构示意图。

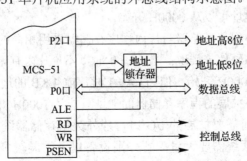

图 7-2　单片机的三总线结构

单片机是通过地址总线、数据总线和控制总线与外部交换信息的。

1．地址总线

地址总线宽度为 16 位，因此其寻址范围为 2^{16}=64 KB。

高 8 位地址由 P2 口提供，因为 P2 口具有输出锁存的功能，且用于外部扩展时一般不做他用，所以不需地址锁存器。

低 8 位地址由 P0 口提供，P0 口是数据、地址分时使用的通道口。为了保存地址信息，需外加地址锁存器。锁存器的锁存信号为引脚 ALE 输出的控制信号，在 ALE 的下降沿将 P0 口输出的地址锁存。

2．数据总线

数据总线由 P0 口提供，其宽度为 8 位，该口为三态双向口，是应用系统中使用最为频繁的通道。单片机所有需要与外部交换的数据、指令、信息，除少数可直接通过 P1 口传送外，大部分都通过 P0 口传送。

3．控制总线

系统扩展时，常用的控制信号如下：

(1) $\overline{\text{EA}}$：内部和外部程序存储器的选择控制信号，当 $\overline{\text{EA}}$ =0 时，只访问外部程序存储器。

(2) ALE：地址锁存允许信号。

(3) $\overline{\text{PSEN}}$：外部程序存储器读信号。

(4) $\overline{\text{WR}}$：外部数据存储器写信号。

(5) $\overline{\text{RD}}$：外部数据存储器读信号。

其中，$\overline{\text{EA}}$ 引脚的电平高低由用户决定；ALE 信号自动产生；$\overline{\text{PSEN}}$ 在访问外部程序存储器时自动产生；$\overline{\text{RD}}$、$\overline{\text{WR}}$ 信号在执行 MOVX 指令时自动产生。

7.2.2 单片机的扩展能力

根据 MCS-51 单片机地址总线宽度，在片外可扩展的存储器最大容量为 64 KB，地址范围为 0000H～FFFFH。由于片外数据存储器和程序存储器的操作使用不同的指令和控制信号，允许两者的地址重复，因此片外可扩展的数据存储器与程序存储器各为 64 KB。

片外数据存储器与片内数据存储器的操作指令不同，所以也允许两者的地址重复，即外部扩展数据存储器的地址可以从 0000H 开始。

MCS-51 单片机片外程序存储器与片内程序存储器采用相同的操作指令，对片内、片外程序存储器的选择依靠硬件来实现：当 $\overline{\text{EA}}$ =0 时，不论片内有无程序存储器，片外程序存储器的地址都可以从 0000H 开始；但当 $\overline{\text{EA}}$ =1 时，前 4 KB 的地址(0000H～0FFFH)为片内程序存储器所有，片外扩展的程序存储器的地址只能从 1000H 开始设置。

为了配置外围设备而需要扩展的 I/O 口与片外数据存储器统一编址，不再另外提供地址线。所以，当应用系统需要大量配置外围设备以及扩展较多的 I/O 口时，要占去大量的 RAM 地址。

7.2.3　地址译码方法

扩展芯片与 CPU 地址总线的连接方式，必须满足对这些芯片所分配的地址范围的要求。CPU 发出的地址信号必须实现两种选择：**片选**(即对扩展芯片的选择，使相关芯片的片选端 $\overline{\text{CS}}$ 为有效)和**字选**(即在选中的芯片内部再选择某一存储单元)。片选信号和字选信号均由 CPU 发出的地址信号经译码产生。通常的连接方法是：将扩展芯片的地址线和单片机的地址总线中的若干根低位地址线对应相连，其余的地址线(通常是 P2 口的高位地址)通过地址译码来产生外部扩展芯片的片选信号 $\overline{\text{CE}}$ 或 $\overline{\text{CS}}$，常用地址译码方法有线选法和译码法两种。

1. 线选法

所谓线选法，就是将多余的高位地址线中单独的一根直接接到扩展芯片的使能端上。线选法编址的特点是简单明了，且不需要另外增加电路。由于片选线一般都是采用高位地址线，对于扩展芯片数量较多的应用系统，这些芯片所需要的片选信号的数量有可能多于可用的高位地址线数量，因此采用线选法无法解决问题；另外，这种编址方法对存储空间的使用是断续的，不能充分有效地利用存储空间，且扩充容量受限，因而只适用于小规模单片机系统的外围芯片扩展。

图 7-3 所示为线选法应用实例。

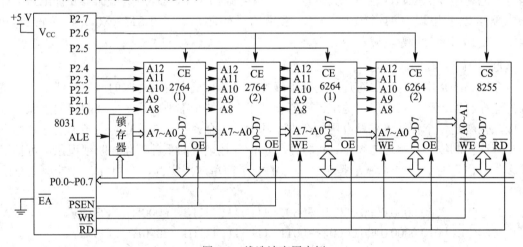

图 7-3　线选法应用实例

图 7-3 中所扩展的芯片地址范围如表 7-1 所示，其中×可以取"0"，也可以取"1"，用十六进制数表示的地址如下：

2764(1)：4000H～5FFFH，或 C000H～DFFFH，有地址重叠现象。

2764(2)：2000H～3FFFH，或 A000H～BFFFH，有地址重叠现象。

6264(1)：C000H～DFFFH。

6264(2)：A000H～BFFFH。

8255：6000H～6003H，或 6FFCH～6FFFH，或其他。8255 虽然只用了四个存储单元，但占用的地址空间可能从 6000H 一直到 6FFFH，具体取决于那些"×"地址线的使用情况。

表 7-1　图 7-3 的线选法地址表

地址	P2.7 A15	P2.6 A14	P2.5 A13	P2.4 A12	P2.3 A11	P2.2 A10	P2.1 A9	P2.0 A8	P0.7 A7	P0.6 A6	P0.5 A5	P0.4 A4	P0.3 A3	P0.2 A2	P0.1 A1	P0.0 A0	
2764	×	1	0	0	0	0	0	0	0	0	0	0	0	0	0	0	首址
(1)	×	1	0	1	1	1	1	1	1	1	1	1	1	1	1	1	末址
2764	×	0	1	0	0	0	0	0	0	0	0	0	0	0	0	0	首址
(2)	×	0	1	1	1	1	1	1	1	1	1	1	1	1	1	1	末址
6264	1	1	0	0	0	0	0	0	0	0	0	0	0	0	0	0	首址
(1)	1	1	0	1	1	1	1	1	1	1	1	1	1	1	1	1	末址
6264	1	0	1	0	0	0	0	0	0	0	0	0	0	0	0	0	首址
(2)	1	0	1	1	1	1	1	1	1	1	1	1	1	1	1	1	末址
8255	0	1	1	×	×	×	×	×	×	×	×	×	×	×	0	0	首址
	0	1	1	×	×	×	×	×	×	×	×	×	×	×	1	1	末址

2. 译码法

所谓译码法，就是使用译码器对系统的高位地址进行译码，以译码输出作为存储芯片的片选信号，将低位地址作为存储芯片的片内地址。这是一种最常用的存储器编址方法，能有效地利用存储空间，适用于大容量多芯片存储器扩展；其缺点是增加了硬件电路。译码电路可以使用现有的译码器芯片，常用的译码芯片有 74LS139(双 2-4 译码器)和 74LS138(3-8 译码器)等。

1) 全译码法

全译码法是指将各扩展芯片上的地址线均接到单片机系统的对应的地址总线上，各芯片的选择利用译码电路实现，地址译码器使用了余下的全部地址线。地址与存储单元一一对应，也就是一个存储单元只占用一个唯一的地址。全译码法的特点是：各扩展芯片均有独立片选控制线，且地址连续，这种方法可以消除地址空间重叠现象和断续现象，可扩展较多的外围芯片。图 7-4 所示是全译码法的一个简单应用实例，图中各芯片的地址范围如下：

2764(1)：0000 0000 0000 0000B～0001 1111 1111 1111B，0000H～1FFFH。

2764(2)：0010 0000 0000 0000B～0011 1111 1111 1111B，2000H～3FFFH。

6264(1)：0000 0000 0000 0000B～0001 1111 1111 1111B，0000H～1FFFH。

6264(2)：0010 0000 0000 0000B～0011 1111 1111 1111B，2000H～3FFFH。

8255：010× ×××× ×××× ××00B～010× ×××× ×××× ××11B，4000H～4003H，……，5FFCH～5FFFH 等。

2) 部分译码法

部分译码法是指地址译码器仅对余下高位地址线的一部分进行译码，产生片选信号，这种方法也会产生地址重叠现象。

全译码法和部分译码法的区别在于剩余的高位地址线是否全部接地址译码器，在设计地址译码器电路时，需要充分注意。除了使用译码器进行译码，还可以使用组合逻辑电路构成译码电路，此时只需符合相应的地址安排。

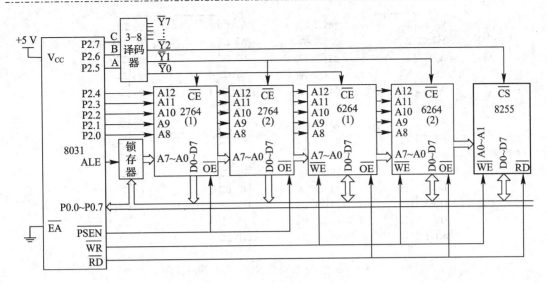

图 7-4　全译码法应用实例

随着存储器集成电路技术的进步，大容量存储器的成本和售价大幅降低。单片机的外扩存储器通常只要一片即可，例如使用 27512/27C512(64KB)，其价格和 2764、2732 相当。所以，以上给出的存储器扩展方法已无多大实用意义，但介绍的总线控制技术仍然十分有用，可以有效地应用到其他外围芯片的扩展中。

7.3　存储器的扩展

7.3.1　EPROM 程序存储器的扩展

1. EPROM 芯片简介

EPROM 芯片是紫外线擦除可编程只读存储器，其上有一个玻璃窗口，在紫外线的照射下，存储器中的各位信息都为 1，一般擦除次数可达上百次，甚至可达到万次，所以称为紫外线擦除可编程只读存储器。EPROM 重新编程时，需从插座上取出，放到专门的擦写器上，擦除干净的 EPROM 芯片通过编程器将应用程序固化到芯片中。

通常采用的 EPROM 标准芯片有 2716(2 K × 8 bit)、2732(4 K × 8 bit)、2764(8 K × 8 bit)、27128(16 K × 8 bit)、27256(32 K × 8 bit)、27512(64 K × 8 bit)等。其中 "27" 是产品代号，表示是 EPROM 芯片，后面是芯片容量，单位是 Kbit，将这个数据除以 8 就是常用的字节容量值。如 2764 芯片就是 8 KB 的 EPROM 芯片；由于容量是 8 KB，因此该芯片的地址线是 13 根（$2^{13} = 8$ K，A0～A12）。

在上面的几种 EPROM 芯片中，2716、2732 为 24 引脚，两者兼容。如将 2732 插入 2716 芯片的插座上也可以工作，但只有 2 K 字节有效。2764、27128、27256、27512 芯片均为 28 引脚，均可向下兼容。同样，将 27128 芯片插入 2764 芯片的插座上也可以工作，但只有 8K 字节有效。图 7-5 所示是部分 27 系列芯片的引脚图，各引脚功能如下：

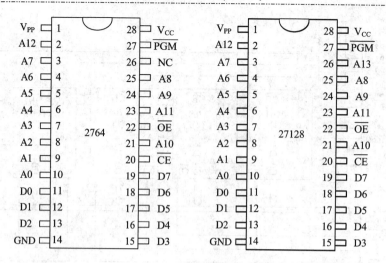

图 7-5　部分 27 系列 EPROM 芯片的引脚图

(1) A0～Ai：地址线(不同容量芯片的地址线数目不同，i 表示芯片的地址线数目)。

(2) D0～D7：8 位输出数据线。

(3) $\overline{CE}$：片选端。

(4) $\overline{OE}$：输出允许端。

(5) Vpp：编程电压。

(6) $\overline{PGM}$：编程脉冲输入端。

2．EPROM 基本扩展法

图 7-6 给出了外部程序存储器的典型连接方法。

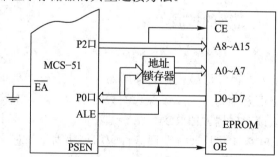

图 7-6　外部程序存储器的典型连接方法

1) 地址线的连接

存储器低 8 位地址线 A0～A7 与 P0 口(经锁存器)的输出端相连。

存储器高 8 位地址线 A8～A15 中的若干根与 P2 口(无须经过锁存器)相连。P2 口其余的高位地址线用作片选地址线(线选或译码)。

2) 数据线的连接

存储器的 8 位数据线与 P0 口相连。

3) 控制线的连接

(1) $\overline{PSEN}$：外部程序存储器读信号，与 EPROM 芯片的输出允许端 $\overline{OE}$ 相连。

(2) ALE：接至地址锁存器锁存信号端。

(3) $\overline{EA}$：采用 8031/8032 时，$\overline{EA}$ 应接地；采用 8751、89C51 等型号的芯并且使用到内部程序存储器时，$\overline{EA}$ 应接高电平。

【例 7-1】 用两片 2764 EPROM 芯片为 8031 单片机扩展 16KB 的程序存储器，试画出线路连接图。

连接方法：

(1) 将两片 2764 EPROM 芯片低 8 位地址线 A0～A7 通过地址锁存器与 8031 P0 口的 P0.0～P0.7 相连，高 5 位地址线 A8～A12 直接与 P2 口的 P2.0～P2.4 相连。

(2) 将两片 2764 EPROM 芯片的数据线 D0～D7 直接接到 P0 口，作为数据总线。

(3) 用 P2.5 和一个"非门"产生两个片选信号，将 P2.5 直接接在上方 EPROM 的 $\overline{CE}$ 端，另一个经过"非门"接到下方 EPROM 的 $\overline{CE}$ 端，如图 7-7 所示。当 P2.5=0 时，选中上方的 EPROM；当 P2.5=1 时，反相选中下方的 EPROM。

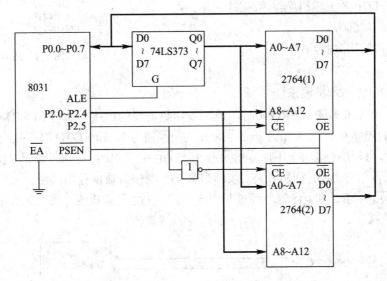

图 7-7　两片 2764 扩展 16 KB 程序存储器

两个芯片的地址范围：

在图 7-7 的连接方式中，P2.6 和 P2.7 并没有参与译码，而用 P2.5 经过"1-2"译码器产生两个片选信号，所以该连接方式属于部分译码方式，两个芯片的地址范围如下：

① 2764(1)：××00 0000 0000 0000B～××01 1111 1111 1111B，由于"×"可以取"0"、"1"之中的任一值，故十六进制地址有四组，即

0000H～1FFFH，4000H～5FFFH，8000H～9FFFH，C000H～DFFFH

② 2764(2)：××10 0000 0000 0000B～××11 1111 1111 1111B，十六进制地址有四组，即

2000H～3FFFH，6000H～7FFFH，A000H～BFFFH，E000H～FFFFH

可以看出，部分译码方式和线选法一样同样浪费地址空间，出现地址重叠的情况。

7.3.2　E²PROM 程序存储器的扩展

1. E²PROM 芯片简介

电擦除可编程只读存储器 E²PROM 的主要特点是能在计算机系统中进行在线修改，并能在断电的情况下保持修改的结果。因此，自从 E²PROM 问世以来，在智能化仪器仪表、控制装置、终端机、开发装置等各种领域中受到极大的重视。下面介绍典型 E²PROM 存储器芯片 Intel 2864A。

Intel 2864A 是 8 K × 8 bit 的电可擦除可编程只读存储器，单一+5 V 供电，最大工作电流为 140 mA，维持电流为 60 mA。由于其片内设有编程所需的高压脉冲产生电路，因而无需外加编程电源和写入脉冲即可工作。Intel 2864A 采用典型的 28 引脚结构，与常用的 8 KB 静态 RAM 6264 引脚完全兼容。其芯片的引脚如图 7-8 所示。

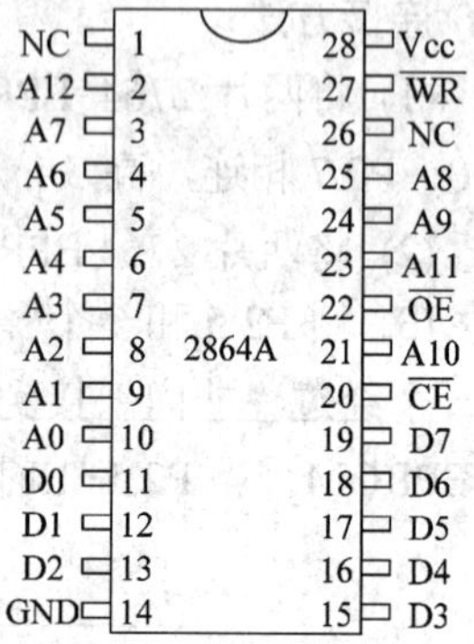

(1) A0～A12：13 位地址线。

(2) D0～D7：8 位输出/输入数据线。

(3) $\overline{CE}$：片选端。

(4) $\overline{OE}$：输出允许端。

(5) $\overline{WR}$：写允许端。

图 7-8　2864A 引脚图

2. E²PROM 基本扩展法

MCS-51 单片机扩展 E²PROM 时，地址线和数据线的连接方法与 EPROM 连接方法相同，控制线的连接中，只有单片机的 $\overline{PSEN}$ 与 $\overline{RD}$ 信号与 EPROM 的连接有所不同。若 E²PROM 仅作为程序存储器，则将 $\overline{PSEN}$ 信号与 $\overline{OE}$ 引脚相连。若 E²PROM 仅作为数据存储器，则将 $\overline{RD}$ 信号与 $\overline{OE}$ 引脚相连。如 E²PROM 既作为数据存储器用，又作为程序存储器用，可将 $\overline{PSEN}$ 信号和 $\overline{RD}$ 信号经过相"与"后与 $\overline{OE}$ 引脚相连。图 7-9 所示是 E²PROM 芯片的一般连接图。

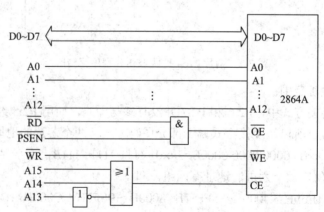

图 7-9　E²PROM 芯片的一般连接图

7.3.3　数据存储器及其扩展

在 MCS-51 单片机的产品中，片内数据存储器的容量一般很小。当数据量较大时，需要在片外扩展 RAM 数据存储器了，扩展的容量最大可达 64 KB。但由于 MCS-51 单片机对片外扩展的 I/O 口采用外部数据存储器映射方式进行输入/输出(即将片外 I/O 口的数据寄存器当作外部数据存储器的一个单元来看待，在指令系统及接口上不对这两者加以区别)，在这种情况下，允许直接扩展的外部数据存储器的容量将不足 64 KB。

1．RAM 芯片简介

RAM 的典型芯片有 6116(2 K × 8 bit)、6264(8 K × 8 bit)等。图 7-10 所示为 6264 芯片引脚图，其引脚功能如下：

(1) A0～A12：13 位地址线。

(2) D0～D7：8 位输出 / 输入数据线。

(3) $\overline{\text{CE1}}$、CE2：片选端。

(4) $\overline{\text{OE}}$：输出允许端。

(5) $\overline{\text{WE}}$：写允许端。

(6) Vcc、GND：+5 V 电源和接地端。

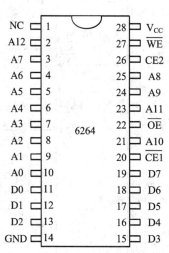

图 7-10　6264 芯片引脚图

2．外部数据存储器的扩展方法

外部数据存储器的连接方法与程序存储器连接的方法大致相同，区别在于控制线的连接。图 7-11 所示为外部数据存储器的一般连接方法，其中 $\overline{\text{WR}}$ 是外部数据存储器的写信号，与 RAM 芯片的 $\overline{\text{WE}}$ 引脚相连；$\overline{\text{RD}}$ 是外部数据存储器的读信号，与 RAM 芯片的 $\overline{\text{OE}}$ 引脚相连。

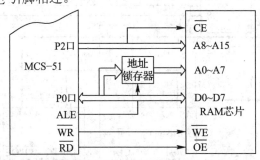

图 7-11　外部数据存储器的一般连接方法

【例 7-2】　用三片 6264 芯片为 89C51 单片机扩展 24 KB 的外部数据存储器，分别采用线选法、部分译码法和全译码法来实现，并给出各芯片的地址范围，译码芯片不限。

连接方法和地址：其线路连接如图 7-12 所示。

地址线：将 6264 芯片的低 8 位地址线 A0～A7 通过地址锁存器 74LS373 与 89C51 P0 口的 P0.0～P0.7 相连，高 5 位地址线 A8～A12 直接与 P2 口的 P2.0～P2.4 相连。

数据线：将 6264 芯片的数据线 D0～D7 直接接到 P0 口，作为数据总线。

控制线：将 6264 芯片的输出允许端 $\overline{\text{OE}}$ 直接接到 89C51 的 P3.7($\overline{\text{RD}}$)，写允许端 $\overline{\text{WE}}$ 直接接到 P3.6($\overline{\text{WR}}$)。ALE 与锁存器 74LS373 的 G 相连，产生锁存控制信号。

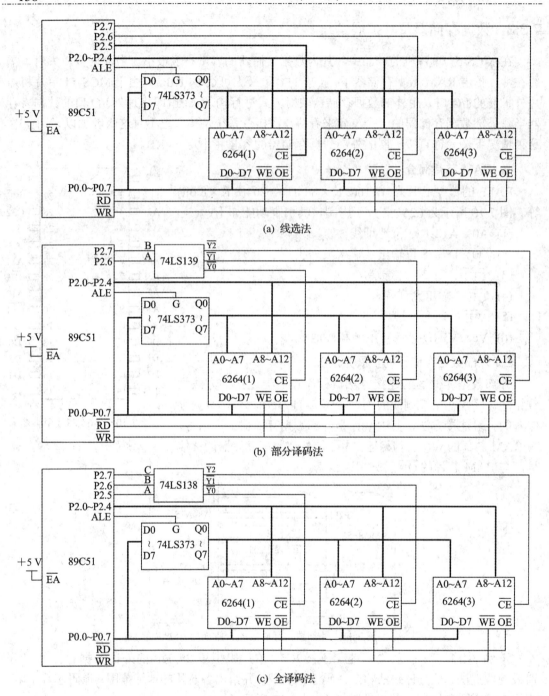

(a) 线选法

(b) 部分译码法

(c) 全译码法

图 7-12 用 6264 芯片扩展 24 KB 的数据存储器

(1) 线选法：在图 7-12(a)中，由于扩展三片，故将 P2.5、P2.6、P2.7 分别与三个 6264 芯片的 $\overline{CE}$ 端相连，产生三个片选信号。

P2.7=1、P2.6=1 和 P2.5=0 时，选中第一个 RAM，其余的地址线是和 6264(1)地址线直接相连，可以任意为"0"或"1"，均为有效地址。6264(1)的地址范围是 1100 0000 0000

0000B～1101 1111 1111 1111B，十六进制地址范围为 C000H～DFFFH。

P2.7=1、P2.6=0 和 P2.5=1 时，选中第二个 RAM，6264(2)的十六进制地址范围为 A000H～BFFFH。

P2.7=0、P2.6=1 和 P2.5=1 时，选中第三个 RAM，6264(3)的十六进制地址范围为 6000H～7FFFH。

显然，用线选法会使存储空间不连续，也不能充分有效地利用存储空间，扩充存储容量受限。

(2) 部分译码法：在图 7-12(b)中，P2.6、P2.7 与 74LS139(2-4 译码器)输入端 A、B 相连，三个输出信号 $\overline{Y0}$、$\overline{Y1}$ 和 $\overline{Y2}$ 与三片存储器的 $\overline{CE}$ 端相连，由于 P2.5 空闲，可以选择 0 或 1，这时，第一个 RAM 可访问的二进制地址范围 00×0 0000 0000 0000B～00×1 1111 1111 1111B，由此可得两组地址：0000 0000 0000 0000B～0001 1111 1111 1111B 和 0010 0000 0000 0000B～0011 1111 1111 1111B，另两个 RAM 可用类似方法获得地址编码，所以三片 6264 芯片的十六进制地址范围如下：

6264(1)：0000H～1FFFH 和 2000H～3FFFH；

6264(2)：4000H～5FFFH 和 6000H～7FFFH；

6264(3)：8000H～9FFFH 和 A000H～BFFFH。

通过地址范围可以看出，每个芯片占用了 16 KB 的地址空间，而每个芯片实际的容量是 8 KB，原因是地址线 P2.5 没有参与译码，这种部分译码方式也存在地址空间浪费的情况。在这种情况下，地址 0000H 和 2000H 指向的是同一数据存储器单元，其余类似。

(3) 全译码法：如果把译码器换成 74LS138，则 P2.5(A13)也参与了译码，这种全译码(所有剩余高地址线都参与译码)方式不存在地址空间浪费，如图 7-12(c)所示。使用 $\overline{Y0}$、$\overline{Y1}$ 和 $\overline{Y2}$ 作片选信号，则三片 6264 芯片的地址范围如下：

6264(1)：0000 0000 0000 0000B～0001 1111 1111 1111B，0000H～1FFFH。

6264(2)：0010 0000 0000 0000B～0011 1111 1111 1111B，2000H～3FFFH。

6264(3)：0100 0000 0000 0000B～0101 1111 1111 1111B，4000H～5FFFH。

注意：在扩展单片数据存储器时，存储器片选端能否直接接地，还需考虑应用系统中有无 I/O 口及外围设备扩展，如果有，则要用剩余高地址线通过译码统一进行片选选择，而 8031 因无片内 ROM，还要同时进行外部程序存储器扩展。

7.4　并行 I/O 口的扩展

在计算机应用系统中，因系统扩展外部存储器而占用 P2 口和 P0 口，而 P3 口又被作为第二功能使用时，留给用户的只有 P1 口，这时不可避免地要进行 I/O 口的扩展，以更有效地与外部设备相连接。

由于 MCS-51 单片机的外部 RAM 和 I/O 口是统一编址的，因此用户可以把单片机的外部 64 KB RAM 空间的一部分作为扩展 I/O 的地址空间。这样，单片机就可以像访问外部 RAM 存储器那样访问外部接口芯片，对其端口进行读/写操作。

最常用的 I/O 扩展芯片有 8255(3×8 并行口)、8243(4×4 并行口)等专用接口芯片，8155(2

个 8 位并行口，1 个 6 位并行口，256B 静态 RAM，1 个 14 位定时器/计数器)、8755(2 个 8 位并行口，2 K×8 bit EPROM)等复合接口芯片以及如 74LS373、74LS165 等 TTL 电路芯片。

7.4.1　简单 I/O 扩展

图 7-13 所示是一个采用缓冲器 74LS244 作为扩展输入、锁存器 74LS273 作为扩展输出的简单 I/O 扩展应用。

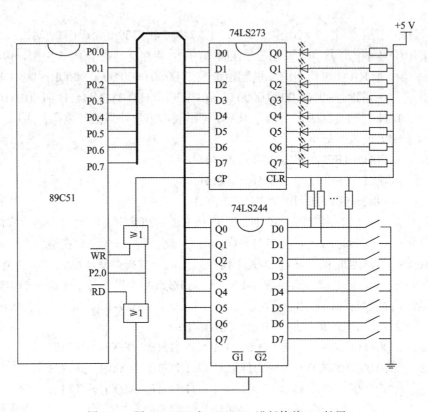

图 7-13　用 74LS273 和 74LS244 进行简单 I/O 扩展

其中，74LS244 是 8 路缓冲线驱动器(三态输出)。它将 8 个三态线驱动器分成两组，分别由低电平有效的 $\overline{G1}$、$\overline{G2}$ 控制，当两者中出现高电平时，有关输出为三态。74LS273 是 8D 触发器，其中 $\overline{CLR}$ 为低电平有效的清除端，当 $\overline{CLR}$ =0 时，输出全为 0 且与其他输入端无关。

P0 口作为双向 8 位数据线，既能够从 74LS244 输入数据，又能够从 74LS273 输出数据。

输入控制信号由 P2.0 和 $\overline{RD}$ 相"或"后形成。当二者都为 0 时，74LS244 的控制端 $\overline{G1}$、$\overline{G2}$ 有效，选通 74LS244，则外部的输入信息(从 D0～D7 引脚输入)就能从 Q0～Q7 输出。

输出控制信号由 P2.0 和 $\overline{WR}$ 相"或"后形成。当二者都为 0 时，74LS273 的控制端 CP 有效，选通 74LS273，则从 D0～D7 引脚输入的数据就能锁存到 74LS273 的输出端。

【例 7-3】如图 7-13 所示，编写一段程序，功能是按下任意键，使对应的 LED 发光。

分析：当 74LS244 选通时，与 74LS244 相连的按控信息将会从 D0～D7 引脚输入，并从 Q0～Q7 输出，再输入到 P0 口的数据总线上。

当 74LS273 选通时,从 P0 口输出的数据将被锁存到 74LS273 的输出端,控制 Q0~Q7 引脚上接的发光二极管。

因为 74LS244 和 74LS273 都是在 P2.0 为 0 时被选通的,所以二者的口地址都可以是 FEFFH(不是唯一的,只要保证 P2.0=0)。但由于分别由 $\overline{RD}$ 和 $\overline{WR}$ 控制,这两个信号分别是在执行片外 RAM 的读写指令时产生的,因此,两者不可能同时有效,所以在逻辑上,输入和输出不会产生冲突。

参考程序:

```
#include <reg51.h>              //51 系列单片机头文件
#include <absacc.h>             //定义地址需要的头文件
#define  uchar  unsigned  char  //宏定义
#define  addr_IC XBYTE[0x0feff]  //定义外部芯片的地址
void     main( )                //主函数
{
    uchar temp;                 //定义一个临时变量
    while(1)
    {
        temp=addr_IC;
        addr_IC=temp;
    }
}
```

7.4.2　LED 数码管显示接口

显示器是最常用的输出设备,在单片机应用系统中,常用发光二极管和数码管作为显示器显示信息。由于数码管结构简单、价格便宜、接口容易,在单片机系统中被大量使用。

1. LED 数码管显示器的结构

LED 数码管显示器的结构如图 7-14 所示。LED 数码管显示器内部由 8 个发光二极管组成。其中 7 个长条形的发光二极管排列成"日"字形,另一个圆点形状的发光二极管在显示器的右下角,用于显示小数点。当二极管导通时,相应的笔画段发亮。因此,只要分别控制各笔画段的发光二极管,使其中的某些发亮,就可以显示各种不同的字符。

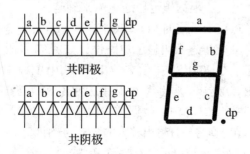

图 7-14　LED 数码管显示器的显示结构

LED 数码管显示器的内部结构有两种:

(1) 共阳极结构：8 个发光二极管的阳极全部连接在一起组成公共端，8 个发光二极管的阴极单独引出，当公共端接高电平时，只要相应的阴极出现低电平，对应的发光二极管就会发亮。

(2) 共阴极结构：8 个发光二极管的阴极全部连接在一起组成公共端，8 个发光二极管的阳极单独引出，当公共端接低电平时，只要相应的阳极出现高电平，对应的发光二极管就会发亮。

无论是共阴极还是共阳极结构的 LED 数码管显示器，它们排列成"日"字形的各笔画段的安排顺序都是相同的，如图 7-14 所示的"a、b、c、d、e、f、g、dp"。

2. LED 数码管的驱动方法

在单片机应用系统中，LED 数码管显示器的显示方法有两种：**静态显示法和动态扫描显示法**。

1) 静态显示法

图 7-15 所示为一个 4 位的 LED 数码管静态显示器电路。

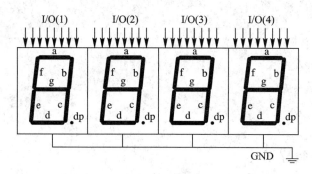

图 7-15　4 位 LED 数码管静态显示电路

所谓静态显示，就是当显示器显示某一个字符时，相应的发光二极管恒定地导通或截止。例如，七段显示器的 a、b、c、d、e、f 导通，g 截止，则显示 0。这种显示方式，每一位都需要有一个 8 位输出口控制，所以占用硬件多，一般用于显示器位数较少(很少)的场合。

在静态显示电路中，由于 I/O 口只要有段码输出，相应字符就会显示出来，并保持不变，直到 I/O 输出新的段码，因此，为防止烧坏 LED，一般要在 LED 的 8 个发光二极管的各引出端接限流电阻，阻值大小根据额定导通电流来确定。

当位数较多时，用静态显示所需的 I/O 口太多，一般采用动态显示方法。

用 74LS164 扩展两个 8 位静态数码显示电路设计如图 7-16 所示。单片机的串行口工作在方式 0，即移位寄存器方式，74LS164 是 8 位串入/并出的移位寄存器。显示数据时，串行数据由单片机的 P3.0(RxD)送出，同步移位时钟脉冲由 P3.1(TxD)送出。在移位时钟脉冲的作用下，串行口发送缓冲器 SBUF 中的数据按先后顺序逐位移入 74LS164 移位寄存器中，于是两片 74LS164 的并行输出口将并行输出移入的数据，分别驱动两个 LED 数码管显示数据。

【例 7-4】 试将字符数组 tempchar 中的两个单 BCD 码通过 74LS164 并行输出并显示到两位 LED 数码管，如图 7-16 所示。假设 LED 数码管是共阳的。

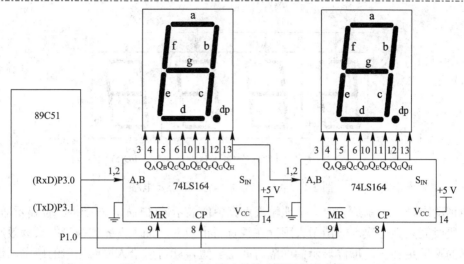

图 7-16　74LS164 驱动的静态数码显示电路

参考程序：

```
#include <reg51.h>              //51 系列单片机头文件
#define  uchar  unsigned  char  //宏定义
#define  uint  unsigned  int    //宏定义
sbit     MR=P1^0;
uchar    code   seg[ ]={0xc0, 0xf9, 0xa4, 0xb0, 0x99, 0x92, 0x82, 0xf8, 0x80, 0x90};
                                /*0~9 对应的字形码*/
uchar    tempchar[ ]={0x06，0x08};
void     main( )                //主函数
{
    uint   i;
    SCON=0x00;                  //串行口方式 0 初始化
    MR=1;                       //选通 74LS164
    for(i=0; i<2; i++)
    {
        SBUF=seg[tempchar[i]];
        while(!TI);
        TI=0;
    }
    while(1);
}
```

2）动态扫描显示法

在多位 LED 数码管显示时，为了简化电路，降低成本，一般采用动态扫描显示方式。动态扫描显示是单片机应用系统中最常用的显示方式之一。图 7-17 是一个 4 位 LED 数码管动态显示电路。

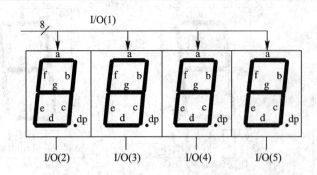

图 7-17　4 位 LED 数码管动态显示电路

所谓动态显示，就是一位一位地轮流点亮各位显示器(扫描)，对于每一位显示器来说，每隔一段时间点亮一次，但由于人眼存在视觉暂留效应，加上发光二极管的余辉效应，只要扫描的速度足够快，每位显示的间隔时间足够短，就可以给人同时显示的感觉，而不会有闪烁感，调整电流和显示时间间隔，可实现亮度较高且稳定的显示。

在动态显示电路中，所有 LED 数码管显示器的 8 个笔画段的各段同名端互相连接起来，并把它接到输出 I/O(1)口上(称为数据口，8 位)。这样 I/O 上输出的字形码会同时到达每个 LED 数码管的 "dp、g、f、e、d、c、b、a"。为了防止各显示器显示同样的数字，各个显示器应该轮流显示，在某一时刻只能是其中的一个数码管点亮。因此每个数码管的 COM 端还要受到另一信号的控制，方法是将 COM 端接到另外一个 I/O 输出口(称为扫描口，位数与显示器位数相等)上，某一个时刻只让其中的一个 COM 端出现低电平或高电平。

在 MCS-51 单片机应用系统中，若无需扩展外部存储器等部件，可直接用单片机自带的 I/O 口来构建数码管动态显示系统。若外部扩展占用了 I/O 资源，可以采用 8155、8255 等芯片扩展 I/O 口，构建数码管动态显示系统。

【例 7-5】　图 7-18 为利用单片机 P2 口和 P1 口构成的 LED 数码管动态显示的电路，共有 6 个共阳极 LED 数码管显示器，P2 口为字段口，输出字形码，P2.0～P2.7 分别与 "a、b、c、d、e、f、g、dp" 对应相连，P1 口为字位口，输出位码。编写程序，使图 7-18 的动态扫描显示电路从左到右显示 1、2、3、4、5、6 共六个字符。设晶振频率为 12 MHz。

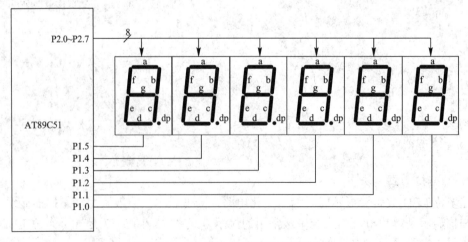

图 7-18　6 位 LED 数码管动态显示电路

分析：在第一时刻从 P2 口输出 1 的字形码，从 P1 口输出 00100000B(20H)，使最左边的数码管点亮；延时一段时间后，从 P2 口输出 2 的字形码，从 P1 口输出 00010000B(10H)，使左边第二个数码管点亮；依次循环．最后从 P2 口输出 6 的字形码，从 P1 口输出 0000001B(01H)，使最右边的数码管点亮；再回过头从左边第一个开始。

获取字形码采用查表方式，将字形码以表格的形式按顺序存储到 ROM 当中。

参考程序 1：

```
#include  <reg51.h>              //51 系列单片机头文件
#include  <intrins.h>            //包含_cror_函数所在的头文件
#define  uchar  unsigned char    //宏定义
#define  uint  unsigned int      //宏定义
uchar    code    seg[ ]={0x0f9, 0x0a4, 0x0b0, 0x99, 0x92, 0x82}; //1~6 对应的字形码
void delaynms(uint n)
{
    uint i, j;
    for(i=0; i<n; i++)
      for(j=0; j<125; j++);
}
void      main( )                //主函数
{
    uint  i;
    uchar  len, bitOffset;
    while(1)
    {
        len=0x06;                //程序循环计数器，6 个字符一循环
        bitOffset=0x20;          //位码，首先令 P1.5=1，然后依次移位
        for(i=0; i<len i++)
        {
            P2=seg[i];
            P1=bitOffset;
            bitOffset=_cror_(bitOffset, 1);    //右环移一次
            delaynms(10);
        }
    }
}
```

对于动态扫描显示而言，由于各数码管大部分时间不亮，只有一小部分时间亮，因此在设计实际的硬件电路时，并不一定需要加限流电阻，可以将单片机输出段码的 I/O 直接接到 LED 数码管的 8 个发光二极管的各引出端。

采用动态扫描显示方式比较节省 I/O 口，硬件电路也较简单，但其亮度不如静态显示方式。而且在显示位数较多时，CPU 要依次扫描，占用 CPU 较多的时间。我们已经知道，

一旦程序使用软件延时，在 CPU 执行延时程序的时候，就不能做其他的事情，这样势必会降低 CPU 的效率。在实际应用中，当然不可能只显示几个数字，还要做其他的事情。这时，我们可以借助定时器。定时时间一到，产生中断，更换一个数码管点亮，然后立刻返回；此次点亮的数码管就会一直亮到下一次定时时间到。这段时间内不执行延时程序，可以留给主程序做其他的事。到下一次定时时间到，则点亮下一个数码管。

参考程序 2(采用定时器中断方法)：

```c
#include  <reg51.h>                //51 系列单片机头文件
#include  <intrins.h>              //包含_cror_函数所在的头文件
#define  uchar  unsigned char      //宏定义
#define  uint   unsigned int       //宏定义
uchar    code   seg[ ]={0x0f9, 0x0a4, 0x0b0, 0x99, 0x92, 0x82};   //1～6 对应的字形码
uchar   len, bitOffset;
uint i;
void     main( )                   //主函数
{
    TMOD=0x01;
    TL0=0x3c;                      //定时 2.5 ms 的初值
    TH0=0xf6;
    ET0=1;
    EA=1;
    TR0=1;
    i=0;                           //字偏移
    len=0x06;                      //程序循环计数器，6 个字符一循环
    bitOffset=0x20;                //位码，首先令 P1.5=1，然后依次移位
    while(1);
}
void     timer0( ) interrupt 1
{
    P2=seg[i];
    i++;
    P1=bitOffset;
    bitOffset=_cror_(bitOffset, 1);   //右环移一次
    if(i>=6)
    {
        i=0;
        len=0x06;
        bitOffset=0x20;
    }
    TL0=0x3c;
```

```
        TH0=0xf6;
}
```

7.4.3　键盘接口

在单片机应用系统中，为了控制系统的工作状态，以及向系统输入数据，应用系统应设有按键或键盘。键盘按接口形式可以分为独立连接式和行列(矩阵)式两类，按结构形式可分为编码键盘和非编码键盘。

编码键盘除了按键以外，还包括产生编码的硬件芯片(如：8279)；非编码键盘靠软件来识别键盘上的闭合键，由此得出键值，在单片机应用系统中被普遍采用。

1．非编码键盘的设计原理

非编码键盘的设计必须解决以下问题：

(1) 判定是否有键按下。

(2) 若有键按下，判定是哪个键按下，确定被按键的"键值"。

(3) 除抖动。按键从最初的按下到接触稳定要经过数毫秒的抖动时间，键松开时也有同样的问题，如图 7-19 所示。抖动会引起一次按键多次读数，实际使用时必须避免。可以用硬件或软件方法来消除抖动。通常，键数较少时，采用硬件消除抖动，如用 RS 触发器消除抖动(见图 7-20)；键数多时，常用软件消除抖动。当检出键按下后执行一个延时子程序产生数毫秒的延时，使前沿抖动消失后再检验键的闭合；当发现键松开后，也要经数毫秒的延时，待抖动消失后再检验下一次键的闭合。

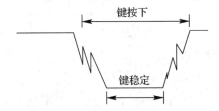

图 7-19　键闭合及断开时的电压抖动

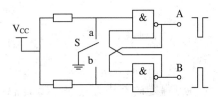

图 7-20　由 RS 触发器构成的去抖电路

(4) 准确得出按键值(或键号)，以满足跳转指令要求。键盘上的每个键都应有一个键值，CPU 将根据它来执行相应的功能程序。

(5) 同一按键长时间持续按下。在一般情况下，无论一次按键的时间有多长，系统仅执行一次按键功能程序，但是很多智能仪表的数据修改键恰好充分利用这一特点，来增加数据的修改速度。

(6) 处理同时按键。由于硬件条件限制，系统可以用多个按键的组合键实现不同功能，若没有组合键功能，也可采用对按键位的查询顺序来确定哪个按键有效。

2．单片机对非编码键盘的控制方式

单片机获取按键状态有三种方式：程序查询方式、定时扫描方式和中断扫描方式。

1) 程序查询方式

采用程序查询方式将使 CPU 时刻处于键盘检测状态，不能做其他的事情。对于单片机应用系统，键盘处理往往只是 CPU 工作的一部分，所以此种方式效率低下。

2) 定时扫描方式

单片机对键盘的扫描也可以采用定时扫描方式，即每隔一定的时间对键盘扫描一次。在这种扫描方式中，通常利用单片机的定时器，产生 10 ms 的定时中断，CPU 响应定时器溢出中断请求，调用键盘扫描子程序，以响应键盘输入请求。键盘扫描子程序的流程图如图 7-21 所示，其中 KM 为除抖动标志位。需要说明的是，键按下或键抬起都会执行按键处理程序，所以我们还需在按键处理程序前识别按键是按下还是抬起，以便执行不同的程序来分别处理。

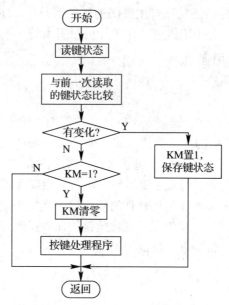

图 7-21   键盘扫描子程序流程图

3) 中断扫描方式

在键盘定时扫描方式中，CPU 总要定时扫描，若此时定时中断程序仅仅是进行键盘扫描，则在大多数情况下，CPU 对键盘是空扫描。为提高 CPU 的效率，可以采用中断扫描方式。当键盘有键闭合时，产生中断请求，CPU 响应中断，执行服务程序，判断键号，做相应处理。

3. 独立式按键接口电路

独立式按键是指直接用 I/O 口线构成单个按键电路。每个独立式按键单独占用一位 I/O 口线。独立式按键电路如图 7-22 所示。

独立式按键电路配置灵活，软件结构简单。但由于每个按键必须单独占用一根 I/O 口线，在按键数量较多时，I/O 口线浪费较大。如果应用系统中的键较少，就可采用独立式的键盘接口电路。

【例 7-6】 根据图 7-22 所示的独立式按键电路，编写查询方式的按键扫描函数 keyScan，Kn(n=1～4)闭合时，返回 n，否则返回 0。

分析：Kn(n=1～4)闭合时，对应输入引脚为低电平；释放时，对应输入引脚为高电平。

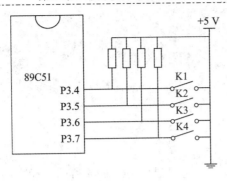

图 7-22 独立式按键电路

参考程序：

```c
//按键扫描函数，返回扫描键值
#include <reg51.h>            //51 系列单片机头文件
#define  uchar unsigned  char   //宏定义
#define  uint unsigned  int     //宏定义
#define  keyPort P3
void delaynms(uint n)
{
    uint  i, j;
    for(i=0; i<n; i++)
      for(j=0; j<125; j++);
}
uchar  keyScan( )
{
    uchar keyval;
    if((keyPort &0xf0)!=0xf0)
    {
        delaynms(10);
        if((keyPort &0xf0)!=0xf0)
        {
            keyval=keyPort &0xf0;
            while((keyPort &0xf0)!=0xf0);
            switch(keyval)
            {
                case 0xe0: return 1; break;
                case 0xd0: return 2; break;
                case 0xb0: return 3; break;
                case 0x70: return 4; break;
                default: return 0; break;
```

```
                    }
                }
            }
        return 0;
    }
```

4．矩阵式键盘

1) 矩阵式键盘的结构

在键盘中按键数量较多时，为了减少 I/O 口的占用，通常将按键排列成矩阵形式，如图 7-23 所示。在矩阵式键盘中，每条水平线和垂直线在交叉处通过一个按键加以连接。这样，一个 8 位并行端口(如 P3 口)最多可以构成 $4 \times 4 = 16$ 个按键，比直接将端口线用于键盘多出了一倍，而且线数越多，区别越明显，比如，再多加一条线就可以构成 20 键的键盘，而直接用端口线则只能多出一键(9 键)。

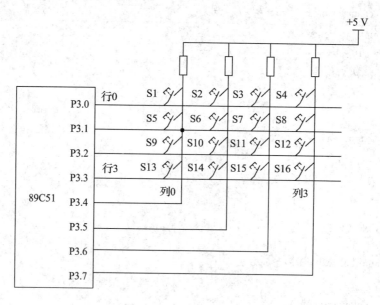

图 7-23　矩阵式按键电路

2) 矩阵式键盘工作原理及按键的识别

矩阵式键盘的识别比独立式要复杂一些。在图 7-23 中，行线和列线所接的 I/O 口分别作为输入端和输出端。这样，当按键没有按下时，所有的输入端都是高电平，代表无键按下。当某输出是低电平，一旦有键按下，则输入线就会被拉低，这样，通过读入输入端的状态即可知是否有键按下。识别按键的方法很多，其中最常用的是扫描法。

在图 7-23 中，列线通过电阻接正电源，并将行线所接的 I/O 口作为输出端，列线所接的 I/O 口作为输入端。这样，任何按键都没有按下时，所有的列输入端都是高电平。当所有的行线都处于高电平时，按键按下与否不会影响列线电平的变化，因此，必须使行线处于低电平，只有这样，当有键按下时，该键所在的列电平才会由高电平变为低电平，CPU 根据列线电平的变化，便能判断相应的列是否有键按下。以图 7-23 中 4×4 键盘的 S5 号键的识别为例来说明，当 S5 键按下后，与此键相连的行线和列线导通，列 0 肯定是低电平。

然而列 0 为低电平时能否肯定仅是 S5 键按下呢？当然不行，因为 S1、S9、S13 号键按下也同样可能会使列 0 为低电平。

为进一步确定具体键，不能使所有的行线在同一时刻都处于低电平。当某一行线输出是低电平时，比如行 1 处于低电平且行 0、2、3 处于高电平时，我们扫描的是 S5、S6、S7、S8 四个键是否按下，如 S5 键按下，则列 0 输入为低，如 S8 键按下，则列 3 输入为低。这样，通过读入列输入线(列 0)的状态并结合行输出线的状态(行 1)就可得知 S5 键是否按下。以此类推，其他键是否按下，也可以通过这个方法确定。

所以，在某一时刻只能使 1 条行线处于低电平，其余行线都处于高电平；另一时刻，让下一行处于低电平，依次循环。这种方式成为键盘扫描。假设我们只考虑按键按下时有效(有些场合按键抬起时也要求系统能完成一定功能)，那么一个完整的键盘扫描程序应包括以下内容：

① 检测当前是否有键按下。方法是输出全 0 信号到所有的行线上，然后读所有列线的状态。当所有列线不全为 1 时，表明有键闭合；否则表明无键闭合，继续等待。

② 当有键闭合时，可以采用硬件措施或调用软件延时程序消除抖动。

③ 在确认键已稳定闭合后，需要进一步判断是哪一个键闭合。方法是对键盘进行扫描，就是依次给每一条行线送出 0 信号，其余各行线均为 1，并相继检测每一次扫描时所对应的列状态。若各列全为 1，则表示为 0 的这一行上没有键闭合；否则为 0 的这一行上有键闭合，且闭合键所在的列就是列状态为 0 的列。

④ 判断闭合键是否释放，如没释放，则继续等待。

⑤ 用查表法或计算法得到键值，然后转向相应的处理程序。

键盘扫描也可以采用扫描列线判断行线的方法。

【例 7-7】 如图 7-23 所示矩阵式键盘，编写查询方式的按键扫描函数 keyScan，S1～S16 键闭合时，返回键值为 0～15，否则返回 FFH。

参考程序：

```
#include <reg51.h>              //51 系列单片机头文件
#define  uchar  unsigned  char  //宏定义
#define  uint  unsigned  int    //宏定义
#define  keyPort P3
void delaynms(uint n)
{
    uint  i, j;
    for(i=0; i<n; i++)
      for(j=0; j<125; j++);
}
//按键扫描函数，返回扫描键值
uchar keyScan(void)                    //键盘扫描函数，使用行列逐级扫描法
{
    uint i, j;
    uchar num_h=0xfe;                  //行扫描
```

```
        uchar num_l;                            //列扫描
        keyPort=0xf0;                           //高 4 位置高，低 4 位拉低
        if((keyPort&0xf0)!=0xf0)                //表示有按键按下
        {
            delaynms(10);                       //去抖
            if((keyPort&0xf0)!=0xf0)
            {
                for( i=0; i<4; i++)
                {
                    keyPort=num_h;              //输出行扫描值
                    num_l=0x10;                 //准备列扫描
                    if((keyPort&0xf0)!=0xf0)    //有键按下
                    {
                        for(j=0; j<4; j++)
                        {
                            if((keyPort&num_l)==0)
                            {
                                return i*4+j;   //返回键值
                            }
                            else
                            {
                                num_l=num_l<<1;
                            }
                        }
                    }
                    else
                    {
                        num_h=(num_h<<1)|0x01;  //行扫描左移，准备扫描下一行
                    }
                }
            }
        }
        return 0xff;
    }
```

【例 7-8】　设图 7-23 中 16 个按键对应的处理程序为 WORK0～WORK15，编写键值处理函数 keyPro，利用例 7-7 获得的键值，执行相应的程序。

参考程序：

```
//键值处理函数，返回扫键值
void keyPro( )
```

```
{
    switch(keyScan())
    {
        case 0: WORK0(); break;
        case 1: WORK1(); break;
        case 2: WORK2(); break;
        case 3: WORK3(); break;
        ................
        case 14: WORK14(); break;
        case 15: WORK15(); break;
        default: ;break;
    }
}
```

7.5　A/D、D/A 转换器及应用

在单片机应用系统中，常常需要把检测到的连续变化的模拟信号(如流量、温度、压力、液位等)转换成数字信号，才能送入到单片机中进行各种处理。单片机对这些从外部获取的各种数据进行处理后，再将这些数字量转换成模拟量，并输出到外部对被控对象进行控制。将模拟信号转换成数字信号的过程称为 A/D 转换，将数字信号转换成模拟信号的过程称为 D/A 转换，A/D、D/A 转换器件与单片机之间进行信息交换主要采用并行和串行两种方式，本节主要介绍并行数据交换方式。

7.5.1　A/D 转换器

随着单片机技术的不断发展，有许多新一代的单片机已经在片内集成了多路 A/D 转换通道和 PWM 输出，这大大简化了电路和编程工作，但这类 CPU 芯片大多价格较贵。本节主要介绍 CPU 芯片内无 A/D 转换电路的 MCS-51 单片机与 A/D 转换芯片的接口技术。

1．A/D 转换器的主要技术指标

1) 量化误差与分辨率

分辨率反映 A/D 转换器所能分辨的被测量的最小值，通常以输出二进制位数或 BCD 码值数表示。位数越多，量化分层越细，分辨率就越高。例如，一个 A/D 转换器为 8 位，则其分辨率为满刻度电压的 $1/2^8$，该 A/D 转换器能分辨的最小电压值为 $5/2^8 = 20$ mV；若 A/D 转换器为 10 位，则该 A/D 转换器能分辨的最小电压值为 $5/2^{10} = 4.9$ mV。

为将模拟信号转换为数字量，在 A/D 转换过程中，还必须将取样/保持电路的输出电压按某种近似方式归化到相应的离散电平上，这一转化过程称为数值量化，简称量化。量化过程中所取最小数量单位称为量化单位，用 Δ 表示，记为 1LSB(Least Significant Bit)。在量化过程中，由于取样电压不一定能被 Δ 整除，所以量化前后不可避免地存在误差，此误差称为量化误差。对于四舍五入量化方式，最大量化误差理论上为±1/2LSB。

2) 转换精度

A/D 转换器的转换精度反映了一个实际 A/D 转换器在量化值上与一个理想 A/D 转换器进行 A/D 转换的差值，可表示成相对误差和绝对误差。常用数字量的位数作为度量绝对精度的单位，如精度为±1/2LSB，而用百分比来表示满量程时的相对误差，如±0.05%。

注意，精度和分辨率是两个不同的概念。精度指的是转换后所得结果相对于实际值的准确度，而分辨率指的是能对转换结果发生影响的最小输入量。分辨率很高的 A/D 转换器可能由于温度漂移、线性不良等原因而并不具有很高的精度。

3) 转换时间和转换速度

A/D 转换器完成一次转换所需要的时间称为 A/D 转换时间，转换速度是转换时间的倒数。

2．A/D 转换器的选择

1) 精度及分辨率的选择

用户提出的数据采集精度是综合精度，可分为传感器精度、信号调节电路精度和 A/D 转换精度。应将综合精度在各个环节上进行分配，以确定 A/D 转换器的精度要求，再根据它来确定 A/D 转换器的位数。

2) 转换速度的选择

有的系统有实时性要求。对于快速信号的采集，有时找不到高速的 A/D 转换芯片，应考虑采用采样/保持电路。

3) 转换器输出状态的选择

A/D 转换器输出状态的选择包括以下内容：是并行输出还是串行输出，是二进制码输出还是 BCD 码输出，是用外部时钟、内部时钟还是不用时钟，有无转换结束状态信号，与TTL、CMOS 电路的兼容性等。

4) 工作温度范围

由于温度会对 A/D 转换器内部运算放大器和加权电阻网络等产生影响，所以只有在一定的温度范围内才能保证额定精度指标。较好的转换器件的工作温度为−40～85℃，较差者为 0～70℃。

3．A/D 转换器的种类

A/D 转换器的种类很多，目前最常用的是逐次逼近式 A/D 转换器和双积分式 A/D 转换器。

1) 逐次逼近式 A/D 转换器

逐次逼近式 A/D 转换器是目前种类最多、数量最大、应用最广的 A/D 转换器件。逐次逼近式 A/D 转换器中有一个逐次逼近寄存器 SAR，数字量是由它产生的。SAR 使用对分搜索法产生数字量，以 8 位数字量为例，SAR 首先产生 8 位数字量的一半，即 10000000B，试探模拟量 U_i 的大小。若 $U_o>U_i$，则清除最高位；反之，则保留最高位。在最高位确认后，SAR 又以对分搜索法确定次高位，即以 7 位数字量的一半 y1000000B(y 由前面的过程已确认)试探模拟量 U_i 的大小。依此类推，直到确定了 bit0 为止，转换结束。

2) 双积分式 A/D 转换器

双积分式 A/D 转换器的基本原理是对输入模拟电压和参考电压分别进行两次积分，将输入电压平均值变成与之成正比的时间间隔，然后利用时钟脉冲和计数器测出此时间间隔，进而得到相应的数字量输出。由于该转换电路是对输入电压的平均值进行变换，所以它具有很强的抗工频干扰能力，但双积分式 A/D 转换器转换时间较长，在一些非快速过程的数字测量中得到广泛应用。

4．ADC0809 芯片的工作原理

ADC0809 是采样分辨率为 8 位的、以逐次逼近原理进行模/数转换的器件。其内部有一个 8 通道多路开关，它可以根据地址码锁存译码后的信号，选通 8 路模拟输入信号中的一路进行 A/D 转换。

1) ADC0809 芯片的主要特性

ADC0809 芯片的主要特性如下：

(1) 8 路输入通道，8 位 A/D 转换器，即分辨率为 8 位。

(2) 具有转换启停控制端和转换结束信号输出端。

(3) 输入/输出与 TTL 电平兼容。

(4) 转换时间为 128 μs(与 CLK 引脚外接时钟信号有关)。

(5) 单个+5 V 电源供电，模拟输入电压范围 0～+5 V，不需零点和满刻度校准。

(6) 工作温度范围为−40～+85℃。

(7) 功耗低，约 15 mW。

2) ADC0809 芯片的内部结构

ADC0809 芯片的内部逻辑结构如图 7-24 所示，其内部有一个 8 通道多路开关，允许 8 路模拟量分时输入，共用一个 A/D 转换器进行转换。通道地址锁存和译码电路对 ADDA、ADDB、ADDC 三个地址信号进行锁存和译码，其输出用于通道选择。当选中某路并启动 A/D 转换时，该路模拟信号进行 A/D 转换，当 OE 有效时，便可输出转换结果。

3) ADC0809 芯片的引脚功能

ADC0809 芯片有 28 条引脚，采用双列直插式封装，如图 7-25 所示。

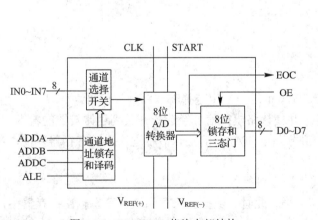

图 7-24　ADC0809 芯片内部结构

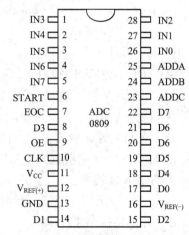

图 7-25　ADC0809 引脚图

IN0～IN7：8 路模拟量输入端。在多路开关控制下，任一瞬间只能有一路模拟量经相应通道输入到 A/D 转换器中的比较放大器。

D0～D7：8 位数字量输出端，可直接接入单片机的数据总线。

ADDA、ADDB、ADDC：3 位地址输入线，用于选通 8 路模拟输入中的某一路。这 3 位地址与通道的对应关系见表 7-2。

表 7-2　通道选择表

ADDC	ADDB	ADDA	选择的通道
0	0	0	IN0
0	0	1	IN1
0	1	0	IN2
0	1	1	IN3
1	0	0	IN4
1	0	1	IN5
1	1	0	IN6
1	1	1	IN7

ALE：地址锁存允许信号，该信号的上升沿，可将地址选择信号 ADDA、ADDB、ADDC 锁入地址寄存器内。

START：A/D 转换启动信号。在 START 信号的上升沿，将逐次逼近寄存器复位；在 START 信号的下降沿时，开始进行 A/D 转换；在转换过程中，START 保持低电平。

EOC：A/D 转换结束信号，输出。EOC=0，表示正在转换(转换期间一直为低电平)；EOC=1，表明 A/D 转换结束。该信号既可作为查询的状态标志，又可以作为中断请求信号使用。

OE：数据输出允许信号，输入，高电平有效。用于控制三态输出锁存器向单片机输出转换得到的数字量。OE=0，输出数据线呈高阻态；OE=1，才能打开三态输出锁存器。

CLK：外部时钟脉冲输入端。ADC0809 芯片内部没有时钟电路，故所需时钟信号由外界提供。CLK 的频率决定了 A/D 转换器的转换速度，ADC0809 的频率不能高于 640kHz。

$V_{REF(+)}$ 和 $V_{REF(-)}$：A/D 转换器的参考电压输入线，一般与本机电源和地相连。

Vcc：+5 V 电源。

GND：地。

4) ADC0809 芯片的工作过程

ADC0809 芯片的工作过程如下：

(1) 确定 ADDA、ADDB、ADDC 3 位地址，决定选择哪一路模拟信号。

(2) 使 ALE 端接收一正脉冲信号，并使该路模拟信号经选择开关到达比较器的输入端。

(3) 使 START 端接收一正脉冲信号，在 START 的上升沿将逐次逼近寄存器复位，在下降沿启动 A/D 转换。

(4) EOC 输出信号变低，指示转换正在进行。

(5) A/D 转换结束，EOC 变为高电平。此时，数据已保存到 8 位三态输出锁存器中，CPU 可以通过使 OE 信号为高电平，打开 ADC0809 三态输出锁存器，由 ADC0809 输出的数字量传送到 CPU。

5) ADC0809 芯片与单片机的接口

图 7-26 所示为 ADC0809 芯片与单片机的一种接口方法。ADC0809 芯片与单片机接口时，应考虑以下问题：

(1) 8 路模拟通道选择。

一般来说，ADDA、ADDB、ADDC 分别接地址锁存器 74LS373 提供的低 3 位地址，若要选择某个通道，还需输出一个口地址来使 ALE 信号变为高电平，才能将三位地址写入 ADC0809 的通道地址锁存器并译码。图中 ALE 信号是由单片机的 P2.2、P2.1、P2.0 经过 3-8 译码器 74LS138 的输出 $\overline{Y5}$ 与 $\overline{WR}$ 信号"相或"后再经过反相器产生的。因此，ADC0809 的 8 路通道的地址可以确定为 0500H~0507H(P2.2、P2.1、P2.0=101)。

(2) START 信号的产生。

图 7-26 中 ADC0809 芯片的 START 引脚是和 ALE 引脚接在一起的，单片机的 P3.6($\overline{WR}$) 和 3-8 译码器 74LS138 的输出 $\overline{Y5}$"相或"后再经过反相接到 ADC0809 芯片的 START、ALE 引脚。因此，只要 $\overline{WR}$ 和 $\overline{Y5}$ 都为 0，反相器的输出信号就会出现高电平。在这个高电平的上升沿，将 ADDA、ADDB、ADDC 地址状态送入地址锁存器中；在下降沿，启动 ADC0809 芯片转换。

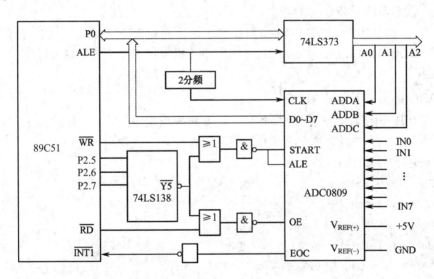

图 7-26　ADC0809 芯片与单片机接口

(3) 转换的 CLK 时钟的产生。

ADC0809 的转换频率不能高于 640 kHz。图 7-26 是将单片机的 ALE 引脚经过一个 2 分频电路接在 ADC0809 芯片的 CLK 引脚上的。如果单片机的 $f_{osc}=6$ MHz，则 ALE 信号的频率就是 $2 \times f_{osc}/12$，即 1 MHz，再经过 2 分频后，f=500 kHz，满足 ADC0809 芯片的时钟要求。

(4) 如何提供有效的 OE 信号。

图 7-26 是将 P3.7($\overline{RD}$)和 3-8 译码器 74LS138 的输出 $\overline{Y5}$"相或"后再经过反相器接到 ADC0809 芯片的 OE 引脚的。因此，只要 $\overline{RD}$ 和 $\overline{Y5}$ 都为 0，OE 引脚就会出现高电平，从而打开三态输出锁存器，A/D 转换的结果就会出现在 P0 口上，输入到单片机中。

(5) CPU 读取 A/D 转换器数据的方法。

① 查询方式。

直接用软件检测 EOC 的状态，EOC=1 表明 A/D 转换结束，然后进行数据传送。

优点：接口电路设计简单。

缺点：A/D 转换期间独占 CPU，致使 CPU 运行效率降低。

② 定时方式。

ADC0809 芯片的转换时间为 128 μs，我们可设计一个延时 150 μs 的函数(稍大于 128 μs)，A/D 转换启动后即调用这个函数，正常情况下延时时间一到，A/D 转换肯定已经完成，接着就可以进行数据传送。

优点：接口电路设计比查询方式简单，不必读取 EOC 的状态。

缺点：A/D 转换期间独占 CPU，致使 CPU 运行效率降低；另外还必须知道 A/D 转换器的转换时间。

③ 中断方式。

将转换完成的状态信号 EOC 经反相器连接到单片机的外部中断请求引脚。

优点：A/D 转换期间 CPU 可以处理其他的程序，提高了 CPU 的运行效率。

缺点：接口电路复杂。

图 7-26 是将 ADC0809 的 EOC 引脚经过一个反相器接在单片机的 $\overline{\text{INT1}}$ 引脚上的，转换结束后，EOC=1，经过反相后为 0，可以向单片机发出中断请求，也可以作为查询转换结束的标志。

5．ADC0809 芯片的应用举例

【例 7-9】在图 7-26 的基础上，设计一个 8 路模拟量输入的巡回检测系统。编写程序，分别采用查询方式和中断方式，将采样转换后的数据存放在数组 result 中。

参考程序(查询方式)：

```
#include  <reg51.h>              //51 系列单片机头文件
#include  <absacc.h>             //定义地址需要的头文件
#define   uchar  unsigned  char  //宏定义
#define   uint  unsigned  int    //宏定义
#define   addr_IC XBYTE[0x0500]  //定义外部芯片的地址
sbit   EOC=P3^3;
void      main( )                //主函数
{
    uint i;
    uchar result[8];            //定义一个字符数组
    uchar  temp;
    for(i=0; i<8; i++)
    {
        addr_IC=temp;
        while(EOC==1);
```

```
        result[i]=addr_IC;
    }
    while(1);
}
```

参考程序(中断方式):

```
#include  <reg51.h>              //51 系列单片机头文件
#include  <absacc.h>             //定义地址需要的头文件
#define   uchar unsigned char    //宏定义
#define   uint unsigned int      //宏定义
#define   addr_IC XBYTE[0x0500]  //定义外部芯片的地址
uchar     result[8];             //定义一个字符数组
uint      i=0;
void      main( )                //主函数
{
    uchar temp=0;
    EA=1;
    EX1=1;
    IT1=1;
    addr_IC=temp;                //启动一次 AD 转换
    while(1);
}
void      int1( )  interrupt 2  using 0    //外部中断 1 的中断服务函数
{
    result[i]=addr_IC;
    if(i>=8)
    {
        EA=0;
    }
    else
    {
        addr_IC=temp;            //启动一次 AD 转换
        i++;
    }
}
```

7.5.2　D/A 转换器

1. D/A 转换器概念

D/A 转换器(DAC)是一种将数字信号转换成模拟信号的器件,为计算机系统的数字信号和模拟环境的连续信号之间提供了一种接口。D/A 转换器的输出是由数字输入和参考源 V_{REF} 组合进行控制的。大多数常用的 D/A 转换器的数字输入是二进制码或 BCD 码,输出可以是电流或电压,但多数是电流。因而,在多数电路中,D/A 转换器的输出需要由运算放大器组成的电流/电压转换器将电流输出转换成电压输出。目前 DAC 除了可以使用并行方式与单片机连接外,还可使用 I^2C 总线和 SPI 串行方式与单片机连接。

1) D/A 转换原理

数字量是用代码按数位组合起来表示的,对于有权码,每位代码都有一定的权值。为了将数字量转换成模拟量,必须将每 1 位的代码按其权值的大小转换成相应的模拟量,然后将这些模拟量相加,即可得到与数字量成正比的总模拟量,从而实现了数字-模拟转换。这就是构成 D/A 转换器的基本思路。

在单片集成 D/A 转换器中,使用最多的是倒 T 形电阻网络 D/A 转换器。4 位($D_3 D_2 D_1 D_0$)倒 T 形电阻网络 D/A 转换器的原理图如图 7-27 所示。

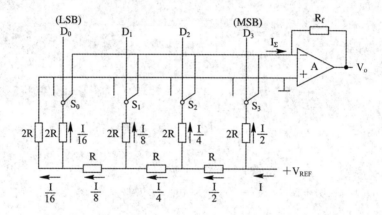

图 7-27　倒 T 形电阻网络 D/A 转换器

$S_0 \sim S_3$ 为模拟开关,R-2R 电阻解码网络呈倒 T 形,运算放大器 A 构成求和电路。S_i 由输入数码 D_i 控制。当 $D_i=1$ 时,S_i 接运放反相输入端("虚地"),I_i 流入求和电路;当 $D_i=0$ 时,S_i 将电阻 2R 接地。

无论模拟开关 S_i 处于何种位置,与 S_i 相连的 2R 电阻均等效接"地"(地或虚地)。这样流经 2R 电阻的电流与开关位置无关,为确定值。

分析 R-2R 电阻解码网络不难发现,从每个接点向左看的二端网络等效电阻均为 R,流入每个 2R 电阻的电流从高位到低位按 2 的整倍数递减。设由基准电压源提供的总电流为 I(I=V_{REF}/R),则流过各开关支路(从右到左)的电流分别为 I/2、I/4、I/8 和 I/16。

流过电阻 R_f 的电流为:

$$I_{\Sigma} = \frac{V_{REF}}{R} \times \left(\frac{D_0}{2^4} + \frac{D_1}{2^3} + \frac{D_2}{2^2} + \frac{D_3}{2^1} \right) = \frac{V_{REF}}{16R} \times \sum_{i=0}^{3} 2^i \times D_i \tag{7-1}$$

又 $V_o = -R_f \cdot I_{\Sigma}$,故输出电压为:

$$V_o = -R_f \cdot \frac{V_{REF}}{16R} \cdot \sum_{i=0}^{3} 2^i \cdot D_i \tag{7-2}$$

将输入数字量扩展到 n 位, 可得 n 位数字量倒 T 形电阻网络 D/A 转换器输出模拟量与输入数字量之间的一般关系式:

$$V_o = -\frac{R_f}{R} \cdot \frac{V_{REF}}{2^n} \cdot \sum_{i=0}^{n} 2^i \cdot D_i \tag{7-3}$$

2) D/A 转换芯片的主要性能指标

(1) 分辨率。

D/A 转换器的分辨率是指当输入数字是发生单位数码(1LSB)变化时, 所对应输出模拟量(电压或电流)的变化量。对于线性 D/A 转换器来说, 分辨率=模拟输出的满量程值/2^n(其中 n 为数字量位数)。在实际使用中, 常采用输入数字量的位数或最大输入码的个数来表示分辨率。例如, 8 位 D/A 转换器, 其分辨率为 8 位。显然, 位数越多, 分辨率就越高。

(2) 线性度。

D/A 转换器的线性度用非线性误差的大小来表示。非线性误差是指理想的输入/输出特性的偏差与满刻度输出之比的百分数。

(3) 精度。

D/A 转换器的精度是实际输出电压与理论输出电压相差程度的一个量度, 与 D/A 转换芯片的结构和接口配置的电路有关。一般来说, 当不考虑其他 D/A 转换误差时, D/A 转换的精度即为分辨率的大小。故要获得高精度的 D/A 转换结果, 首先要保证选择有足够分辨率的 D/A 转换器。但是 D/A 转换精度还与外电路的配置有关, 当外电路的器件或电源误差较大时, 会造成较大的 D/A 转换误差。当这些误差超过一定程度时, 会使增加 D/A 转换位数失去意义。

(4) 转换时间。

D/A 转换器的转换时间又称建立时间, 一般是指在输入的数字量发生变化后, 输出的模拟量稳定到相应数值范围内(稳定值±1/2LSB)所经历的时间。

(5) 标称满量程和实际满量程。

标称满量程(NFS)是指对应于数字量标称值 2^n 的模拟输出量。但实际数字量最大为 2^n-1, 要比标称值小 1 个 LSB。因此实际满量程(AFS)比标称满量程(NFS)小 1 个 LSB 增量, 即 AFS=NFS-1LSB 增量=$(2^n - 1)/2^n \times$ NFS。

2. DAC0832 芯片的工作原理及应用

1) DAC0832 的主要特性

DAC0832 是采用 CMOS/Si-Cr 工艺制成的双列直插式单片 8 位 D/A 转换器。它可直接与 MCS-51 单片机相连, 以电流形式输出; 当转换为电压输出时, 可外接运算放大器。其主要应用特性如下:

(1) 分辨率为 8 位, 建立时间为 1 μs, 功耗为 20 mW。

(2) DAC0832 芯片是与微处理器兼容的 D/A 转换器, 逻辑电平输入与 TTL 兼容, 芯片的许多控制引脚可以和微处理器的控制线直接相连, 接受微处理器控制。

(3) 数字输入端具有双重锁存控制功能, 可以双缓冲、单缓冲或直通数字输入, 实现多通道 D/A 的同步转换输出。

(4) 芯片内部没有参考电压, 必须外接参考电压电路。

(5) 该芯片为电流输出型 D/A 转换器，要获得模拟电压输出时，需外加转换电路。

2) DAC0832 的内部结构及外部引脚

DAC0832 由输入(数据)寄存器、DAC 寄存器和 D/A 转换器三大部分组成，如图 7-28 所示。

DAC0832 内部采用 R-2R 梯形电阻网络。输入寄存器和 DAC 寄存器用以实现两次缓冲，故在输出的同时，还可同时存一个数字，从而提高了转换速度。当多芯片同时工作时，可用同步信号实现各模拟量同时输出。

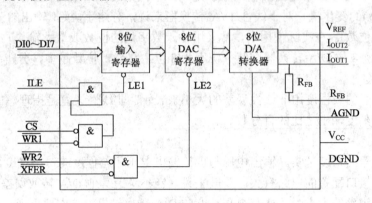

图 7-28　DAC0832 的内部结构

$\overline{CS}$：片选信号，低电平有效。与 ILE 相配合，可对写信号 $\overline{WR1}$ 是否有效起到控制作用。

ILE：允许输入锁存信号，高电平有效。输入寄存器的锁存信号 LE1 由 ILE、$\overline{CS}$、$\overline{WR1}$ 的逻辑组合产生。当输入寄存器的锁存信号为高电平时，输入寄存器与数据线上的状态一致，输入寄存器的锁存信号的负跳变将输入在数据线上的信息存入输入锁存器。

$\overline{WR1}$：写信号 1，低电平有效。当 $\overline{WR1}$、$\overline{CS}$、ILE 均有效时，可将数据写入 8 位输入寄存器。

$\overline{WR2}$：写信号 2，低电平有效。当 $\overline{WR2}$ 有效时，在 $\overline{XFER}$ 传送控制信号作用下，可将锁存在输入寄存器的 8 位数据送到 DAC 寄存器。

$\overline{XFER}$：数据传送信号，低电平有效。当 $\overline{WR2}$、$\overline{XFER}$ 均有效时，在 DAC 寄存器的锁存信号产生正脉冲，当 DAC 寄存器的锁存信号为高电平时，DAC 寄存器的输出和输入寄存器的状态一致，DAC 寄存器的锁存信号负跳变，输入寄存器的内容存入 DAC 寄存器。

V_{REF}：基准电源输入端。它与 DAC 内的 R-2R 梯形网络相接，V_{REF} 可在 ±10 V 范围内调节。

DI0~DI7：8 位数字量输入端，DI7 为最高位，DI0 为最低位。

I_{OUT1}：DAC 的电流输出 1。当 DAC 寄存器各位为 1 时，输出电流为最大；当 DAC 寄存器各位为 0 时，输出电流为 0。

I_{OUT2}：DAC 的电流输出 2。它使 I_{OUT1}+ I_{OUT2} 恒为一常数。

R_{FB}：反馈电阻。在 DAC0832 芯片内有一个反馈电阻，所以，R_{FB} 端可以直接接到外部运算放大器的输出端，相当于将反馈电阻接在运算放大器的输入端和输出端之间。

V_{cc}：电源输入线。

DGND：数字地。

AGND：模拟信号地。

3) DAC0832 的工作方式

用 DAC0832 芯片实现 D/A 转换有 3 种方法，即直通方式、单缓冲方式和双缓冲方式。

(1) 直通方式。

直通方式就是使 DAC0832 的两个寄存器均处于直通状态，因此要将 $\overline{CS}$、$\overline{WR1}$、$\overline{WR2}$ 和 $\overline{XFER}$ 端都接数字地，ILE 接高电平，数据直接送入 D/A 转换电路进行 D/A 转换。这种方式可用于一些不采用微机的控制系统中。

(2) 单缓冲方式。

单缓冲方式就是使 DAC0832 芯片的两个寄存器之一处于直通状态，另一个处于寄存器锁存状态。这时只需执行一次写操作，打开锁存的寄存器，即可使数字量通过输入寄存器和 DAC 寄存器完成 D/A 转换。

第一种方法是使输入寄存器工作在锁存状态，而 DAC 寄存器工作在直通状态，如图 7-29(a)所示。具体地说，就是使 $\overline{WR2}$ 和 $\overline{XFER}$ 都为低电平，DAC 寄存器的锁存选通端得不到有效电平而直通；此外，使输入寄存器的控制信号 ILE 处于高电平、$\overline{CS}$ 处于低电平，这样，当 $\overline{WR1}$ 端来一个负脉冲时，就可以完成一次转换。

第二种方法是使输入寄存器工作在直通状态，而 DAC 寄存器工作在锁存状态，如图 7-29(b)所示。就是使 $\overline{WR1}$ 和 $\overline{CS}$ 为低电平，ILE 为高电平，这样，输入寄存器的锁存选通信号处于无效状态而直通；当 $\overline{WR2}$ 和 $\overline{XFER}$ 端输入 1 个负脉冲时，DAC 寄存器工作在锁存状态，提供锁存数据进行转换。

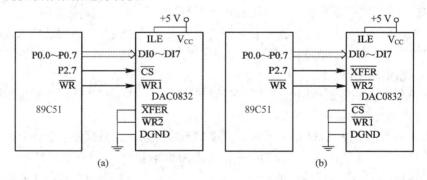

图 7-29　DAC0832 芯片的单缓冲方式接口电路

【例 7-10】 如图 7-29(a)所示，用 DAC0832 输出 0～+5 V 三角波，电路为单缓冲方式。设 $V_{REF} = -5$ V，DAC0832 地址为 7FFFH。

参考程序：

```
#include  <reg51.h>              //51 系列单片机头文件
#include  <absacc.h>             //定义地址需要的头文件
#define   uchar  unsigned  char  //宏定义
#define   addr_IC XBYTE[0x7fff]  //定义外部芯片的地址
void      main( )                //主函数
{
```

```
    uchar temp=0;                    //定义一个临时变量
    while(1)
    {
        do
        {
            addr_IC=temp;
            temp++;
        }
        while(temp!=0);              //产生上升段电压
        do
        {
            temp--;
            addr_IC=temp;
        }
        while(temp!=0);              //产生下降段电压
    }
}
```

注意: 若想改变波形的周期(频率),分别在两个 do...while 循环中增加延时函数即可。

(3) 双缓冲方式。

对于多路 D/A 转换接口,要求同步进行 D/A 转换输出时,必须采用双缓冲方式接法。采用这种接法时,数字量的输入锁存和 D/A 转换输出是分以下两步完成的:

① CPU 分时向各路 D/A 转换器输入要转换的数字量并锁存在各自的输入寄存器中。

② CPU 对所有的 D/A 转换器发出控制信号,使各路输入寄存器中的数据进入 DAC 寄存器,实现同步转换输出。

因此,双缓冲方式特别适用于要求同时输出多个模拟量的场合。此时需要采用多片 D/A 转换器芯片,每片控制 1 个模拟量的输出。

图 7-30 所示是 DAC0832 的双缓冲方式接口电路示意图。根据图中的线路连接,得知 DAC0832(1)的输入寄存器口地址为 DFFFH,DAC0832(2)的输入寄存器口地址为 BFFFH,两个 DAC0832 的 DAC 寄存器口地址同为 7FFFH。下面几条指令可完成两种数字量到模拟量的同步转换。

```
#include <reg51.h>                   //51 系列单片机头文件
#include <absacc.h>                  //定义地址需要的头文件
#define   uchar unsigned char        //宏定义
#define   addr_IC1 XBYTE[0xdfff]     //DAC0832(1)的输入寄存器地址
#define   addr_IC2 XBYTE[0xbfff]     //DAC0832(2)的输入寄存器地址
#define   addr_DAC XBYTE[0x7fff]     //两个 DAC0832 的 DAC 寄存器地址
void      main( )                    //主函数
{
    uchar temp1=0;                   //DAC0832(1)待转换数据
```

```
        uchar  temp2=1;                    //DAC0832(2)待转换数据
        while(1)
        {
            addr_IC1=temp1;                //打开 DAC0832(1)的输入寄存器，锁存数据
            addr_IC2=temp2;                //打开 DAC0832(2)的输入寄存器，锁存数据
            addr_DAC=temp1;                //在 WR 有效时，完成一次 D/A 输入并转换
        }
    }
```

　　注意：执行最后一条语句"addr_DAC=temp1"时，实际上与 temp1 中数据是多少没有关系，仅利用执行这条语句出现的写信号 $\overline{\text{WR}}$ 打开 DAC 寄存器。

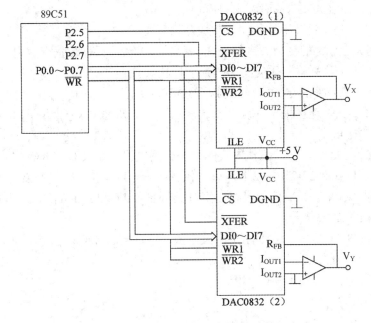

图 7-30　DAC0832 芯片的双缓冲方式接口电路

思 考 与 练 习

　　1．在 MCS-51 单片机扩展系统中，外部程序存储器和外部数据存储器共同使用了 16 位地址线和 8 位数据线，为什么这两个存储空间不会发生冲突？

　　2．键盘、开关的抖动产生原因是什么？有什么办法消除？

　　3．独立式铵键和矩阵式按键分别有什么特点？适用于什么场合？

　　4．共阴极 LED 数码管和共阳极 LED 数码管在应用中有何区别？选择的原则是什么？

　　5．LED 数码管的静态显示和动态显示有什么不同？分析优缺点？实际设计时应如何选择使用？

　　6．在动态扫描显示电路中，为什么可以不接限流电阻？

　　7．设计 ADC0809 与单片机的接口时，要用到哪些控制信号？它们的作用是什么？

8. 画出 ADC0809 采用查询方式与 8031 的接口电路、并编制程序。

9. 设计 DAC0832 与单片机的接口时，要用到哪些控制信号？它们的作用是什么？

10. 使用 DAC0832 时的单缓冲方式和双缓冲方式是如何工作的？它们各占用外部 RAM 的几个单元？在软件编程上有什么区别？

11. 试将 8031 单片机外接一个 2716 EPROM 和一片 6116 RAM 组成一个应用系统。请画出硬件连接图，并指出扩展存储器的地址范围。

12. 有 8 片 8 KB 的 RAM 芯片，用 74LS138 进行地址译码，实现 MCS-51 单片机的数据存储器的扩展，请画出连接图，并说明各芯片的地址范围。

13. 设计一个 3×3 的矩阵键盘并叙述其工作原理。

14. 照图 7-18 的动态扫描显示电路，编写显示程序，使电路中的 LED 数码管轮流显示"123456"和"PLEASE"，每隔一段时间切换一次。

15. 按照图 7-26，设计下列程序，完成数据采集：

(1) 对周期为 25 ms 的锯齿波进行采样。每采样一次，将采样数据存放在一个存储单元。存储后马上进行下一次采样，采完一个周期后停止。

(2) 利用单片机内部的定时器来控制对 ADC0809 芯片的通道 IN0 上的模拟信号的采样，每分钟采样一次，连续采样 5 次。若 5 次的平均值超过 128，则由 P1.0 输出高电平信号，否则 P1.0 输出低电平信号。

16. 画出 DAC0832 双缓冲工作方式的典型应用电路？要求 DAC0832(1)由 P2.0 片选，代表 X 轴信号、DAC0832(2)由 P2.1 片选，代表 Y 轴信号，P2.2 同时控制两片 DAC0832 的 DAC 寄存器，X 信号和 Y 信号已存在字符变量 signalX 和 signalY 中。试编制程序，使其同步输出 X 轴和 Y 轴信号。

17. 用 DAC0832 芯片，设计有 3 路模拟量同时输出的 89C51 系统，画出硬件结构框图，编写数模转换程序。

第8章　单片机串行扩展技术

本章对三种单片机串行总线的原理、时序和扩展方法进行讨论，并对单片机系统中最典型的串行总线器件的应用进行详细讲解。书中叙述的基本原理和时序控制可以推广到其他类似总线标准的器件。

8.1　串行总线概述

近年来，由于集成电路芯片技术的进步，单片机应用系统越来越多地采用串行总线进行扩展。

与并行总线相比，采用串行总线进行扩展时，简化了系统的连线，缩小了电路板的面积，节省了系统的资源，具有扩展性好、成本低廉、可靠性高、硬件易于模块化等优点。因此，采用串行总线扩展方法是当前单片机应用系统设计的流行趋势。

目前单片机应用系统常用的串行扩展总线有单(1-Wire)总线、I^2C 总线(二线总线)和 SPI 总线(三线总线)。

8.2　单总线接口及其扩展

单总线是 Dallas(达拉斯)半导体公司推出的外围串行扩展总线，采用单根信号线，既可传输时钟，又能传输数据，而且数据传输是双向的，因而这种单总线技术具有线路简单，硬件开销少，成本低廉，便于总线扩展和维护等优点。

8.2.1　单总线的基础知识

1. 基本结构

单总线仅定义有一根信号线，时钟信息和数据均经该信号线传递。每个单总线器件都具有唯一的 64 位 ID 号，主机可根据它来区分挂在同一总线上的不同单总线器件。单总线器件可以采用寄生电源供电或外部电源供电，适用于单主机系统。单主机能够控制一个或多个从机设备。主机可以是微控制器(单片机)，从机可以是单总线器件。当只有一个从机时，系统可按单节点系统操作；当有多个从机时，系统则按多节点系统操作。图 8-1 所示是单总线多节点系统的示意图。

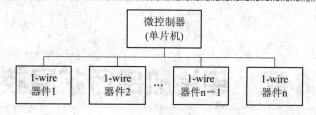

图 8-1   单总线多节点系统的示意图

单总线只有一根数据线，系统中的数据交换、控制都在这根线上完成。设备(主机或从机)通过一个漏极开路或三态端口连至该数据线，这样允许设备不发送数据时释放总线，以便其他设备使用，其内部等效电路如图 8-2 所示，单总线要求外接一个约 4.7 kΩ 的上拉电阻。当总线闲置时，状态为高电平。

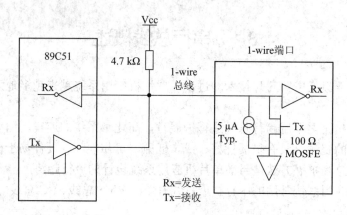

图 8-2   单总线器件内部等效电路

2．主机和从机之间的通信方法

主机(单片机)和从机(单总线器件)之间的通信通过以下 3 个步骤来完成：

(1) 初始化单总线器件；

(2) 识别单总线器件；

(3) 交换数据。

由于两者是主从结构，只有主机呼叫从机时，从机才能应答，因此主机访问单总线器件都必须严格遵循单总线命令顺序：初始化、ROM 命令、功能命令。如果出现顺序混乱，单总线器件不会响应(搜索 ROM 命令，报警搜索命令除外)。

3．常用单总线器件

通常把挂在单总线上的器件称为单总线器件。单总线器件内一般都配置了控制、收/发、存储等电路模块。为了区分不同的单总线器件，厂家生产时都要刻录一个 64 位的二进制 ROM 代码，以标志其 ID 号(序列号)，这个 ID 号是全球唯一的。

目前，单总线器件主要有数字温度传感器(如 DS18B20)、A/D 转换器(如 DS2450)、门标、身份识别器(如 DS1990A)、单总线控制器(如 DS1WM)等。本节以 DS18B20 为例，详细介绍单总线器件的使用方法。

8.2.2 单总线的数据传输时序

单总线器件要严格遵循通信协议，以保证数据的完整性。单总线定义了几种信号类型，包括复位脉冲、应答脉冲、写 0、写 1、读 0 和读 1 时序。

所有的单总线命令序列(初始化、ROM 命令、功能命令)都是由这些基本的信号类型组成的。这些信号，除了应答脉冲外都是由主机发出的信号，并且发出的所有命令和数据都是字节的低位在前。

在单总线传输数据时，逻辑 0 用一段持续的低电平表示，逻辑 1 用一段持续的高电平表示。主机向从机传输数据时产生写时序，主机从从机读取数据时产生读时序。读时序和写时序均以单片机驱动总线产生低电平开始。

主机是初始化总线的数据传输并产生允许传输的时钟信号的器件。此时，任何被寻址的器件都被认为是从机。

1．初始化时序

初始化时序包括主机发送的复位脉冲和从机发出的应答脉冲。主机通过拉低单总线至少 480 μs，以产生 Tx 复位脉冲，然后释放总线，并进入 Rx 接收模式。当主机释放总线，总线由低电平跳变为高电平时产生上升沿，从机检测到这个上升沿后，延时 15～60 μs，从机接收到单片机发来的复位脉冲后，便通过拉低总线 60～240 μs，以产生应答脉冲。主机接收到从机应答脉冲后，说明有单总线器件在线，然后就开始对从机进行 ROM 命令和功能命令操作。初始化时序如图 8-3 所示。

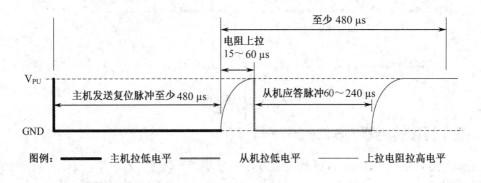

图 8-3　初始化时序

2．主机写时序

主机写时序由写 0 时序和写 1 时序组成。单总线传递写 1、写 0 过程为：所有的写时序至少需要 60 μs，且每两个独立的时序之间至少需要 1 μs 的恢复时间。对于写 0 时序，主机拉低总线并保持低电平至少 60 μs，然后释放总线；对于写 1 时序，主机拉低总线，然后在 15 μs 内要释放总线。从机必须在 15～60 μs 之间采样总线状态，从而接收到从机发送的数据。主机写时序如图 8-4 所示。

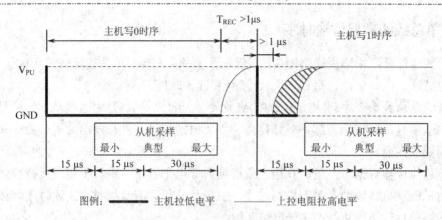

图 8-4 主机写时序

3. 主机读时序

主机读时序由读 0 时序和读 1 时序组成。主机读操作时，主机首先要拉低总线至少 1 μs，主机释放总线后，总线电平就由从机决定。从机若发送 1，则保持总线高电平，若发送 0，则拉低总线。从机发送之后，保持 15 μs 有效时间，因而，主机必须在 15 μs 之中采样总线状态，从而接收到从机发送的数据。主机读时序如图 8-5 所示。

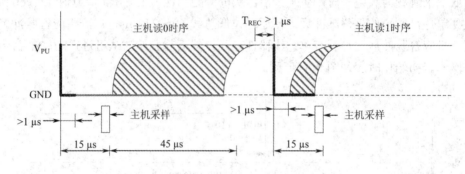

图 8-5 主机读时序

8.2.3 数字温度传感器 DS18B20

Dallas 半导体公司的 DS18B20 数字温度传感器是"单总线"的典型代表，DS18B20 的温度测量范围为-55℃～+125℃，在-10℃～+85℃范围内，精度为±0.5℃。采用"单总线"方式传输，可以提高系统的抗干扰能力，所以 DS18B20 广泛用于温度采集及监控领域。

1. DS18B20 的引脚定义

DS18B20 的引脚图如图 8-6 所示。

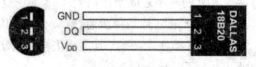

图 8-6 DS18B20 的引脚定义

GND：电源地；

DQ：数字信号输入输出端；

V_{DD}：外接供电电源输入端(在寄生电源接线方式时接地)。

2．DS18B20 的内部结构

DS18B20 温度传感器主要由 64 位 ROM、高速缓冲存储器、CRC 生成器、温度敏感元件、高低温触发器及配置寄存器等部件组成。内部结构如图 8-7 所示。

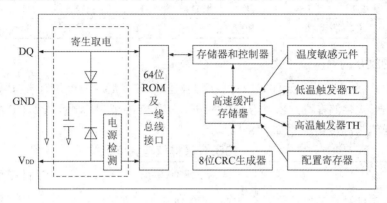

图 8-7　DS18B20 内部结构

(1) DS18B20 的 ID 号。每个 DS18B20 都有 64 位的 ROM，以标志其 ID 号。出厂前 ROM 固化有确定的内容，如图 8-8 所示。

图 8-8　DS18B20 器件 ROM 配置

低 8 位(28H)是产品类型标识号，接着的 48 位是该 DS18B20 的 ID 号，高 8 位是前 56 位的循环冗余校验码。由于每个 DS18B20 都有自己的 ID 号，这样就可以实现一根总线上挂接多个 DS18B20 的目的。

(2) DS18B20 的高速缓冲存储器。在 DS18B20 的内部有 9 个字节高速缓冲存储单元。各单元分配的功能如图 8-9 所示。第 1 及第 2 字节存放转换完成的温度值；第 3 和第 4 字节分别存放上、下限报警值 TH 和 TL；第 5 字节为配置寄存器；第 6、7、8 字节为保留字节；第 9 字节是前 8 字节的 CRC 校验码，用来提高串行传输的可靠性。

图 8-9　高速缓冲存储器

另外，在 DS18B20 的内部还用 3 个 E^2PROM 单元存放上下限报警值 TH、TL 和配置寄存器的设定值。数据先写入高速缓冲存储器，然后再传给 E^2PROM 单元。

配置寄存器字节的最高位 D7 为测试模式位，出厂时为 0，用户不需要改动。D6 D5 位(R1 R0)用于设置 DS18B20 的转换分辨率，取值 00、01、10、11，对应分辨率有 9、10、11 和 12 位四种选择，对应的转换时间分别为：93.73 ms、187.5 ms、275 ms 和 750 ms。其余的低 5 位为保留位(均为 1)。配置寄存器格式如下所示(出厂时默认值为 7FH，即分辨率为 12 位)：

位	D7	D6	D5	D4	D3	D2	D1	D0
	0	R1	R0	1	1	1	1	1

3．DS18B20 的温度值格式

DS18B20 中的温度敏感元件完成对温度的检测，转换后的温度值以带符号扩展的二进制补码(16 位)形式存储在高速缓冲存储器的第 1 和第 2 字节中。温度值以 0.0625℃/LSB 形式表达。采样值与温度值关系如表 8-1 所示。

表 8-1　18B20 采样值与温度值关系

二进制采样值	十六进制表示	十进制温度/℃
0000 0111 1101 0000	07D0H	+125
0000 0001 1001 0001	0191H	+25.0625
0000 0000 0000 1000	0008H	+0.5
0000 0000 0000 0000	0000H	0
1111 1111 1111 1000	FFF8H	−0.5
1111 1110 0110 1111	FE6FH	−25.0625
1111 1100 1001 0000	FC90H	−55

12 位分辨率时的温度值格式如图 8-10 所示。

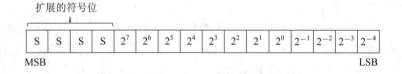

图 8-10　12 位分辨率时的温度值格式

当符号位 S 为 0 时，表示温度为正，只要将二进制采样值转换为十进制数就可以得到十进制表示的温度值；当符号位 S 为 1 时，表示温度为负(用补码表示)，这时要对读取的采样值去补(取反加 1)，再转换为十进制数才能得到十进制表示的温度值。

4．ROM 操作命令

ROM 命令主要用于单总线上接有多个 DS18B20 的情况，ROM 操作命令与总线上具体 DS18B20 器件的 ID 号相关。ROM 操作命令有 5 条，如表 8-2 所示。

表 8-2　DS18B20 的 ROM 操作命令

指令及代码		说　明
读 ROM	33H	读总线上 DS18B20 的 ID(序列)号
匹配 ROM	55H	依 ID 号访问确定的 DS18B20 器件
跳过 ROM	CCH	只使用 RAM 命令，操作在线的 DS18B20 器件
搜索 ROM	F0H	对总线上的多个 DS18B20 进行识别
报警搜索	ECH	主机搜索越限报警的 DS18B20 器件

5. RAM 操作命令

　　单片机利用 ROM 操作命令，与总线上指定的 DS18B20 器件建立起联系后，就可以对这个指定器件实施 RAM 操作命令。这些操作命令允许单片机写入或读出 DS18B20 器件缓冲器的内容。RAM 操作命令有 6 条，如表 8-3 所示。

表 8-3　DS18B20 的 RAM 操作命令

指令	代码	说　明
温度转换	44H	启动 DS18B20 开始转换
读缓冲器	BEH	读缓冲的 9 个字节数据
写缓冲器	4EH	向 DS18B20 写 TH、TL 及配置寄存器数据
复制缓冲器	48H	将缓冲器的 TH、TL 和配置寄存器值送 E^2PROM
回读 E^2PROM	B8H	将 E^2PROM 中的 TH、TL 和配置寄存器值送缓冲器
读供电方式	B4H	检测供电方式：寄生或外接方式

6. DS18B20 的应用

　　【例 8-1】　如图 8-11 所示，89C51 和一个 DS18B20 构成单点温度检测系统，试编写温度测试程序，温度值存入片内 RAM 中的 35H、36H 两个单元。晶振频率为 12 MHz。

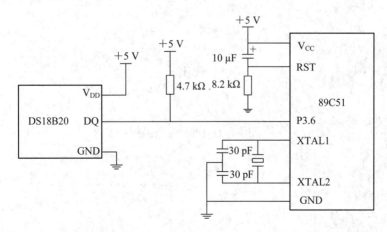

图 8-11　单点温度检测系统电路图

　　分析：首先初始化 DS18B20；其次启动温度转换；然后读出温度值(2 个字节)并分别存入 35H、36H 两个单元。

可以定义一些参数，DQ：DS18B20 的数据总线接脚；TEMP_L：35H，保存读出的温度数据的低位；TEMP_H：36H，保存读出的温度数据的高位。

本程序仅适合单个 DS18B20 和 MCS-51 单片机的连接。

参考程序：

```c
#include <reg51.h>
#include <intrins.h>
#define uchar unsigned char
data uchar TEMP_L _at_ 0x35;
data uchar TEMP_H _at_ 0x36;
void delay5(uchar n)              //延时 5 μs 函数
{
    do
    {
        _nop_( );
        _nop_( );
        _nop_( );
        n--;
    }
    while(n);
}
void init_18b20( )               //DS18B20 的初始化函数
{
    DQ=1;                        //拉高总线，准备初始化
    _nop_( );
    DQ=0;                        //拉低电平，初始化
    delay5(100);                 //延时 500 μs
    DQ=1;                        //释放总线
    delay5(100);                 //延时 500 μs

}
void writebyte(uchar dat)        //向 DS18B20 写数据的函数
{
    uchar i;
    for(i=0; i<8; i++)
    {
        DQ=0;
        DQ=dat&0x01;
        delay5(12);              //写"0"要求拉低 60 μs，写"1"要求拉低 15 μs
        DQ=1;                    //释放总线
```

```
            dat>>=1;                    //数据右移
            delay5(1);
        }
    }
uchar readbyte( )                       //从 DS18B20 读数据的函数
    {
    uchar dat, i, j;
    for(i=0; i<8; i++)
        {
            DQ=0;
            delay5(1);
            DQ=1;
            j=DQ;                       //读取数据，存在 j 的最低位
            dat=(dat>>1)|(j<<7);        //读出的数据存在 dat 的最高位
            delay5(11);                 //整段程序要大于 60 μs
        }
    return dat;
    }


void tempchange( )                      //温度转换函数
    {
    writebyte(0xcc);                    //发送忽略 ROM 指令
    writebyte(0x44);                    //发送温度转换指令
    }


void readtemp( )                        //温度读取函数
    {
    writebyte(0xcc);                    //发送忽略 ROM 指令
    writebyte(0xbe);                    //发送读暂存器指令
    }


void main( )                            //主函数
    {
    while(1)
        {
            init_18b20();               //初始化
            tempchange();               //温度转换函数
            init_18b20();               //初始化
            readtemp();                 //温度读取函数
```

```
        TEMP_L=readbyte();        //温度的低八位存入 35H
        TEMP_H=readbyte();        //温度的高八位存入 36H
    }
}
```

8.3　I²C 总线接口及其扩展

I²C(Inter Integrated Circuit)总线是 Philips(飞利浦)公司推出的芯片间串行数据传输总线,后来发展成为嵌入式系统设备间通信的国际标准,用于连接微控制器及其外围设备,是微电子通信控制领域广泛采用的一种总线标准。它是同步通信的一种特殊形式,具有接口线少,控制方式简单,器件封装形式小,通信速率较高等优点。

8.3.1　I²C 总线的基础知识

1. I²C 总线的特点
I²C 总线的特点如下:

(1) 采用二线制。采用二线制连接,可以减少器件的引脚,简化器件间连接电路的设计,有效减小电路板的体积,提高系统的可靠性和灵活性。

(2) 传输速率高。标准模式传输速率为 100 kb/s,快速模式为 400 kb/s,高速模式为 3.4 Mb/s。

(3) 支持多主和主/从两种工作方式。多主方式时,要求各主单片机配备 I²C 总线标准接口;而基本型 89C51 或 80C51 单片机没有 I²C 总线标准接口,只能工作于主/从方式(扩展外围器件)。本节仅介绍主/从方式,并将单片机称为主机,扩展的器件称为从机。

2. I²C 总线的架构
I²C 总线只有两根连线。一根是数据线 SDA,另一根是时钟线 SCL。所有连接到 I²C 总线上的器件的数据线都接到 SDA 线上,各器件的时钟线均接到 SCL 线上。I²C 总线的基本架构如图 8-12 所示。

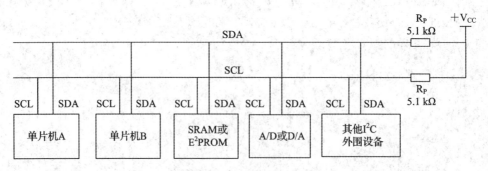

图 8-12　I²C 总线的基本架构

3. I²C 总线的常用器件
I²C 总线广泛用于各种新型芯片中,如 I/O 电路、存储器、A/D 转换器、D/A 转换器、温度传感器及微控制器等。许多器件生产厂商都采用了 I^2C 总线设计产品，如 Atmel 公司的 E^2PROM 器件 AT24C04/08/16/64/128/256/512；MAXIMUM 公司的 A/D 转换器件 MAX1036～MAX1039 等。

8.3.2　I^2C 总线的数据传输时序

在 I^2C 总线上，每一位数据位的传输都与时钟脉冲相对应。逻辑 0 和逻辑 1 的信号电平取决于相应的电源电压。使用不同的半导体制造工艺，如 CMOS、NMOS 等类型的电路都可以接入总线。对于数据传输，I^2C 总线协议规定了如下信号及时序。

1. 起始和停止信号

起始和停止信号如图 8-13 所示。

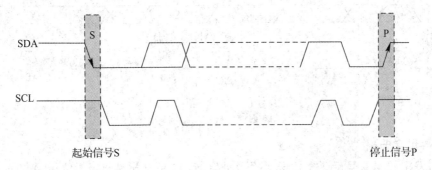

图 8-13　起始和停止信号

SCL 为高电平期间，SDA 由高电平向低电平的变化表示起始信号。

SCL 为高电平期间，SDA 由低电平向高电平的变化表示停止信号。

总线空闲时，SCL 和 SDA 两条线都是高电平。SDA 线的起始信号和停止信号由主机发出。在起始信号后，总线处于被占用的状态；在停止信号后，总线处于空闲状态。

2. 字节传输时序

传输的每个字节必须是 8 位长度。先传最高位(MSB)，每个被传输字节后面都要跟随应答位(即一帧共有 9 位)，如图 8-14 所示。

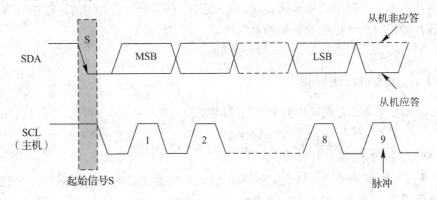

图 8-14　字节传输时序

从机接收数据时，在第 9 个时钟脉冲要发出应答脉冲，但在数据传输一段时间后无法接收更多的数据时,从机可以采用"非应答"通知主机,主机在第 9 个时钟脉冲检测到 SDA 线无有效应答负脉冲(即非应答)则会发出停止信号以结束数据传输。

与主机发送数据相似,主机在接收数据时,它收到最后一个数据字节后,必须向从机发出一个结束传输的"非应答"信号。然后从机释放 SDA 线,以允许主机产生停止信号。

3. 数据传输时序

对于数据(多字节)传输,I^2C 总线协议规定:SCL 由主机控制,从机在自己忙时拉低 SCL 线以表示自己处于"忙状态"。字节数据由主机发出,响应位由从机发出。SCL 高电平期间,SDA 线数据要稳定,SCL 低电平期间,SDA 线数据允许更新。数据传输时序如图 8-15 所示。

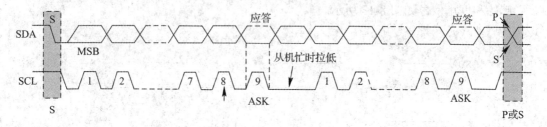

图 8-15 数据传输时序

4. 寻址字节格式

主机发出起始信号后要先传送 1 个寻址字节:7 位从机地址,1 位传输方向控制位(用"0"表示主机发送数据,"1"表示主机接收数据),格式如下:

位	D7	D6	D5	D4	D3	D2	D1	D0
	DA3	DA2	DA1	DA0	A2	A1	A0	R/$\overline{W}$

D7～D1 组成从机的地址。D0 是数据传送方向位,R/$\overline{W}$ 确定从机下一字节数据是读出还是写入(0 为写入,1 为读出)。主机发送地址时,总线上的每个从机都将这 7 位地址码与自己的地址进行比较。如果相同,则认为自己正被主机寻址。其中:D7～D4 为器件固有地址编码,固定为 1010;D3～D1 为器件引脚编码 A2、A1、A0,正好与芯片的 3、2、1 引脚对应,为当前电路中的地址选择线,三根线可选择 8 个芯片同时连接在电路中,当要与哪个芯片通信时传送相应的地址即可与该芯片建立连接。

I^2C 器件地址由固定部分和可编程部分组成。

8.3.3 I^2C 总线的时序模拟

对于没有配置 I^2C 总线接口的单片机(如 80C51、89C51 等),可以利用通用并行 I/O 口线模拟 I^2C 总线接口的时序。

1. 典型信号的时序

I^2C 总线的数据传输有严格的时序要求。I^2C 总线的起始信号、停止信号、发送应答"0"及发送非应答"1"的时序如图 8-16 所示。

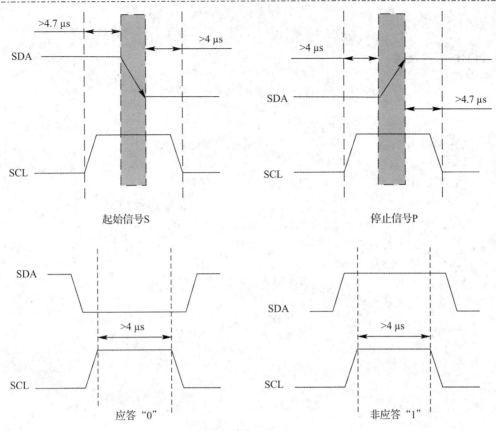

图 8-16　典型信号的时序

2. 典型信号模拟程序

设主机采用 89C51 单片机，下面给出几个典型信号的模拟程序。

【例 8-2】89C51 的 P2.0 模拟数据线 SDA，P2.1 模拟时钟线 SCL，晶振频率为 12 MHz，试编写 I²C 总线的起始信号、应答 "0" 时序的程序段。

参考程序

编译预处理：

```
#include <reg51.h>
#include <intrins.h>        //包含_nop_函数的头文件
sbit   SDA=P2^0;            //定义模拟数据线
sbit   SCL=P2^1;            //定义模拟时钟线
```

延时函数：

```
void delay5us( )            //延时 5 μs 左右，按要求大于 4.7 μs
{
    _nop_( );
    _nop_( );
    _nop_( );
    _nop_( );
```

```
        _nop_( );
    }
```

起始信号 S 函数：

```
    void start( )
    {
        SCL=1;              //SCL 置 1
        SDA=1;              //SDA 置 1
        delay5us ( );
        SDA=0;              //SDA 清 0
        delay5us ( );
        SCL=0;              //SCL 清 0
    }
```

发送应答位函数(数据"0")：

```
    void sack( )
    {
        SDA=0;              //SDA 清 0
        SCL=1;              //SCL 置 1
        delay5us ( );
        SCL=0;              //SCL 清 0
        SDA=1;              //SDA 置 1
    }
```

8.3.4 串行程序存储器 AT24C04

串行 E^2PROM 的优点是体积小，功耗低，占用 I/O 口线少，性能价格比高。Atmel 公司的 E^2PROM 是一个系列，即 AT24CXX 系列存储器器件。典型产品是 AT24C04，内含 512B，擦写次数大于 100 万次，写入周期不大于 10 ms。

1．AT24C04 的引脚定义

AT24C04 引脚图如图 8-17 所示。

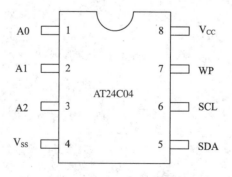

图 8-17　AT24C04 引脚图

A0～A2：地址线。

SDA：数据输入/输出线。

SCL：串行时钟线。

WP：写保护控制端，接地时允许写入。

AT24C04 与单片机连接如图 8-18 所示。

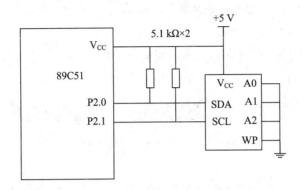

图 8-18　AT24C04 与单片机的连接

2. AT24CXX 系列存储器器件的地址

I²C 器件地址由固定部分和可编程部分组成，即 AT24CXX 系列存储器器件的地址如表 8-4 所示。以 AT24C04 为例，器件地址的固定部分为 1010，器件引脚 A2 和 A1 的组合可以选择 4 个同样的器件。片内 512 个字节单元的访问，由第 1 字节(器件寻址字节)的 P0 位及下一字节(8 位的片内储存地址选择字节)共同寻址。

表 8-4　AT24CXX 系列存储器器件的地址

器件型号	字节容量	器件寻址字节						内部地址字节数	页面写字节数	最多可接器件数
		固定标示				片选		R/$\overline{W}$		
AT24C01A	128 B					A2	A1	A0	1/0		8	8
AT24C02	256 B					A2	A1	A0	1/0		8	8
AT24C04	512 B					A2	A1	P0	1/0	1	16	4
AT24C08A	1 KB					A2	A1	P0	1/0		16	2
AT24C16A	2 KB	1	0	1	0	A2	A1	P0	1/0		16	1
AT24C32A	4 KB					A2	A1	A0	1/0		32	8
AT24C64A	8 KB					A2	A1	A0	1/0		32	8
AT24C128B	16 KB					A2	A1	A0	1/0	2	64	8
AT24C256B	32 KB					A2	A1	A0	1/0		64	8
AT24C512B	64 KB					A2	A1	A0	1/0		128	8

注意：表 8-4 的片选引脚中，AT24C04 器件不用 A0 引脚，但要用 P0 位区分页地址，每页有 256 个字节(这里的"页"不要与页面写字节数中的"页"混淆)，在主机发出的寻址字节中，使 P0 位为 0 或 1，就可以访问 AT24C04 的 512B 的内容；器件 AT24C08 和 AT24C16 的情况与此类似。

3. 主机写数据操作命令

1) 写单字节

对 AT24C04 写入时，单片机发出起始信号"S"后接着发送的是器件寻址写操作(即 1010(A2)(A1)(P0)0，方向位为"0")，然后释放 SDA 线并在 SCL 线上产生第 9 个时钟信号；被选中的 AT24C04 在 SDA 线上产生一个应答信号"A"；单片机再发送要写入的片内单元地址；收到 AT24C04 应答"0"后单片机发送数据字节，AT24C04 返回应答；然后单片机发出停止信号"P"，AT24C04 启动片内擦写过程。写入单字节的传输时序如图 8-19 所示。

图 8-19　写入单字节的传输时序

2) 写多字节

要写入多个字节，可以利用 AT24C04 的页写入模式。AT24C04 的页为 16 字节。与字节写相似，首先单片机分别完成起始信号"S"操作、器件寻址写操作及片内单元首地址写操作，收到 AT24C04 应答"0"后单片机就逐个发送各数据字节，但每发送一个字节后都要等待应答。如果没有数据要发送了，单片机就发出停止信号"P"，AT24C04 就启动内部擦写周期，完成数据写入工作(约 10 ms)。

AT24C04 片内地址指针在接收到每一个数据字节后都自动加 1，在芯片的"页面写字节数"(16 字节)限度内，只需输入首地址。传送数据的字节数超过芯片的"页面写字节数"时，地址将"上卷"，前面的数据将被覆盖。写入 n 个字节的传输时序如图 8-20 所示。

图 8-20　写入 n 个字节的传输时序

4. 主机读数据操作命令

1) 读当前地址

从 AT24C04 读数据时，单片机发出起始信号"S"后接着要完成器件寻址读操作，在第 9 个脉冲等待从机应答；被选中的从机在 SDA 线上产生一个应答信号"A"，并向 SDA 线发送数据字节；单片机发出应答信号和停止信号"P"。读当前地址传输时序如图 8-21 所示。

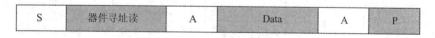

图 8-21　读当前地址传输时序

2) 读指定地址

读指定地址时，单片机也要先完成该器件寻址写操作和数据地址写操作(属于"伪写"，即方向控制位仍然为"0")，均在第 9 个脉冲处等待从机应答。被选中的从机在 SDA 线上产生一个应答信号"A"。

收到器件应答后，单片机要先重复一次起始信号"S"并完成器件寻址读操作(即 1010(A2)(A1)(P0)1，方向位为"1")，收到器件应答后就可以读出数据字节，每读出一个字节，单片机都要回复应答信号"A"。当最后一个字节数据读完后，单片机应返回非应答信号" $\overline{A}$ "(高电平)，并发出停止信号"P"。读指定地址传输时序如图 8-22 所示。

| S | 器件寻址写 | A | 片内地址写 | A | S | 器件寻址读 | A | Data 1 | A | … | Data n | $\overline{A}$ | P |

图 8-22　读指定地址传输时序

5. AT24C04 的应用

【例 8-3】　扩展串行程序存储器 AT24C04 的系统连接原理图如图 8-18 所示，试编程实现以下功能：单片机先向 AT24C04 中写入 4 个字符"SCMC"，然后再将这 4 个字符依次读出，分别存入片内 RAM 的 50H～53H 单元中。晶振频率 11.0592 MHz。

分析：题中 E^2PROM 选用 Atmel 公司的 AT24C04 芯片，用 89C51 单片机的通用 I/O 口与之相连。由于 89C51 没有 I^2C 接口，需要用软件模拟 I^2C 数据传输时序，这里用 P2.0 模拟数据线 SDA，P2.1 模拟时钟线 SCL。

根据图 8-18 可知，AT24C04 的 A0～A2 引脚均接地，所以该器件的写地址为 A0H(10100000B)，读地址为 A1H(10100001B)。

根据表 8-4 可知，AT24C04 的页面字节数为 16，即从页面起始地址开始写的话，每次能连续写入 16 个字节，本题需要写 4 个字符，我们假设从芯片起始地址 00H 开始写，一次即可完成 4 字节的写入。

参考程序：

```c
#include <reg51.h>
#include <intrins.h>
#define uchar unsigned char
#define uint unsigned int
sbit SCL=P2^1;
sbit SDA=P2^0;
uchar code mem[4]={'S', 'C', 'M', 'C'};
uchar data read_mem[4] _at_ 0x50;

void delay5us( )          //延时 5 μs 左右，按要求大于 4.7 μs
{
    _nop_( );
    _nop_( );
    _nop_( );
    _nop_( );
    _nop_( );
}
```

```c
void delaynms(uint n)        //延时 nms 函数
{
    uint i, j;
    for(i=0; i<n; i++)
        for(j=0; j<125; j++);
}


void start( )                //起始信号的函数
{
    SCL=1;                   //SCL 置 1
    SDA=1;                   //SDA 置 1
    delay5us( );
    SDA=0;                   //SDA 清 0
    delay5us ( );
    SCL=0;                   //SDA 清 0
}


void stop( )                 //停止信号的函数
{
    SDA=0;                   //SDA 清 0
    SCL=1;                   //SCL 置 1
    delay5us( );
    SDA=1;                   //SDA 置 1
    delay5us( );
    SCL=0;                   //SDA 清 0
}


void writebyte(uchar temp)   //发送字节数据的函数
{
    uchar i;
    SCL=0;                   //SCL 清 0
    for(i=0; i<8; i++)
    {
        temp=temp<<1;        //从高位到低位顺序发送数据，左移后最高位送入 CY 位中
        SDA=CY;
        SCL=1;               //SCL 置 1，通过 SDA 发送数据位
        delay5us( );
        delay5us( );
        SCL=0;               //SCL 清 0
```

```
    }
    SDA=1;                    //SDA 置 1
}


uchar readbyte( )             //读字节数据的函数
{
    uchar i, x;
    for(i=0; i<8; i++)
    {
        SCL=1;
        x<<=1;
        x|=SDA;
        SCL=0;
        delay5us( );
    }
    return x;
}


void rack(void)               //读应答位的函数
{
    SCL=1;
    delay5us( );
    SCL=0;
}


void wack()                   //发送应答位的函数
{
    SDA=0;
    SCL=1;
    delay5us( );
    SCL=0;
    SDA=1;
}


void wackn()                  //发送非应答位的函数
{
    SDA=1;
    SCL=1;
    delay5us( );
```

```
        SCL=0;
        SDA=0;
    }

    void write( )                    //写数据
    {
        uchar i;
        start( );                    //发出起始信号
        writebyte(0xa0);             //器件寻址写操作
        rack();                      //接收应答信号
        writebyte(0x00);             //发送片内单元起始地址
        rack();
        for(i=0; i<4; i++)           //连续发送 4 字节数据
        {
            writebyte(mem[i]);
            rack();
        }
        stop();
        delaynms(i);                 //1 个字节的写入周期为 1 ms
    }

    void read( )                     //读数据
    {
        uchar i;
        start( );                    //发出起始信号
        writebyte(0xa0);             //器件寻址写操作
        rack();                      //接收应答信号
        writebyte(0x00);             //发送片内单元起始地址
        rack();
        start( );                    //再次发出起始信号
        writebyte(0xa1);             //器件寻址读操作
        rack();
        for(i=0; i<3; i++)           //连续读取 3 字节数据
        {
            read_mem[i]=readbyte( );
            wack( );                 //发送应答信号
        }
        read_mem[i]=readbyte( );
        wackn( );                    //读取最后一个字节数据后，发送非应答信号
```

```
        stop();
    }


    void main( )              //主函数
    {
        write( );
        read( );
    }
```

8.4　SPI 总线接口及其扩展

SPI(Serial Peripheral Interface)总线是 Motorola 公司(摩托罗拉公司，其半导体器件部门独立后，更名为飞思卡尔半导体公司)推出的高速、全双工、同步串行通信总线。SPI 总线允许 MCU(微控制器)与各种外围设备以同步串行方式进行同步通信，属于全双工通信总线。SPI 总线广泛用于 E^2PROM、实时时钟、A/D 转换器、D/A 转换器等器件。

8.4.1　SPI 总线的基础知识

1. SPI 总线概述

SPI 总线通常有 3 根线：串行时钟线(SCK)、主机输入/从机输出数据线(MISO)和主机输出/从机输入数据线(MOSI)。除了上述 3 根线以外，一般还会有 1 条低电平有效的片选线($\overline{CS}$)，可以在多器件接入时使用。

SPI 工作模式有两种：主模式和从模式。SPI 允许一个主机启动一个从机进行同步通信，从而完成数据的同步交换和传输。只要主机有 SPI 控制器(也可用模拟方式)，就可以与基于 SPI 的各种芯片传输数据。

SPI 的串行总线通信协议是：由 SCK 提供时钟脉冲，MISO、MOSI 则基于此脉冲完成数据传输。主机数据输出时，MOSI 上的数据在时钟上升沿或下降沿时改变，在紧接着的下降沿或上升沿被从机读取，完成一位数据传输，输入也是同样原理。这样，在经历了 8 次时钟信号的改变(上升沿和下降沿为 1 次)后，就可以完成 8 位数据的传输。

要注意的是，SCK 信号线只由主机控制，从机不能控制。这样的传输方式与普通的串行通信(见 6.3 小节)不同，普通的串行通信一次连续传输至少 8 位数据，而 SPI 允许数据一位一位传输。主机通过对 SCK 时钟线的控制可以完成对通信的控制，当没有时钟跳变时，从机不采集或传输数据。SPI 总线的输入/输出线分开，可同时进行数据传输，为全双工的通信方式。

不同的 SPI 设备，数据的改变和采集在时钟信号上升沿或下降沿有不同定义，将各种不同 SPI 接口芯片连到 MCU 的 SPI 总线时，应特别注意这些串行 I/O 芯片的输入/输出特性。

基本型 80C51 和 89C51 单片机没有配置 SPI 总线接口，但是可以利用其并行口线模拟 SPI 总线的时序，从而广泛地利用 SPI 接口的芯片资源。

2. SPI 总线的系统结构

MISO 和 MOSI 用于串行接收和发送数据，其数据的传输格式是高位(MSB)在前，低位(LSB)在后；SCK 是主机为从机提供同步时钟输入信号；$\overline{CS}$ 是片选使能信号。

SPI 总线的典型应用是单主机系统，该系统只有一台主机(单片机)，多个外围接口器件作为从机。单片机与多个 SPI 串行接口设备典型的 SPI 总线系统结构如图 8-23 所示。在这个系统中，只允许有一个作主机的 CPU 和若干具有 SPI 接口的外围器件(从机)。主机控制着数据向一个或多个从机的传输。从机只能在主机发命令时才能接收或向主机传输数据。所有的从机使用相同的时钟信号 SCK，并将所有从机的 MISO 引脚连接到主机的 MOSI 引脚，从机的 MOSI 引脚连接到主机的 MISO 引脚。但每个从机采用相互独立的片选信号来控制芯片使能端，使得在某一时刻只有一个从机有效。

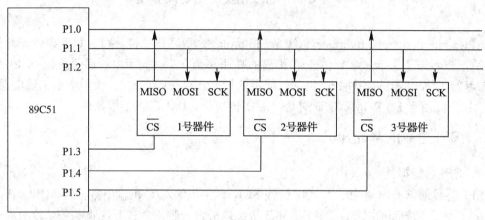

图 8-23　单片机扩展 SPI 的系统结构

当有多个不同的 SPI 器件连至 SPI 总线上作为从机时，必须注意两点：一是其必有片选端；二是其接 MISO 线的输出脚必须有三态，片选无效时输出高阻态，以不影响其他 SPI 设备的正常工作。

8.4.2　SPI 总线的数据传输时序

SPI 总线的数据传输过程中需要时钟驱动。SPI 总线的时钟信号 SCK 有时钟极性(CPOL)和时钟相位(CPHA)两个参数，前者决定有效时钟是高电平还是低电平，后者决定有效时钟的相位，这两个参数配合起来决定了 SPI 总线的数据传输时序。

在片选信号 $\overline{CS}$ 有效时，对数据传输线(MOSI 或 MISO)上的采样在 SCK 信号的上升沿或下降沿均可。如果采样跳变沿是 SCK 信号的第 1 个跳变沿，则相位控制位 CPHA 为 0，如果采样跳变沿是 SCK 信号的第 2 个跳变沿，则相位控制位 CPHA 为 1。SCK 空闲时有两种极性，低电平对应 CPOL 为 0，高电平对应 CPOL 为 1。

图 8-24 所示为 SPI 总线四种工作模式的时序图。从时序图可以看出，SPI 协议仅规定了每一帧数据如何传输，并未规定帧结构的组成。CPOL 和 CPHA 两个参数决定了 SPI 的四种工作模式。CPOL 控制在没有数据传输时时钟的空闲状态电平为 0 或 1 状态，CPHA 控制数据采样的时钟是第 1 个跳变沿还是第 2 个跳变沿。

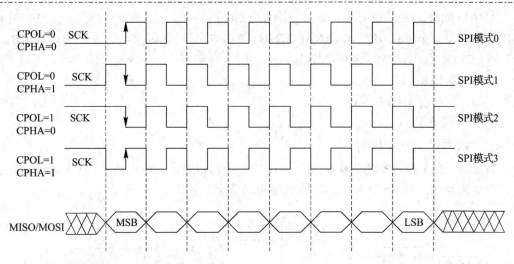

图 8-24 SPI 总线 4 种工作模式时序图

具有标准 SPI 接口的微控制器可以通过配置工作方式与相应的外设接口器件进行连接。对于没有标准 SPI 接口的 MCS-51 单片机，要想与 SPI 扩展器件传输数据，就要利用通用 I/O 口通过软件来模拟，这时必须严格依据器件的操作时序。

8.4.3 A/D 转换器 TLC549

TLC549 是 TI 公司生产的一种低价位、高性能的 8 位 A/D 转换器，它以 8 位开关电容逐次逼近的方法实现 A/D 转换，TLC549 的转换时间小于 17 μs，最大转换速率为 40kHz，工作电压为 3～6 V。TLC549 可以采用 SPI 总线方式与单片机进行接口。

1．TLC549 的引脚定义

TLC549 引脚如图 8-25 所示。

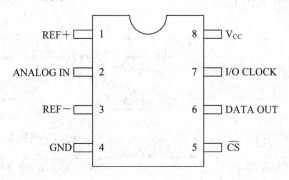

图 8-25 TLC549 的引脚定义

REF+：正基准电压，2.5 V≤REF+≤V_{CC}+0.1。

REF-：负基准电压，-0.1 V≤REF-≤2.5 V，且要求：(REF+)-(REF-)≥1 V。

$\overline{CS}$：芯片选择输入端，要求输入高电平 V_{IN}≥2 V，输入低电平 V_{IN}≤0.8 V。

DATA OUT：转换结果数据串行输出端，与 TTL 电平兼容，输出时高位在前，低位在后。

ANALOG IN：模拟信号输入端，0≤ANALOG IN≤V$_{CC}$，当 ANALOG IN≥REF+电压时，转换结果为全"1"(FFH)，ANALOG IN≤REF-电压时，转换结果为全"0"(00H)。

I/O CLOCK：外接输入输出时钟输入端，用于同步芯片的输入输出操作，无需与芯片内部系统时钟同步。

V$_{CC}$：系统电源，3 V≤V$_{CC}$≤6 V。

GND：接地端。

2．TLC549 的功能框图

TLC549 由采样保持器、模/数转换器、输出数据寄存器、数据选择与驱动器及相关控制逻辑电路组成。TLC549 的内部结构如图 8-26 所示。

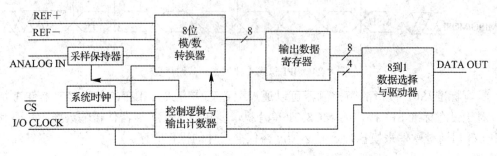

图 8-26　TLC549 的内部结构图

TLC549 带有片内系统时钟，该时钟与 I/O CLOCK 是独立工作的，无需特殊的速度及相位匹配。当$\overline{CS}$为高时，数据输出端 DATA OUT 处于高阻状态，此时 I/O CLOCK 不起作用。这种$\overline{CS}$控制作用允许在同时使用多片 TLC549 时，共用 I/O CLOCK，以减少多片 A/D 使用时的 I/O 控制端口。

3．TLC549 的工作时序

TLC549 的工作时序如图 8-27 所示。

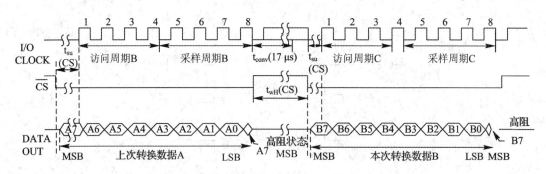

图 8-27　TLC549 的时序图

(1) $\overline{CS}$置低电平，内部电路在测得$\overline{CS}$下降沿后，在等待两个内部时钟上升沿和一个下降沿后，再确认这一变化，最后自动将前一次转换结果的最高位 D7 输出到 DATA OUT。

(2) 在前 4 个 I/O CLOCK 周期的下降沿依次移出 D6、D5、D4、D3，片上采样保持电路在第 4 个 I/O CLOCK 下降沿开始采样模拟输入。

(3) 接下来的 3 个 I/O CLOCK 周期的下降沿可移出 D2、D1、D0 各位。

(4) 在第 8 个 I/O CLCOK 后，$\overline{CS}$ 必须为高电平或 I/O CLOCK 保持低电平，这种状态需要维持 36 个内部系统时钟周期以等待保持和转换工作的完成。

应注意，此时的输出是前一次的转换结果而不是正在进行的转换结果。若要在特定的时刻采样模拟信号，则应使第 8 个 I/O CLOCK 时钟的下降沿与该时刻对应。因为芯片虽在第 4 个 I/O CLOCK 时钟的下降沿开始采样，却在第 8 个 I/O CLOCK 的下降沿才开始保存。

4. TLC549 的应用

【例 8-4】　TLC549 与 89C51 的接口电路如图 8-28 所示，TLC549 的模拟信号由滑动变阻器 VR1 将 +5 V 分压后提供，试编写程序，将模拟电压量转换成二进制数字量，并存入片内 RAM 的 30H 单元。

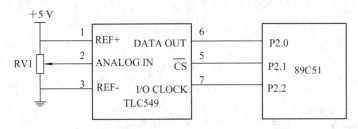

图 8-28　TLC549 与 89C51 的接口电路

参考程序：

```
#include <reg51.h>
#include <intrins.h>    //包含_nop_函数的头文件
#define uchar unsigned char
#define uint unsigned int
data uchar result_at_ 0x30;
sbit sdo=P2^0;
sbit cs=P2^1;
sbit sclk=P2^2;
void delay18us( )    //延时 18μs
{
    _nop_(); _nop_(); _nop_(); _nop_(); _nop_(); _nop_(); _nop_(); nop_(); _nop_();
    _nop_(); _nop_(); _nop_(); _nop_(); _nop_(); _nop_(); _nop_(); nop_(); _nop_();
}
uchar convert ( )
{
    uchar i, temp;
    cs=0;
    delay18us();
    for(i=0; i<8; i++)
    {
        if(sdo==1)    temp=temp|0x01;
```

```
        if(i<7)          temp=temp<<1;
        sclk=1;
        _nop_(); _nop_(); _nop_(); _nop_();
        sclk=0;
        _nop_(); _nop_();
    }
    cs=1;
    return(temp);
}
void main( )
{
    cs=1;
    sclk=0;
    sdo=1;
    while(1)
    {
        result=convert( );
    }
}
```

思 考 与 练 习

1．简述 DS18B20 输出数据的格式。

2．用单片机外接 DS18B20 测温，并使用 4 位数码管，采用动态方式显示温度，每 5 秒钟变化一次，设计电路并编写应用程序。

3．I^2C 总线的特点是什么？

4．I^2C 总线的起始信号和停止信号是如何定义的？

5．I^2C 总线的数据传送方向如何控制？

6．具备 I^2C 总线接口的 E^2PROM 芯片有哪几种型号？容量如何？

7．AT24CXX 系列芯片的读写格式如何？

8．89C51 的 P3.0、P3.1 分别通过数据线 SDA、时钟线 SCL 与 AT24C04 相连，晶振频率 12 MHz，试编写程序将 AT24C04 首地址开始的 16 个字节数据读入单片机内部 RAM 的 30H～3FH 单元中。

9．SPI 接口线有哪几个？作用如何？

10．简述 SPI 数据传输的基本过程。

第9章 单片机开发入门知识

本章主要介绍单片机开发工具和 Keil μVision4 集成开发环境两部分内容，重点讲述 Keil μVision4 集成开发环境中源程序建立、编译、调试等内容。

9.1 单片机应用系统开发技术

由于自身软/硬件的限制，单片机本身并无开发能力，必须借助开发工具来开发应用软件以及对硬件系统进行诊断。由于单片机应用系统一般要进行系统硬件的扩展与配置，同时还需要开发相应的软件，因此，开发者研制一个较完整的单片机产品时，必须完成以下工作：

(1) 硬件电路设计、制板、组装。

(2) 应用软件的编写、调试。

(3) 应用系统的程序固化、脱机(脱离开发系统)运行。

9.1.1 单片机应用系统的开发过程

单片机应用系统的开发过程包括系统方案论证、系统硬件设计、系统软件设计、系统仿真调试和脱机运行调试。各部分的详细内容如图 9-1 所示。

1. 系统方案论证和总体设计

方案讨论包括查找资料，分析研究，并解决以下问题：

(1) 了解国内类似系统的开发水平、供应状态；如果是委托研制项目，还应充分了解系统的技术要求、应用环境，以确定项目的技术难度。

(2) 了解可移植的软件、硬件技术。能够移植的尽量移植，防止大量的低水平重复劳动。

(3) 摸清软、硬件技术的关键，明确技术主攻方向。

(4) 综合考虑软、硬件分工与配合。单片机应用系统设计中，软、硬件工作有密切的相关性。

(5) 通过调查研究，确定应用系统的功能和技术指标，软、硬件技术方案及分工。

从总体上来看，设计任务可分为硬件设计和软件设计，这两者互相结合，不可分离。从时间上来看，系统的硬件设计与软件设计可同时进行。硬件设计的绝大部分工作量是在最初阶段，到后期往往还要做一些修改。只要技术准备充分，硬件设计的大返工是较少的。软件设计的任务贯彻始终，到中后期基本上都是软件设计任务。随着集成电路技术的飞速发展，各种功能很强的芯片不断出现，与软件相关的硬件电路的设计就变得越来越简单，在整个项目中占的比重逐渐减轻。

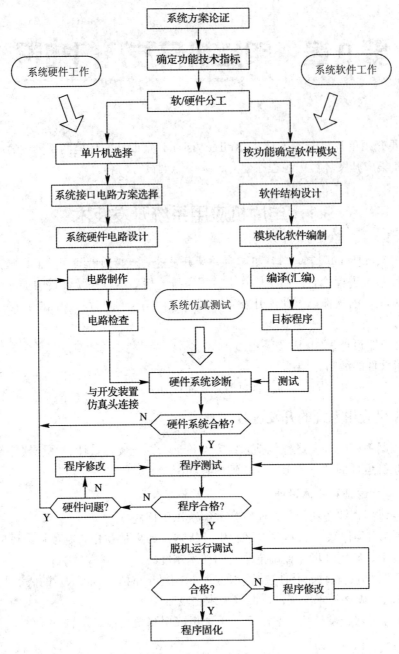

图 9-1 单片机应用系统的开发流程

2. 系统硬件设计

硬件设计就是在总体方案的指导下,对构成单片机应用系统的所有功能模块进行详细、具体的电路设计,包括:具体确定系统中所要使用的元器件,设计出系统的电路原理图,必要时做一些部件实验,以验证电路的正确性;进行工艺结构的设计加工、印制电路板的制作及样机的组装等。

　　单片机应用系统的设计可划分为两部分：一部分是与单片机直接接口的数字电路芯片的选择和设计，如存储器和并行接口的扩展，定时系统、中断系统的扩展，一般外部设备的接口，与 A/D、D/A 芯片的接口；另一部分是与模拟电路相关的电路设计，包括模拟信号的采集、整形、放大、变换、隔离和传感器的选用，输出通道的隔离和驱动及执行元件的选用。

3．系统软件设计

　　软件设计是根据任务要求并结合硬件设计，采用熟悉的语言(汇编语言或 C 语言)完成程序的设计。

　　单片机应用系统是一个整体，当系统的硬件电路设计定型后，软件的任务也就明确了。设计单片机系统应用软件时，应注意以下几个方面：

　　(1) 根据软件功能要求，将软件分成若干相对独立的部分，设计出合理的软件总体结构，使其清晰、简洁、流程合理。

　　(2) 功能程序实行模块化、子程序化，既便于调试、链接，又便于移植和修改。

　　(3) 对于复杂的模块和系统，应绘制出程序流程图。多花一些时间来设计程序流程图，可以大大减少源程序编写、调试的时间。

　　(4) 在程序的相关位置处写上功能注释，可提高程序的可读性。

4．系统仿真调试

　　调试是一个非常复杂的过程，一般情况下需要借助开发工具(开发系统)，通过运行程序来观察开发的单片机应用系统(目标板)是否符合设计要求。在确保硬件电路设计正确、合理的前提下，调试过程实质上是程序反复修改的过程。

5．脱机运行调试

　　软件和硬件联机调试反复运行正常后，借助开发系统的编程器，将程序"写入"单片机应用系统的程序存储器 EPROM 或 E²PROM 中，这个过程称为固化。

　　固化完成后，单片机应用系统即可脱离开发系统独立工作。这时还需将单片机应用系统带到现场投入实际工作，检验其可靠性和抗干扰能力，直到完全满足要求。

9.1.2　单片机开发调试工具

　　从硬件电路设计、源程序编写到单片机应用系统正常工作前的全过程，统称为单片机应用系统的开发，而辅助这一开发的工具便称为开发工具或开发系统。开发系统本身也是一个计算机系统，在完成上述开发任务时，可进行仿真。仿真是把应用系统自身的单片机拔掉，将开发系统的仿真插头插入，以取代原单片机，从而实现对应用样机软、硬件的故障诊断和调试。

　　开发工具应具备以下主要作用：

　　(1) 系统硬件电路的诊断。

　　(2) 源程序的输入与修改。

　　(3) 除连续运行程序外，具有单步运行、设断点运行和状态查询等功能。

　　(4) 能将程序固化到 EPROM 芯片上去。

　　单片机开发工具有很多，包括集成开发平台(如 Keil μVision)，系统仿真工具(如 Proteus

仿真软件)，用于电路原理图设计和电路板布线的工具(如 Protel、Altium Designer 等软件)，用于目标板调试的各种型号仿真器，用于固化目标代码的各种编程器以及用于数字电路时序分析的示波器、逻辑分析仪和逻辑笔等。

1. 仿真器

仿真器(Emulator)具有以某一系统复现另一系统的功能，它与计算机软件模拟(详见 9.2.3 小节)的区别在于，仿真器用于模拟单片机系统的外在表现、行为，而不是模拟单片机系统的抽象模型。某种型号的仿真器如图 9-2 所示。

图 9-2　某种型号的仿真器

仿真器是用以实现硬件仿真的工具。仿真器可以替代单片机对程序的运行进行控制，如单步、全速、查看资源、设置断点等。尽管软件仿真具有无须搭建硬件电路就可以对程序进行验证的优点，但软件仿真无法完全反映真实硬件的运行状况，因此还要通过硬件仿真来完成最终的设计。目前，开发过程中硬件仿真是必需的。

仿真，就是用开发系统的资源来仿真应用系统，此时开发系统便是仿真器。一般多采用在线仿真，即仿真器控制的硬件环境与应用系统完全一致，或就是实际的应用系统。

仿真方法是：拔下应用系统(用户板)的 CPU，改插开发系统的仿真头，两个系统便共用一个 CPU，而仿真器的存储器中可以存放应用系统的程序。仿真器运行该程序，就可以测试应用系统的硬件功能和软件功能。这就是所谓"出借"CPU 的方法。仿真器可以连续运行程序、单步运行程序或设断点运行，也可以进行状态查询等。

仿真器除了具有如图 9-2 所示的硬件部分以外，一般还配有在微机上运行的专门软件程序(一般由仿真器生产厂家提供)，两者共同组成仿真系统。所有的仿真操作命令都是在软件程序上操作的。大部分仿真器还可以和 Keil μVision 集成开发环境一起使用。

图 9-3 是仿真器和单片机应用系统(用户板)的连接关系图。

2. 编程器

编程器(Programmer)也称烧录器，是一个给可编程集成电路芯片写上数据(二进制程序代码)的工具，主要用于单片机(含嵌入式)/存储器(含 BIOS)之类的芯片的编程(或称为刷写、固化)。当程序调试完成后，需要将调试好的程序(汇编语言格式或 C 语言格式)通过汇编软件工具或编译软件工具变成二进制机器码，写入到相应的芯片中，使得开发的单片机应用系统可以脱离仿真器独立运行，变成"成品"。

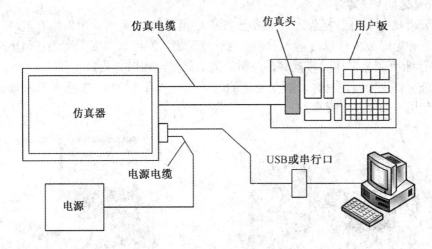

图 9-3　仿真器和单片机应用系统的连接关系

　　编程器在功能上可分为通用编程器和专用编程器。某种型号的编程器如图 9-4 所示。

　　目前，某些型号单片机支持 ISP 功能，如 STC 系列。例如，通过 STC-ISP 单片机串口编程烧录软件直接把程序烧录到芯片中，而无需使用编程器。

3．示波器

　　示波器(Oscilloscope)是一种用途十分广泛的电子测量仪器，如图 9-5 所示。它能把肉眼看不见的电信号变换成看得见的图像，便于人们研究各种电现象的变化过程。利用示波器能观察各种不同信号幅度随时间变化的波形曲线，还可以用它测试各种不同的电量，如电压、电流、频率、相位差、调幅度等。

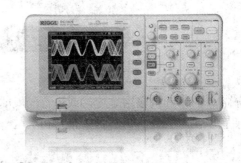

图 9-4　某种型号的编程器　　　　　　　　图 9-5　某种型号的示波器

　　可以通过示波器观察单片机应用系统的相关测试点的电压波形，以此判断单片机系统工作是否正常。

4．逻辑分析仪

　　逻辑分析仪(Logic Analyzer)是利用时钟从测试设备上采集和显示数字信号的仪器，最主要的作用在于时序判定。由于逻辑分析仪不像示波器那样有许多电压等级，通常只显示两个电压(逻辑 1 和 0)，因此设定了参考电压后，逻辑分析仪根据被测信号通过比较器后的比较结果进行判定，被测信号电压高于参考电压者为 High，低于参考电压者为 Low，在

High 与 Low 之间形成数字波形。

　　逻辑分析仪主要用于复杂数字电路(单片机应用系统)的调试，可以检查多路时序之间的关系，这种定时分析可以对输入数据进行有效采样，跟踪采样时产生的任何跳变，从而容易识别毛刺(毛刺是采样时多次穿越逻辑阈值的跳变，难以查找)。

　　逻辑分析仪主要有两种，一种是独立的，另一种是将一块板卡插入计算机插槽中和计算机配合使用，如图 9-6 所示。

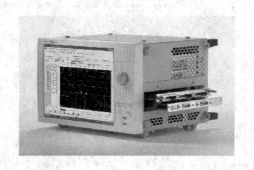

图 9-6　两种类型的逻辑分析仪

5．逻辑笔

　　逻辑笔(Logic Test Pen)是采用不同颜色的指示灯来表示数字电平高低的仪器，如图 9-7 所示。它是测量数字电路简便易用的工具。使用逻辑笔可快速测量出数字电路中有故障的芯片。逻辑笔上一般有二三只信号指示灯，红灯一般表示高电平，绿灯一般表示低电平，黄灯表示所测信号为脉冲信号。

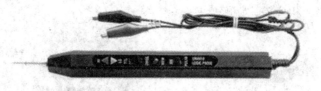

图 9-7　逻辑笔

　　对于简单的单片机应用系统，或进行一般的电平判断，采用逻辑笔比较好。而且**逻辑笔价格便宜、使用便捷**，初学者应充分利用这一工具。

9.2　Keil 集成开发平台

　　Keil 软件是 Keil Software 公司出品的开发 MCS-51 系列单片机应用系统的开发平台。Keil 软件是目前流行的开发 MCS-51 系列单片机的软件，提供了包括源程序编辑器、C 编译器、汇编器、链接器、库管理和一个功能强大的仿真调试器等在内的开发工具，并通过一个集成开发环境(Keil μVision)将这些部分组合在一起。本书以 μVision4 英文版本为例进行讲解(μVision4 有汉化版本，可以参照学习)。掌握这一软件的使用方法对于 MCS-51 系列单片机应用系统的开发者来说是十分重要的，如果使用 C 语言编程，那么 Keil 几乎是开发者的不二之选，即使不使用 C 语言而仅用汇编语言编程，其方便易用的集成环境、强大的软件仿真调试工具也会使开发者达到事半功倍的效果。

9.2.1　应用程序的创建

应用程序的创建过程大致如下：

(1) 新建一个工程项目文件。

(2) 为工程选择目标器件(如 AT89C51)。

(3) 为工程项目设置软硬件调试环境。

(4) 创建源程序文件。

(5) 保存创建的源程序文件。

(6) 把源程序文件添加到项目中。

首先启动 Keil μVision4。从计算机桌面上直接双击 Keil μVision4 图标即可启动该软件。Keil μVision4 提供一个菜单栏、一个工具栏，以便快速选择命令按钮。另外，Keil μVision4 还有文本编辑窗口、输出信息窗口、工程窗口，如图 9-8 所示。Keil μVision4 允许同时打开多个编辑窗口，浏览多个源文件。

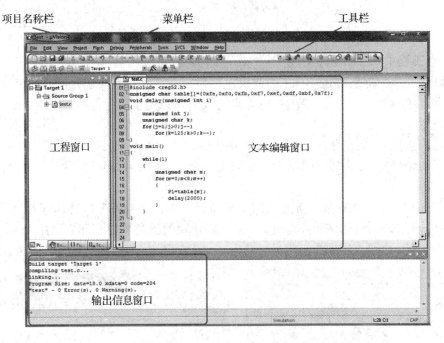

图 9-8　Keil μVision4 集成开发环境

1. 创建 Keil 工程文件

Keil μVision4 是通过工程项目的方法来管理文件的，而不是单一文件的模式。所有文件包括源程序(C 程序或汇编程序)、头文件，甚至说明性技术文档都可以放在工程项目文件里统一管理。

运行 Keil μVision4 后，按照以下步骤建立一个工程项目。

(1) 单击 Project(工程)菜单，在弹出的下拉菜单中选择"New μVision Project"(新工程)命令，如图 9-9 所示。

(2) 在弹出的"Creat New Project"对话框的文件名文本框中输入一个 C 程序(或汇编程序)工程项目的名称,不需要扩展名,将其保存到指定位置。对于已有的工程文件,可以用"Open Project"加载。

(3) 选择所需的单片机器件,这里选择较常用的 Atmel 公司的 AT89C51,此时对话框如图 9-10 所示,AT89C51 的功能、特点显示在右栏中。

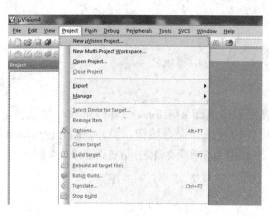
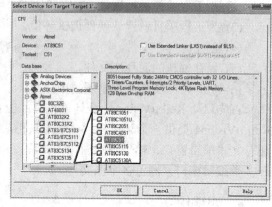

图 9-9　Project 菜单　　　　　　　　　　　图 9-10　单片机型号选取界面

2．在工程中添加源程序文件

可以通过菜单命令"File→Open"或快捷键"Ctrl+O"在工程中加入已有的源程序文件。如果没有现成的源程序,就要新建一个源程序文件,以便于编写程序。以下介绍如何新建一个源程序文件。

(1) 源程序文件的创建。单击图 9-11 中的"New"快捷按钮(即新建文件),在右侧会出现一个新的编辑窗口。这个操作也可以通过菜单命令"File→New"或快捷键"Ctrl+N"来实现。

(2) 源程序文件的保存。新建完编辑窗口后,单击"Save"按钮,或通过菜单命令"File→Save"或快捷键"Ctrl+S"进行保存。在出现的如图 9-12 所示窗口中命名一个文件名,然后保存。C 语言程序命名的后缀名为.c,汇编语言程序命名的后缀名为.asm。

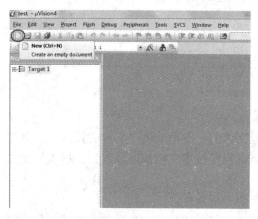

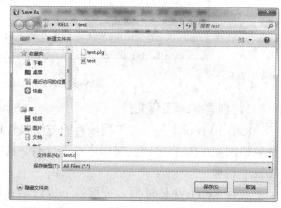

图 9-11　工程中创建新的源程序文件　　　　　　图 9-12　保存一个 C 源程序

(3) 源程序文件的添加。在创建源程序文件后，需要将这个文件添加到工程项目中。在 Project 窗口的 Project 页中选中文件组，单击右键打开快捷菜单，如图 9-13 所示，单击选项"Add Files to Group 'Source Group1'"，在出现的对话框中选中刚刚创建的文件 test.c或 test.asm(也可以是已有源程序文件)，这时在 Source Group1 文件夹图标左侧出现了"+"号，表明文件组中添加了文件，单击便可以展开查看。

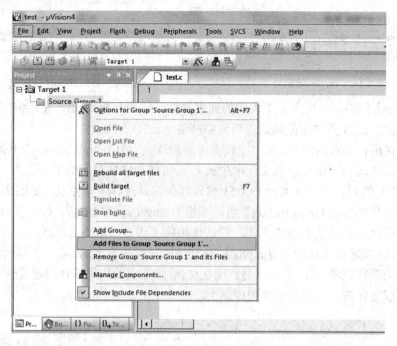

图 9-13　添加文件到源代码组 1 的界面

(4) 源程序文件的查看。在源程序编辑窗口查看刚才加入的文件，如图 9-19 所示。

3. 工程的详细设置

工程项目建立好以后，还要对工程进行进一步的设置，以满足要求。

首先单击 Project 窗口的 Target1，然后使用菜单"Project→Option for Target 'Target1'"，即出现对工程设置的对话框，这个对话框共有 11 个页面，在此只介绍主要功能。

(1) Target 标签页：用于存储器设置，如图 9-14 所示。"Memory Model"用于设置 RAM空间的使用，主要用于 C51 语言(详见第 3 章)，有三个选择项：Small 是所有变量都在单片机的内部 RAM 中；Compact 可以使用一页外部扩展 RAM；Large 可以使用全部外部扩展RAM。"Code Rom Size"用于设置 ROM 空间，同样也有三个选择项：Small 模式，只使用低于 2 KB 的程序空间；Compact 模式，单个函数的代码量不能超过 2 KB，整个程序可以使用 64 KB 程序空间；Large 模式，可使用全部 64 KB 的程序空间。"Use On-chip ROM"用于确认是否仅使用片内 ROM(注意：选中该项并不会影响最终生成的目标代码量)。

(2) OutPut 标签页：用于输出选项设置，如图 9-15 所示。"Creat HEX file"用于生成可执行代码文件(可以用编程器写入单片机芯片的 HEX 格式文件，文件的扩展名为.hex)，默认情况下该项未被选中，如果要写芯片做硬件实验，就必须选中该项，这一点是初学者易疏忽的，在此特别提醒注意。"Debug Information"用于产生调试信息，如果需要对程序进行调试，应当选中该项。"Browse Information"用于产生浏览信息，该信息可以用菜单"View→Browse"来查看，这里取默认值。

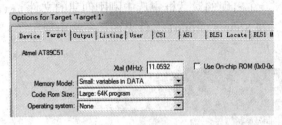

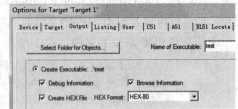

图 9-14　Target 标签页　　　　　　　　　　图 9-15　Output 标签页

(3) Listing 标签页：用于调整生成的列表文件，如图 9-16 所示。在汇编或编译完成后将产生(*.lst)的列表文件，在链接完成后也将产生(*.m51)的列表文件，该页用于对列表文件的内容和形式进行细致的调节，其中比较常用的选项是"C Compile Listing"下的"Assembly Code"项，选中该项可以在列表文件中生成 C 语言源程序所对应的汇编代码。

(4) C51 标签页：用于对 Keil 中 C51 编译器的编译过程进行控制，如图 9-17 所示。其中比较常用的是"Code Optimization"组，该组中 Level 是优化等级，C51 在对源程序进行编译时，可以对代码多至 9 级的优化，默认使用第 8 级，一般不必修改，如果在编译中出现一些问题，可以降低优化级别。Emphasis 是选择编译优先方式的，第一项是代码量优先(最终生成的代码其代码量小)；第二项是速度优先(最终生成的代码其代码速度快)；第三项是缺省，默认速度优先，可根据需要更改。

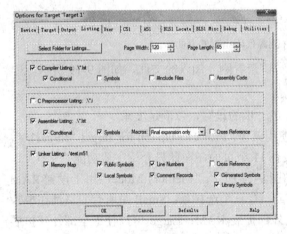

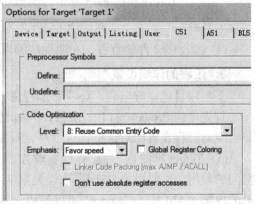

图 9-16　Listing 标签页　　　　　　　　　　图 9-17　C51 标签页

(5) Debug 标签页：用于设置仿真模式及调试设置选项，如图 9-18 所示。Keil μVision4的两种仿真模式分别是软件模拟和硬件仿真。软件模拟选项是将 Keil μVision4 调试器设置成软件模拟模式，在此模式下不需要实际的目标硬件就可以模拟 MCS-51 单片机的很多功能(例如第 3 章的部分程序)，在制作硬件电路之前就可以测试应用程序，非常有用。硬件仿真则需要和仿真器联合使用(详见 9.2.3 小节)。

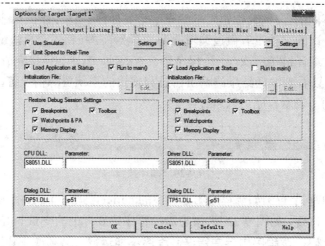

图 9-18　Debug 标签页

9.2.2　应用程序的编辑、编译和链接

1．源程序的编辑和修改

除了通过添加源程序建立编辑环境外，还可以采用其他方法编写程序。例如，把第 3 章例 3-4 的参考程序通过一个独立编辑器(可以是写字板或记事本)录入，并存成 test.c(C 语言程序扩展名必须是.c)。通过"Add Files to Group 'Source Group1'"选项加载，加载后的界面如图 9-19 所示。如果是一个新程序，我们也可以在编辑窗口中直接编写程序。对于加载完的源程序，可以在编辑窗口直接修改。

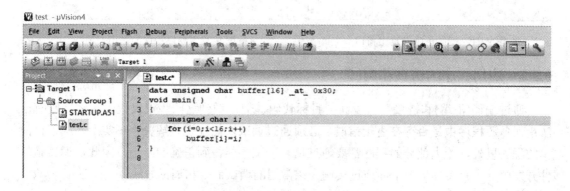

图 9-19　源程序编辑窗口

2．编译和链接

在设置好工程文件并编写好源程序后，即可进行编译、链接。选择菜单"Project→Build target"，对当前工程进行链接。如果当前文件已修改，软件会先对该文件进行编译，然后再链接以产生目标代码；如果选择"Rebuild all target files"，将会对当前工程中的所有文件重新进行编译然后再链接，以确保最终生成的目标代码是最新的；而"Translate Files"项则仅对该文件进行编译，不进行链接。

以上操作可以通过工具栏按钮直接进行。如图 9-20 所示，矩形框中最左边的三个图标都是编译按钮,不同的是: 按钮用于编译单个文件; 按钮用于编译链接当前项目,如果先前编译过一次的文件没有做过编辑改动,再次单击按钮不会再次编译; 按钮,每单击一次均会再次编译链接一次,不论程序是否有改动。编译和链接完成后,在下方"Build Output"窗口中可以看到编译结果的输出信息和使用的系统资源情况等,如果没有语法错误(如图 9-21 所示),表示程序可以运行。

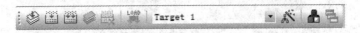

图 9-20　编译按钮

如果源程序中有错误(例如源程序第 6 行中的 buffer 误写成 buffe),在"Build Output"窗口会有错误报告出现,如图 9-22 所示(表示源程序第 6 行中的变量 buffe 没有被定义),这时没有生成目标代码,**源程序中存在错误,程序不能运行,必须改正错误**。双击错误示意行,可以在编辑器窗口中定位到源程序相应的位置。对源程序进行修改之后,最终会得到如图 9-21 所示的正确结果,提示获得了名为 test.hex 的文件(可以被编程器读入并烧录到 ROM 芯片中),同时还产生了一些其他相关的文件,可用于仿真与调试,这时可以进入下一步调试的工作。

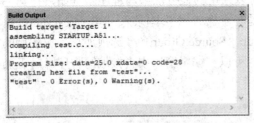

图 9-21　编译正确的输出窗口

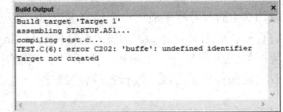

图 9-22　编译错误的输出窗口

9.2.3　应用程序的仿真和调试

通过编译(汇编)和链接,可以获得目标代码,但是做到这一步仅仅代表源程序没有语法错误。**源程序中是否存在逻辑错误,必须通过调试才能发现并解决**。事实上,除了极简单的程序以外,绝大部分的程序都要通过反复调试才能得到正确的结果,因此,调试是软件开发中一个重要环节。下面通过实例介绍常用的调试命令和调试方法。

1.　仿真器的连接

如果程序不涉及硬件电路,而仅与 CPU 内部有关(比如第 3 章的部分例程),则可以只使用 Keil μVision4 集成开发环境的软件模拟器。如果程序与硬件电路有关,就必须使用硬件仿真器,并且和 Keil μVision4 集成开发环境一起使用。在使用硬件仿真器之前,需要进行仿真环境的设置。

(1) 选择硬件仿真器类型。打开 Debug 标签页设置窗口,选中右侧一栏 Use,并在下拉菜单中选择第一个硬件仿真器 Keil Monitor-51 Driver,如图 9-23 所示。

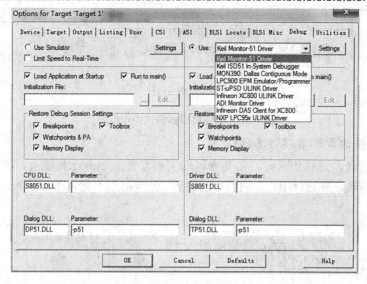

图 9-23 使用硬件仿真器的 Debug 标签页设置窗口

(2) 查找串口号。连接仿真器时需注意和计算机串口匹配的问题，因而需要确定计算机的串口号。打开计算机的设备管理器即可查询计算机的串口号，如图 9-24 所示。

(3) 设置串口波特率。在确定了计算机所使用的串口号之后，就可以继续对硬件仿真器进行设置。单击 Debug 标签页设置窗口右栏中的 Settings，对计算机所使用的串口号和波特率进行设置，串口号与设备管理器上所显示的一致，波特率可以选择最大值 115200b/s，如图 9-25 所示。

图 9-24 计算机设备管理器窗口

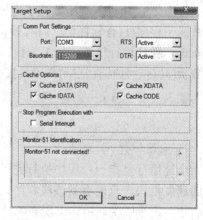

图 9-25 串口号和波特率设置窗口

(4) 仿真器的连接。拔下单片机应用系统(用户板)的 CPU，改插仿真器的仿真头，将仿真器通过串行接口(或 USB 口)连接到计算机上。

2. 仿真的启动和停止

1) 使用软件模拟器

使用软件模拟器进行仿真时，需要先进入工程设置的 Debug 标签页，将仿真方式设置成软件模拟器仿真，然后进入调试过程，如图 9-26 所示。

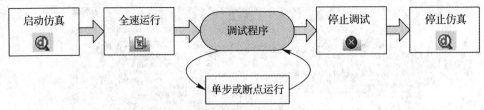

图 9-26 软件模拟器调试操作步骤

2) 使用硬件仿真器(真实仿真器)

使用硬件仿真器进行仿真时，需要先进入工程设置的 Debug 标签页，将仿真方式设置成硬件仿真器仿真，并进行串口和波特率的设置，连接好仿真器，然后进入调试过程，如图 9-27 所示。

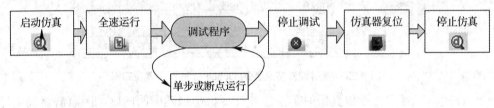

图 9-27 硬件仿真器调试操作步骤

3. 常用调试命令

进入调试状态后，界面与编辑状态相比有明显的变化，Debug 菜单项中原来不能用的命令现在已可以使用了，工具栏会多出一个用于运行和调试的工具条。如图 9-28 所示，Debug 菜单上的大部分命令可以在此找到对应的快捷按钮，从左到右依次是复位、全速运行、暂停、单步(进入到函数或子程序内部)、过程单步(不进入到函数或子程序内部)、跳出函数或子程序(只有软件仿真时有效)、运行到当前行(光标位置处)、显示光标位置、记录运行轨迹、观察运行轨迹、反汇编窗口、变量观察窗口、代码作用范围分析、内存窗口、性能分析(只有软件仿真支持)、工具按钮等命令。

图 9-28 调试工具条

1) 全速运行

全速运行是指一行程序执行完以后紧接着执行下一行程序，中间不停止，这样程序执行的速度很快，只能看到该段程序执行的总体效果，即最终结果正确还是错误，但如果程序有错，则难以确认错误出现在哪些程序行。图 9-28 的第 2 个选项即是全速运行。也可以通过 Debug 菜单项中的 Run 实现全速运行。

2) 单步运行

单步运行是每次执行一行程序，执行完该行程序以后即停止，等待命令执行下一行程序，此时可以观察该行程序执行完以后得到的结果是否与我们编写该行程序前的预期结果相同，借此可以找到程序中的问题所在。

使用 Debug 菜单项中的 Step 选项或相应的命令按钮或使用快捷键 F11 可以单步运行程序。使用菜单 Step Over 或功能键 F10 可以通过过程单步形式运行程序。所谓过程单步，是指将汇编语言中的子程序或高级语言中的函数作为一个语句来全速运行。

按下 F11(或 F10)键，可以看到源程序窗口的左边出现了一个黄色调试箭头，指向源程序的第一行，如图 9-29 所示。每按一次 F11(或 F10)，即执行该箭头所指程序行，然后箭头指向下一行，不断按 F11(或 F10)键，即可逐步执行程序。

```
data unsigned char buffer[16] _at_ 0x30;
void main( )
{
    unsigned char i;
    for(i=0;i<16;i++)
        buffer[i]=i;
}
```

图 9-29　源程序窗口调试状态

通过单步执行程序，可以找出一些逻辑错误，但是仅依靠单步执行来查错有时是困难的，或虽能查出错误但效率很低，为此必须辅之以其他的方法：第一，用鼠标在子函数或子程序的最后一行点一下，把光标定位于该行，然后用菜单“Debug→Run to Cursor line”或工具按钮(执行到光标所在行)，即可全速执行完黄色箭头与光标之间的程序行。第二，在进入该子函数或子程序后，使用菜单“Debug→Step Out of Current Function”或工具按钮(单步执行到该函数外)，使用该命令后，即全速执行完调试光标所在的子函数或子程序并指向主程序中的下一行程序。灵活应用以上方法，可以大大提高查错的效率。

3) 断点运行

程序调试时，已经确定正确的程序段不必每次都单步运行，或者一些程序行必须满足一定的条件才能被执行到(如程序中某变量达到一定的值、按键被按下、串口接收到数据、有中断产生等)，这些条件往往是异步发生或难以预先设定的，这类问题使用单步执行的方法是很难调试的，这时就要使用到程序调试中的另一种非常重要的方法——断点运行。

断点设置的方法有多种，常用的是在某一程序行设置断点。在程序行设置/移除断点的方法是：将光标定位于需要设置断点的程序行，使用菜单“Debug→Insert/Remove BreakPoint”设置或移除断点(也可以用鼠标在该行双击实现同样的功能)，如图 9-30 所示。

```
data unsigned char buffer[16] _at_ 0x30;
void main( )
{
unsigned char i;
for(i=0;i<16;i++)
buffer[i]=i;
}
```

图 9-30　断点的设置和移除

设置好断点后可以全速运行程序，一旦执行到该程序行即停止，可在此观察有关变量值，以确定问题所在。

9.2.4　应用程序调试的常用窗口

Keil μVision4 在调试程序时提供了多个窗口，主要包括输出窗口(Output Windows)、观察窗口(Watch Windows)、存储器窗口(Memory Windows)和工作窗口寄存器页等。进入调试模式后，可以通过菜单 View 下的相应选项打开或关闭这些窗口。在程序调试过程中，可以充分利用 Keil μVision4 提供的各种窗口，来提高程序调试的效率。

1．输出窗口

图 9-31 是输出窗口。进入调试程序后，输出窗口自动切换到 Command 页，该页用于输入调试命令和输出调试信息。

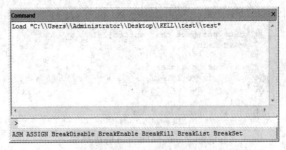

图 9-31　输出窗口

2．存储器窗口

用图 9-32 所示方法打开存储器窗口，窗口中可以显示单片机中 RAM 和 ROM 的值。通过在 Address 编辑框内输入"字母：数字"即可显示从这个数字开始的若干存储单元的值，字母可选择 C、D、I、X，其中：

- C：代表 ROM 空间；
- D：代表直接寻址的片内 RAM 空间；
- I：代表间接寻址的片内 RAM 空间；
- X：代表扩展的外部 RAM 空间；
- 数字：代表想要查看的地址(习惯上采用十六进制，在数字后面加 H 或在数字前面加 0x)。

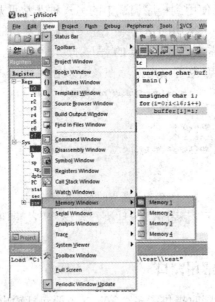

图 9-32　通过菜单项打开存储器窗口

例如：输入"D：0x30"即可观察到地址 30H 开始的片内 RAM 单元中的值，如图 9-33 所示；输入"C：0x0000"即可显示从 0000H 开始的 ROM 单元中的值，即查看程序的二进制代码。RAM 或 ROM 单元中的值可以在窗口中以各种形式显示，如十进制、十六进制、字符型等。改变显示方式的方法是单击鼠标右键，在弹出的快捷菜单中选择，**默认的是十六进制显示方式**。

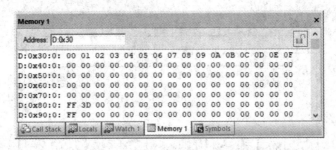

图 9-33　全速运行得到的结果

3. 工程窗口寄存器页

图 9-34 所示为工程窗口寄存器页的内容。寄存器页包括了当前的工作寄存器组和系统寄存器。系统寄存器组有一些是实际存在的寄存器(如 A、B、DPTR、SP、PSW 等)，有一些是实际中并不存在或虽然存在却不能对其操作的(如 PC、States 等)。每当程序中执行到对某寄存器的操作时，该寄存器会以反色(蓝底白字)显示，鼠标单击后按下 F2 键，即可修改该值。存储器窗口和工程窗口寄存器页是汇编程序调试过程中常用窗口。

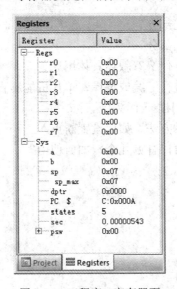

图 9-34　工程窗口寄存器页

4. 观察窗口

由于工程窗口中仅可以观察到工作寄存器和有限的寄存器(如 A、B、DPTR 等)，如果需要观察其他的寄存器的值或在高级语言编程时需要直接观察变量，就要借助于观察窗口。一般情况下，仅在单步执行时才对变量的值的变化感兴趣，图 9-35 所示为单步运行时通过观察窗口观察变量值的变化。全速运行时，变量的值是不变的，只有在程序停下来之后，才会将这些值的最新变化反映出来。但是，在一些特殊场合下也可能需要在全速运行时观察变量的变化，此时可以单击"View→Periodic Window Update"(周期更新窗口)，确认该项处于被选中状态，即可在全速运行时动态观察有关值的变化。但是，选中该项，将会使程序模拟执行的速度变慢。观察窗口是 C 程序调试过程中常用窗口之一。

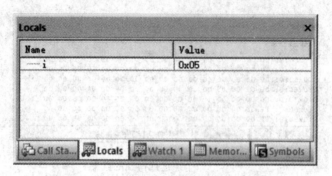

图 9-35　单步运行时通过观察窗口观察变量值的变化

限于篇幅，本章仅介绍 Keil μVision4 的常用功能，Keil μVision4 的详细功能及调试方法请读者参阅专门书籍。

思 考 与 练 习

1．单片机系统设计分哪几部分？
2．单片机系统调试有哪几部分？
3．单片机开发工具主要有什么？叙述具体用途。
4．为什么需要对源程序进行汇编或编译？单片机能够直接运行的是什么代码？
5．如何用 Keil μVision4 创建一个应用程序？
6．为什么要使用断点调试方法？如何设置断点？
7．应用程序调试的常用窗口有哪几个？如何使用？

第 10 章　单片机学习板及功能模块

本章从 MCS-51 单片机的课堂学习和实际练手两个方面考虑，按照单片机应用系统的组成原理，设计了一款单片机学习板 MD-100，该学习板共有 10 个单元模块。在每个单元模块中，设计了需要完成的编程任务，共有 15 个任务，可供读者进行编程练习。通过本章学习，可以快速掌握单片机的开发方法。

10.1　单片机学习板的用途和特点

MCS-51 单片机学习板是一种高效率、低成本的单片机实践学习工具，市面上有多种类型的学习板(或开发板)出售，可以满足广大单片机爱好者课内学习和课外扩展的需要。本章所讲述的单片机学习板型号是 MD-100，具有以下特点：

(1) 使用方便。支持全系列 51/52 单片机芯片，配有 USB 接口，可直接与计算机连接，实现程序的下载与执行，并由 USB 口供电，不需要额外电源。读者可以自主、灵活地选择时间和地点进行单片机的实践学习。

(2) 简单易学。学习板省去了一些不常用的外围扩展器件，保留了键盘、数码管显示、液晶显示、测温、AD/DA 转换等常用练习项目，上手容易，成本低廉。同时，大部分元件采用直插式封装，便于读者购买学习板套件，自己练习焊接和调试。

(3) 配置灵活。学习板上很多芯片都是一片多用，并设计了一些短路跳接块，通过短路跳接块可以将 I/O 口或芯片连接到不同的位置。

(4) 案例对应。本书其他章节的许多案例均以该学习板的硬件电路为基础进行扩展设计，大部分可以在学习板所构成的硬件系统上运行。本章针对学习板专门设计了 15 个编程任务，只给出了方法分析和程序框图，让读者独立编程，便于快速提高编程水平。顺利完成这 15 个任务的编程后，读者还可以针对一个单元或多个单元的组合自行设计新的编程任务。

(5) 硬件制作。读者可在学习网站 www.mcs-51.com 下载 MD-100 单片机学习板的电路原理图、元器件清单和电路板图，也可以自己学习绘制电路板图(采用 Altium Designer 工具软件)，再委外制板，购买元器件。从中学会单片机应用系统开发的工作过程。

(6) 实用性强。学习板的单片机 I/O 口均作了引出端，读者可以根据自身需要，增加外围扩展器件，完成单片机系统的设计。

利用单片机学习板练手应注意由浅入深，逐步掌握，本章的任务 1～15 基本上也是按照这一原则设计的。应先模仿实验，再自己动手。MD-100 单片机学习板的开发环境是 Keil μVision4，简单易懂，方便高效，其用法已在第 9 章做了详细讲解。另外学习网站 www.mcs-51.com 上还附有基于 MD-100 单片机学习板的典型案例的 C51 源程序，方便读者测试 MD-100 单片机学习板，也可作学习借鉴之用。

10.2　单片机学习板的整体设计

单片机学习板共分为 10 个单元模块，分别是：

- 流水灯控制单元；
- 数码管显示单元；
- 蜂鸣器单元；
- 独立按键单元；
- 矩阵键盘单元；
- 液晶显示单元；
- I^{2}C 总线单元；
- A/D 和 D/A 单元；
- 温度检测单元；
- 串口通信单元。

MD-100 单片机学习板以 STC89C51RC(与 80C51 兼容)单片机作为核心控制器。流水灯控制单元用来显示单片机 I/O 口电平的变化；数码管显示单元用来显示简单的数字、字母；蜂鸣器单元用来发出声音；矩阵键盘和独立按键单元用来向单片机输入特定编码的信息；液晶显示单元用来显示字母、数字、符号；I^{2}C 总线单元用来连接单片机及其外围设备，方便单片机扩展；A/D 和 D/A 单元用来实现模/数转换和数/模转换；温度检测单元用来测量外界的温度；串口通信单元用来实现单片机与 PC 的通信。

MD-100 单片机学习板硬件结构框图如图 10-1 所示。

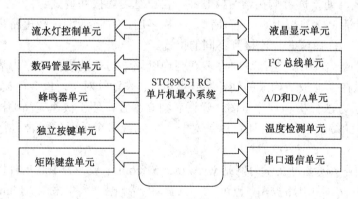

图 10-1　学习板的硬件总体结构框图

10.3　STC-ISP 烧录软件的使用方法

一般情况下，单片机系统(学习板)的软件开发需要仿真器和编程器的支持。由于"在系统可编程"(In System Programmable，ISP)技术的发展，支持 ISP 的器件越来越多，通过

ISP 可以实现目标程序的串行下载，程序在单片机学习板上运行，发现问题后修改，下载运行，再修改，再下载运行，……如图 10-2 所示。因为 ISP 不支持单步调试运行，所以对于调试大型程序有一定难度。因而，在不十分复杂的单片机系统中，我们可以使用 ISP 技术进行开发。

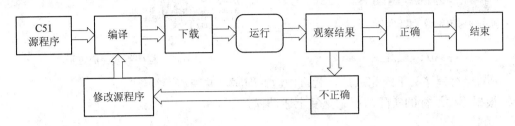

图 10-2　利用 STC-ISP 进行程序调试的方法

ISP 是通过相应的工具软件支持的，我们经常使用的是一款名为 STC-ISP 单片机下载编程烧录软件 "STC-ISP" (可以从 www.mcs-51.com 下载)，它是针对 STC 系列单片机而设计的，可烧录包括 STC89C51 在内的多款单片机，因为无需外加硬件，所以使用简洁简便，现已被广泛使用。

下面我们详细介绍 STC-ISP 烧录软件的使用步骤：

(1) 连接。首先用 USB 线连接电脑和 MD-100 学习板。

(2) 运行软件。打开 STC-ISP 下载软件，其界面如图 10-3 所示。

(3) 选择单片机型号。在使用 MD-100 单片机学习板时选择 STC89C51RC，如图 10-4 所示。

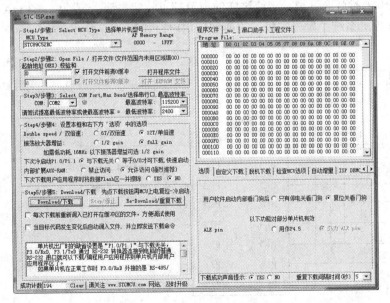

图 10-3　STC-ISP 程序使用界面

图 10-4　芯片型号选择

(4) 连接学习板和计算机的 USB 接口。在设备管理器中可以查看端口中该设备的串口号，并在 STC-ISP 软件上选择相应的 COM 口。

(5) 下载文件。程序下载前先给学习板断电，单击 STC-ISP 软件界面上的"打开程序文件"选项，选择需要下载的 hex 文件。然后单击"下载"选项，出现如图 10-5 所示的提示。这时，软件提示"上电"，给板子上电后，程序下载成功则提示，如图 10-6 所示。

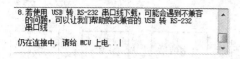

| 图 10-5　上电提示 | 图 10-6　程序下载完成提示 |

(6) 运行程序。下载完成后，就可以运行程序，并观察运行结果。

根据程序运行的实际情况，重复上述过程。

10.4　单片机学习板的功能模块

10.4.1　流水灯控制单元

1．LED 的工作原理

LED(发光二极管)是 MCS-51 单片机系统中最常见的一种指示型外部器件，是半导体二极管的一种，可以把电能转化成光能；其主要结构是一个 PN 结，具有单向导电性，常常用于指示某个开关量的状态。

LED 和普通二极管一样，具有单向导电性，当加在发光二极管两端的电压超过了它的导通电压(一般为 1.7～1.9 V)时就会导通，当流过它的电流超过一定电流(一般为 2～3 mA)时则会发光。MCS-51 单片机系统中发光二极管的典型应用电路如图 10-7 所示。

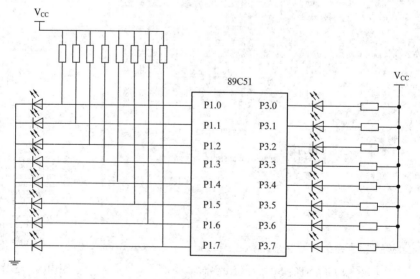

图 10-7　MCS-51 单片机系统中 LED 的典型应用电路图

图 10-7 中 P1 端口上的 LED 驱动方式称为"拉电流"驱动方式，当 MCS-51 单片机 I/O 引脚输出高电平时，发光二极管导通发光；当单片机 I/O 引脚输出低电平时，发光二极管

截止。图中 P3 端口上的 LED 驱动方式称为"灌电流"驱动方式，当单片机引脚输出低电平时，发光二极管导通发光；当单片机引脚输出高电平时，发光二极管截止。

图 10-7 中的电阻均为限流电阻，当电阻值较小时，电流较大，发光二极管亮度较高；当电阻值较大时，电流较小，发光二极管亮度较低。一般来说该电阻值选择范围为 $1 \sim 10 \, k\Omega$，具体电阻的选择与该型号单片机 I/O 口的驱动能力、LED 的型号及系统的功耗有关。

说明：P1 端口不直接用 I/O 引脚驱动 LED，而是外加了 V_{CC}，原因是 MCS-51 单片机 I/O 口的驱动能力有限；同理，P3 中的电阻值不宜过小，因为 MCS-51 单片机 I/O 口吸收电流的能力也有限，过大的电流容易烧坏单片机。

2．硬件电路设计

流水灯控制单元的原理图如图 10-8 所示。流水灯控制单元包含 8 个 LED 灯，我们采用 P1 口"灌电流"的驱动方式点亮 LED 灯，8 个 LED 灯的阴极依次连接单片机 P1 口的 8 个引脚，8 个 LED 灯的阳极依次与 $1 \, k\Omega$ 排阻的 8 个引脚相连，排阻的公共端连接短路插针的一端，短路插针的另一端与电源相连，因此，若将短路插针用短路帽短路，则 8 个 LED 的阳极上拉到高电平，当 P1 口输出低电平时，LED 点亮。

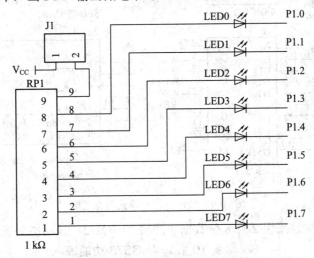

图 10-8　流水灯控制单元原理图

3．应用实例——流水灯控制

【任务 10-1】　编程依次控制 LED 的亮灭。LED0 亮 1 s 后熄灭，紧接着 LED1 亮 1 s 后熄灭，……，一直到 LED7 亮 1 s 后熄灭，又从 LED0 开始循环。

【任务 10-2】编程控制 LED 的亮灭。LED0 亮，1 s 后 LED1 亮，再 1 s 后 LED2 亮，……一直到 LED7 亮，这时 8 个 LED 全亮；1 s 后，LED0 灭，再 1 s 后 LED1 灭，……一直到 LED7 灭，这时 8 个 LED 全灭；1 s 后，又从 LED0 开始循环。

10.4.2　数码管显示单元

1．硬件电路设计

数码管的显示方式可以分为动态显示方式和静态显示方式。动态显示方式也叫扫描方式，是利用发光二极管的余辉效应和人眼的视觉暂留效应来实现的，只要在一定时间内数码管的笔段亮的频率够快，人眼就看不出闪烁，一般外围硬件较少，但是对单片机资源耗用巨大。静态显示方式也叫锁存方式，单片机送出数据后控制外围锁存器件锁存数据，数码管笔段里的电流不变，数码管稳定显示，这样单片机可以干别的事而不用管数码管了。这种方案的优点是对单片机 I/O 口的资源和时间耗用很少，但是数码管的外围辅助电路复杂。MD-100 学习板采用动态显示。

　　　我们通过 74H573 扩展 I/O 口连接两个三位数码管 SEG-5362AS。数码管显示单元的电路原理图如图 10-9 所示。

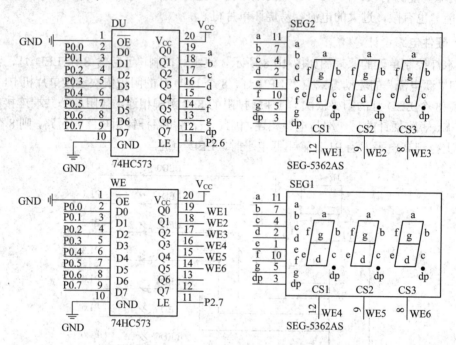

图 10-9　数码管显示单元的原理图

数码管段选和位选采用 2 片 8 位数据缓冲器 74HC573，其功能如表 10-1 所示。

表 10-1　74HC573 功能表

工作模式	输入			内部锁存器	输出
	OE	LE	D0~D7		Q0~Q7
使能和读寄存器	L	H	L	L	L
	L	H	H	H	H
锁存和读寄存器	L	L	l	L	L
	L	L	h	H	H
锁存器和禁用输出	H	L	l	L	Z
	H	L	H	H	Z

　　　表中，H 表示高电平；h 表示要保持高电平到低电平转变时一个建立周期以上的高电平；L 表示低电平；l 表示要保持高电平到低电平转变时一个建立周期以上的低电平；Z 表示高阻态。

单片机的 P0.0~P0.7、P2.6 分别与段选 74HC573 芯片的 D0~D7、LE 相连,前者作为段选信号线,后者作为段选使能端;同时单片机的 P0.0~P0.5、P2.7 分别与位选 74HC573 芯片的 D0~D5、LE 相连,前者作为位选信号线,后者作为位选使能端。

在这里需要注意的是,所要驱动的数码管是共阴还是共阳。通常数码管型号中倒数第 2 个字母表示数码管是共阴还是共阳,当倒数第 2 个字母为 A、C、E 时,表示是共阴数码管,为 B、D、F 时表示是共阳数码管。我们使用的数码管型号是 5362AS,是共阴数码管。因此段选信号高电平有效,位选信号低电平有效,即 a~dp 对应八段数码管的各段,当有高电平输出时,被高电平片选中的数码管的相应段点亮;WE1~WE6 对应 6 个八段数码管,当有低电平输出时,被低电平选中的那个数码管就可以被点亮。

2. 应用实例——数码管显示

【任务 10-3】 学习板上的数码管和单片机接线如图 10-9 所示。利用数码管动态扫描法编写程序,实现 6 位数字"1""2""3""4""5""6"的显示。(需注意:延时的总和必须小于 0.1 秒。这样,根据人眼的视觉暂留效应,6 个数码管看起来同时点亮。)

【任务 10-4】 学习板上的数码管和单片机接线如图 10-9 所示。利用数码管动态扫描法编写程序,实现字母"HELLO."的显示。

分析:任务 10-3 和任务 10-4 完成的内容基本相同,只是显示的"字符"不同,程序流程图如图 10-10 所示。为了精确控制延时的时间以便造成"扫描"的效果,使用 1 ms 的延时函数来控制精确延时。打开段选使能,通过 P0 端口先输出要显示数字或字符对应的字形编码,关闭段选使能并打开位选使能,再输出位选信号,点亮对应的数码管,关闭位选使能,延时一段时间,重复上述操作,点亮下一位数码管。

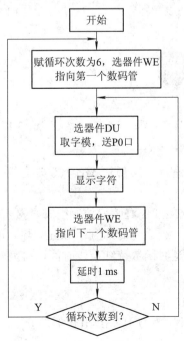

图 10-10 数码管显示程序流程图

10.4.3　蜂鸣器单元

1．蜂鸣器的工作原理

蜂鸣器是一种一体化结构的电子讯响器，采用直流电压供电。

按照工作原理，蜂鸣器可以分为压电式蜂鸣器和电磁式蜂鸣器，前者又称为有源蜂鸣器，后者又称为无源蜂鸣器。有源蜂鸣器和无源蜂鸣器的最大区别是前者内部带振荡源，后者内部不带振荡源。因而，前者在蜂鸣器两端加上正向电压时即可发出声音，而后者需要在两端加上周期性的频率电压才能发出声音。需要注意的是，有源蜂鸣器也可通过周期性的频率电压发出声音。

MD-100 学习板上使用的是有源蜂鸣器。

常见的蜂鸣器实物如图 10-11 所示，蜂鸣器有两个引脚，一个为正信号输入，另一个为负信号输入，当两个引脚之间的电压差超过蜂鸣器的工作电压时，蜂鸣器进入工作状态，可以发出声音。

2．硬件电路设计

蜂鸣器的导通需要一定的电流流过，所以在驱动蜂鸣器时常常需要外接功率驱动器件。如图 10-12 所示，单片机的 P2.3 与 V1 的基极通过 1 kΩ 电阻连接，当 P2.3 为低电平时，V1 导通，V1 的发射极与集电极导通，将发射极下拉为低电平，蜂鸣器两端出现电位差，蜂鸣器发声；当 P2.3 为高电平时，V1 不导通，蜂鸣器两端没有电流流过，蜂鸣器不发声。

图 10-11　蜂鸣器实物图

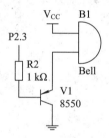

图 10-12　蜂鸣器单元原理图

3．应用实例——定时报警

【任务 10-5】　编写 C51 程序，实现让 MD-100 学习板上的蜂鸣器每隔 1 min 发声报警一次，发声时长为 5 s。

分析：在程序中首先定义 P2.3 为蜂鸣器控制引脚，接着编写一个 1 ms 的延时函数并在主函数中不断调用延时函数，使之延时达到 1 min，当 1 min 到达时，设置 P2.3 口为低电平，蜂鸣器发声报警。通过延时函数持续一段时间，再翻转 P2.3 口电平，结束报警，再重复上述操作。

4．应用实例——音乐播放

【任务 10-6】　编写 C51 程序，实现 MD-100 学习板控制压电(有源)蜂鸣器来播放"祝你生日快乐"音乐。

分析：音乐的音高与频率是对应的，如频率为 261 Hz 的音就是 C 调的"1"，频率为

294 Hz 的音为 "2"，频率为 329 Hz 的音为 "3"，依次类推。用不同的频率驱动有源蜂鸣器，就会产生不同的音高，I/O 引脚持续不断输出不同的音高，其时间长短即为拍子的长短，即可演奏音乐。由于不同的音调对应不同频率的方波。音调越高，方波的频率越大，即周期越小，可以使用如下公式进行计算：

$$方波高电平时间长度 = \frac{1}{2 \times 音调频率}$$

表 10-2 给出了使用上述公式计算得到的音调所对应的高电平时间长度。

表 10-2 高电平时间长度和音调的对应关系

音调	音调频率/Hz	方波周期/μs	方波高电平时间长/μs
1	261	3830	1915
2	294	3400	1700
3	329	3038	1519
4	349	2864	1432
5	392	2550	1275
6	440	2272	1136
7	493	2028	1014
i	523	1912	956

对于该任务，"祝你生日快乐" 的乐谱可以查阅相关资料，我们通过歌曲的曲谱计算一定长度歌曲(可以使用 75 个节拍)与其对应的音阶并将其存放到数组中，同时将高、低音阶频率的列表分别存放在数组中，并且根据数组中的音阶计算出对应的频率，送到定时器 0 控制其定时进而控制蜂鸣器导通。

10.4.4 独立按键单元

1. 硬件电路设计

图 10-13 给出了学习板上的独立按键单元原理图。图中的 4 个按键，其中一端连接到地，另一端与单片机的 P3.4～P3.7 口连接，当按键没有按下时，P3.4～P3.7 引脚上为高电平，当有按键按下时该引脚被连接到地，P3.4～P3.7 引脚上为低电平。可以使用查询端口的方式来获取按键的状态。

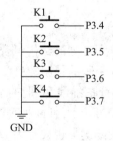

图 10-13 独立按键单元的原理图

2. 应用实例——按键发声

【任务 10-7】 编写程序，让单片机首先判断独立按键是否按下，如果按下，再次判断是哪个按键按下，并且根据不同的键驱动蜂鸣器使用不同的频率发声，用以区别不同的按键按下的状态。

分析：请参考图 10-14 所示的程序流程图，在程序中首先定义 P2.3 为蜂鸣器控制引脚，设置一个延时函数，延时时间大约为 1 ms，并在主函数中调用延时函数，当延时函数结束时翻转 P2.3 口的状态，因此蜂鸣器会产生一定频率的声音。

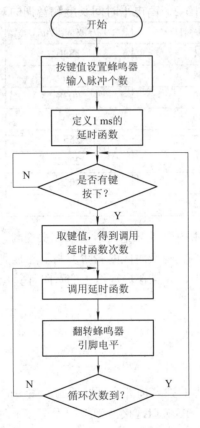

图 10-14　按键发声程序流程图

10.4.5　矩阵键盘单元

1. 矩阵键盘的工作原理

矩阵键盘是将许多独立按键按照行、列的结构组合起来构成一个整体键盘，从而减少 I/O 引脚的使用数目。

矩阵键盘把独立的按键跨接在行扫描线和列扫描线之间，这样 M×N 个按键就只需要 M 根行线和 N 根列线，大大减少了 I/O 引脚的占用，这种矩阵键盘也被称为 M×N 行列键盘。其实物图如图 10-15 所示。

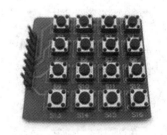

图 10-15　矩阵键盘单元的实物图

在单片机系统中，通常使用行列扫描法来读取行列扫描键盘的按键状态，行列扫描法将矩阵键盘的行线和列线分别连接到单片机的 I/O 引脚，然后进行如下操作：

(1) 将所有的行线都置为高电平 1；

(2) 依次将所有的列线都置为低电平，然后读取行线状态；

(3) 如果对应的行、列线上有按键按下，则读入的行线为低电平；

(4) 根据矩阵键盘的输出将按键编码并且输出。

2. 硬件电路设计

MD-100 学习板的 4×4 矩阵键盘单元的原理图如图 10-16 所示。P3.0～P3.3 为行线，P3.4～P3.7 为列线。

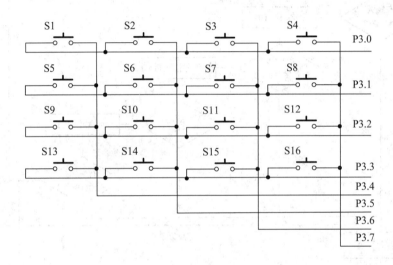

图 10-16　矩阵键盘单元的原理图

3. 应用实例——键盘键值编码输出

【任务 10-8】 请参考如图 10-17 所示的程序流程图，编写程序，实现 MCS-51 单片机对一个 4×4 矩阵键盘的 16 个键使用 0～F 键值编码输出，并在学习板的其中一个数码管上将按下的键对应键值编码显示出来。

分析：矩阵键盘的按键识别方法是将全部行线 P3.0～P3.3 置高电平，然后检测列线的状态。只要有一列的电平为高，则表示键盘中有键被按下，而且闭合的键位于高电平线与 4 根行线相交叉的 4 个按键之中。若所有列线均为低电平，则键盘中无键按下。

判断闭合键所在的位置：在确认有键按下后，即可进入确定具体闭合键的过程。其方法是：依次将行线置为低电平，即在置某根行线为低电平时，其他线为高电平。在确定某根行线位置为低电平后，再逐行检测各列线的电平状态。若某列为低，则该列线与置为低电平的行线交叉处的按键就是闭合的按键。

矩阵式键盘的按键编码处理：将行线和列线依次进行数值编码，然后进行一定规则的运算，就是对键值的编码。

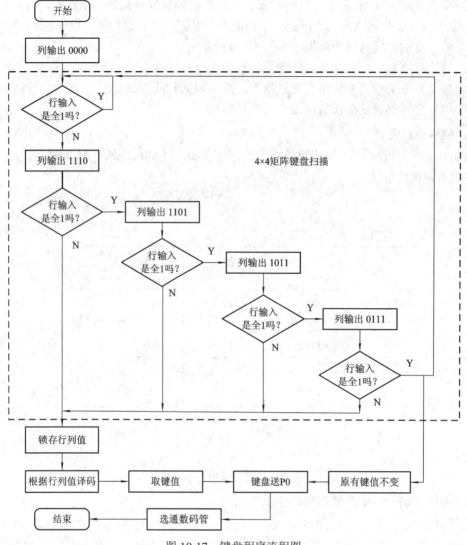

图 10-17　键盘程序流程图

10.4.6　液晶显示单元

1. LCD1602 液晶模块的功能和引脚

LCD1602 液晶模块是由点阵字符液晶显示器件和专用的行列驱动器、控制器及必要的连接件、构件装配而成的，可以显示数字和英文字符。图 10-18 是最常见的 LCD1602 液晶模块的实物图，其功能特点如下：

(1) 液晶由若干个 5×8 点阵块组成的显示字符块组成，每个点阵块为一个字符位，字符间距和行距都为一个点的宽度。

图 10-18　LCD1602 字符液晶实物图

(2) 主控芯片为 HD44780(HITACHI)或者其他兼容芯片。

(3) 内置了 192 个常用字符的字模。

(4) 具有 64 字节的自定义字符 RAM，可定义 8 个 5×8 字符或 4 个 5×11 字符。

(5) 具有标准的接口。

(6) 单+5 V 电源供电。

LCD1602 液晶模块采用标准的 16 脚接口，各引脚说明如表 10-3 所示。

表 10-3　LCD1602 引脚表

引脚号	符号	功　　能
1	VSS	电源 GND
2	VCC	电源+5 V
3	VO	液晶显示器对比度调整端，接 0～5 V 以调节显示对比度
4	RS	RS 为寄存器选择，高电平时选择数据，低电平时选择指令
5	R/W	R/W 为读写操作选择，高电平时进行读，低电平时进行写
6	EN	E 端为使能端，下降沿使能
7	DB0	三态、双向数据总线 0 位
8	DB1	三态、双向数据总线 1 位
9	DB2	三态、双向数据总线 2 位
10	DB3	三态、双向数据总线 3 位
11	DB4	三态、双向数据总线 4 位
12	DB5	三态、双向数据总线 5 位
13	DB6	三态、双向数据总线 6 位
14	DB7	三态、双向数据总线 7 位
15	BLA	背光电源+5 V
16	BLK	背光电源 GND

LCD1602 液晶模块有一指令集，包括清屏命令、归零命令等 11 条控制命令，如表 10-4 所示。

表 10-4　控制指令表

序号	指令	RS	R/W	D7	D6	D5	D4	D3	D2	D1	D0
1	清屏	0	0	0	0	0	0	0	0	0	1
2	归零	0	0	0	0	0	0	0	0	1	*
3	输入方式选择	0	0	0	0	0	0	0	1	I/D	S
4	显示开关控制	0	0	0	0	0	0	1	D	C	B
5	光标和画面移动	0	0	0	0	0	1	S/C	R/L	*	*
6	功能设置	0	0	0	0	1	DL	N	F	*	*
7	CGRAM 设置	0	0	0	1	CGRAM 的地址					
8	DDRAM 设置	0	0	1	DDRAM 的地址						
9	读 BF 和 AC 指令	0	1	BF	AC 的地址						
10	写数据	1	0	要写的数据内容							
11	读数据	1	1	读出的数据内容							

说明：表内"*"号取值为"0"或"1"均可；CGRAM 为用户自定义字符字模编码存储器；DDRAM 为显示字符中转存储器。

LCD1602 液晶模块不能显示汉字，但可以显示字符。LCD1602 液晶模块内部标准字符字模编码存储器(CGROM)已经存储了 192 个不同的点阵字符图形，这些字符有阿拉伯数字、英文字母的大小写、常用的符号、日文假名等，每一个字符都有一个固定的代码，行 4 位在前，列 4 位在后，组成 8 位代码。例如大写的英文字母"A"的代码是 01000001B(41H)，显示时模块把地址 41H 中的点阵字符图形显示出来，我们就能看见字母 A。LCD1602 液晶模块 CGROM 中字符字模与字符码的对应关系如表 10-5 所示。

表 10-5　CGROM 中字符字模与字符码的对应关系

↓	0000	0001	0010	0011	0100	0101	0110	0111	1000	1001	1010	1011	1100	1101	1110	1111
xxxx0000	CGRAM (1)			0	@	P		p				―	タ	ミ	α	p
xxxx0001	(2)		!	1	A	Q	a	q			。	ア	チ	ム	ä	q
xxxx0010	(3)		"	2	B	R	b	r			「	イ	ツ	メ	β	θ
xxxx0011	(4)		#	3	C	S	c	s			」	ウ	テ	モ	ε	∞
xxxx0100	(5)		$	4	D	T	d	t			、	エ	ト	ヤ	μ	Ω
xxxx0101	(6)		%	5	E	U	e	u			・	オ	ナ	ユ	σ	ü
xxxx0110	(7)		&	6	F	V	f	v			ヲ	カ	ニ	ヨ	ρ	Σ
xxxx0111	(8)		'	7	G	W	g	w			ア	キ	ヌ	ラ	g	π
xxxx1000	(1)		(	8	H	X	h	x			イ	ク	ネ	リ	√	x̄
xxxx1001	(2)		)	9	I	Y	i	y			ウ	ケ	ノ	ル	‐	y
xxxx1010	(3)		*	:	J	Z	j	z			エ	コ	ハ	レ	j	千
xxxx1011	(4)		+	;	K	[	k	{			オ	サ	ヒ	ロ	×	万
xxxx1100	(5)		,	<	L	¥	l					ヤ	シ	フ	ワ	¢	円
xxxx1101	(6)		-	=	M	]	m	}			ュ	ス	ヘ	ン	Ł	÷
xxxx1110	(7)		.	>	N	^	n	→			ョ	セ	ホ	ﾞ	n̄	
xxxx1111	(8)		/	?	O	_	o	←			ッ	ソ	リ	ﾟ	ö	█

显示字符时要先输入显示字符的地址，也就是告诉模块在哪里显示字符，LCD1602 液晶模块的内部显示地址如表 10-6 所示。

表 10-6　LCD1602 的内部显示地址

	1	2	3	4	5	6	7	8	9	10	11	12	13	14	15	16
第一行	00H	01H	02H	03H	04H	05H	06H	07H	08H	09H	0AH	0BH	0CH	0DH	0EH	0FH
第二行	40H	41H	42H	43H	44H	45H	46H	47H	48H	49H	4AH	4BH	4CH	4DH	4EH	4FH

比如第二行第 6 个字符的地址是 45H，那么是否直接写入 40H 就可以将光标定位在第二行第一个字符的位置呢？这样不行，因为写入显示地址时要求最高位 D7 恒定为"1"，所以实际写入的数据应该是 01000101B(45H)+10000000B(80H)=11000101B(C5H)。

如果需要显示汉字，可以选择 LCD12864 液晶模块。

2. LCD1602 液晶模块的操作指令

LCD1602 液晶模块的读写操作、屏幕和光标的操作都是通过指令编程来实现的。

指令 1——清屏指令：用于清除 DDRAM 和 AC 的数值，将屏幕的显示清空，光标复位到地址 00H。

指令 2——归零指令：光标返回到地址 00H。

指令 3——输入方式选择指令：用于设置光标和画面移动方式。其中：I/D=1，数据读、写操作后，AC 自动加 1；I/D=0，数据读、写操作后，AC 自动减 1；S=1，数据读、写操作后，画面平移；S=0，数据读、写操作后，画面保持不变。

指令 4——显示开关控制指令：用于设置显示、光标及闪烁开、关。其中：D 控制整体显示的开与关，D=1 为开，D=0 为关；C 控制光标的开与关，C=1 时为开，C=0 时为关；B 控制光标闪烁的开与关，B=1 时为开，B=0 时为关。

指令 5——光标和画面移动指令：用于在不影响 DDRAM 的情况下使用光标、画面移动。其中：S/C=1，画面平移一个字符位；S/C=0，光标平移一个字符位；R/L=1，右移；R/L=0，左移。

指令 6——功能设置指令：用于设置工作方式(初始化指令)。其中：DL=1，8 位数据接口；DL=0，4 位数据接口；N=l，两行显示；N=0，一行显示；F=l，5×10 点阵字符；F=0，5×7 点阵字符。

指令 7——CGRAM 设置指令：用于设置 CGRAM 地址。

指令 8——DDRAM 设置指令：用于设置 DDRAM 地址。N =0，一行显示；N=l，两行显示。

指令 9——读 BF 和 AC 指令：其中，BF=1 表示忙；BF =0 表示不忙，AC 值的意义为最近一次地址设置(CGRAM 或 DDRAM)定义。液晶模块是一个慢显示器件，所以在执行每条指令之前一定要确认模块的忙标志为低电平，否则此指令失效。

指令 10——写数据指令：用于将地址码写入 DDRAM 以使 LCD 显示出相应的图形或将用户自创的图形存入 CGRAM 内。

指令 11——读数据指令：根据当前设置，从 DDRAM 或 CGRAM 中读出数据。

3. LCD1602 液晶模块的工作时序

如果让 LCD1602 正确进行显示，则上述 11 条指令需按照 LCD1602 工作时序来进行操作。LCD1602 工作时序图如图 10-19 和图 10-20 所示。

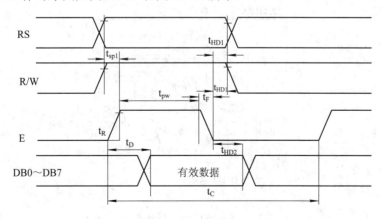

图 10-19　LCD1602 读时序图

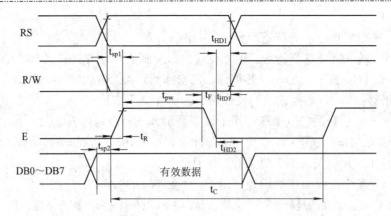

图 10-20　LCD1602 写时序图

　　要向 LCD1602 写指令，从图 10-20 上可以看出，RS=0，然后有一个延时，R/W 置为 0，然后再有个延时，设 E=1，这段时间持续一段时间，就能把指令写入 LCD1602(有效数据)，然后再设 E=0，延时后，设 RS=1 就完成了写指令过程。由于我们一般不需要读 LCD1602 的工作状态，所以把 LCD1602 的 R/W 直接接地。如果要向 LCD1602 写数据，除了设 RS=1 外，其他过程相同。

　　现在总结 LCD1602 工作过程如下：

　　(1) 根据是写指令还是写数据，把 RS 相应设置成"1"或"0"。

　　(2) 把 E 拉低成低电平。

　　(3) 延时后，把 E 拉成高电平，延时一段时间，在这段时间里，指令或数据写入 LCD1602。

　　(4) 把 E 拉成低电平，延时后，再把 RS 拉成高电平或低电平。

4．硬件电路设计

　　MD-100 学习板的 LCD1602 液晶显示单元原理图如图 10-21 所示。单片机与 LCD1602 液晶模块通过 P0.0～P0.7、P1.0、P1.1、P2.5 相连，P0.0～P0.7 为数据线，P1.0、P1.1、P2.5 为控制线。

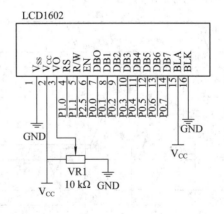

图 10-21　LCD1602 液晶显示单元原理图

5．应用实例——LCD1602 显示字符

【任务 10-9】　根据如图 10-22 所示的流程图试编写程序，实现 MCS-51 单片机控制 LCD1602 液晶模块显示两行字符，第一行为"STC89C52RC"共 10 个字符，第二行为"MCS-51"共 6 个字符。

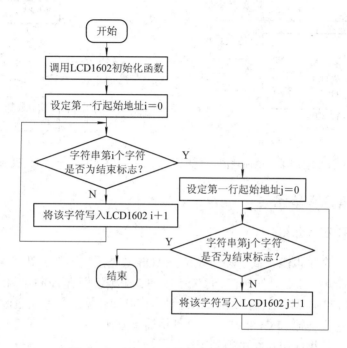

图 10-22　LCD1602 显示字符程序流程图

分析：在使用 LCD1602 液晶模块之前，需要根据 LCD1602 液晶模块的操作指令和工作时序，对其进行初始化。当初始化完成且在对光标进行定位之后就可将需要显示的内容送 LCD1602 液晶模块的数据端进行显示。

10.4.7　I²C 总线单元

1．硬件电路设计

学习板通过 I²C 总线(详见 8.3 小节)扩展串行 E²PROM 存储器 AT24C04，对于没有配置 I²C 总线接口的 89C51 单片机，可以利用通用并行 I/O 口线模拟 I²C 总线接口的时序，其中 P2.0 模拟数据线 SDA，P2.1 模拟时钟线 SCL。由于只扩展一片 AT24C04 芯片，因此将 A0、A1、A2 接地。I²C 总线单元的电路原理图如图 10-23 所示。

2．应用实例——I²C 总线读写存储器

【任务 10-10】　编写程序，通过串行 E²PROM 存储器 AT24C04 控制 LED 灯循环显示。

分析：通过扩展 AT24C04 芯片实现控制 LED 流水灯。对于 LED 灯循环显示部分可以在内存中选择一个地址存放要显示的数值，将该数值赋值给 P1 口显示，并利用循环语句实现流水显示，程序流程图如图 10-24 所示。

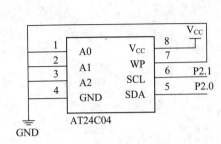

图 10-23　I²C 总线单元的原理图

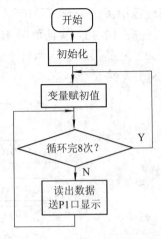

图 10-24　LED 灯循环显示流程图

10.4.8　A/D 和 D/A 单元

1. PCF8591 芯片介绍

PCF8591 是一个单电源、低功耗的 8 位 CMOS 数据采集器件，具有 4 个模拟输入、1 个模拟输出和 1 个串行 I²C 总线接口。PCF8591 的 3 个地址引脚 A0、A1 和 A2 可用于硬件地址编程。在 PCF8591 器件上输入/输出的地址、控制和数据信号都是通过双线双向 I²C 总线以串行的方式进行传输。PCF8591 由于其使用简单方便和集成度高，在单片机应用系统中得到了广泛的应用。

PCF8591 芯片有如下特点：

* 单电源供电；
* 工作电压：2.5 V～6 V；
* I²C 总线串行输入/输出；
* 通过 3 个硬件地址引脚编址；
* 采样速率取决于 I²C 总线的传输速率；
* 4 个模拟输入可编程为单端或差分输入；
* 自动增量通道选择；
* 8 位逐次逼近式 A/D 转换。

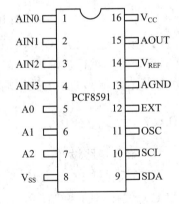

图 10-25　PCF8591 引脚图

PCF8591 的引脚排列如图 10-25 所示。表 10-7 给出了各引脚说明。

表 10-7　PCF8591 的引脚说明

引脚号	符号	功　　能
1	AIN0	模拟信号输入端，不使用时应接地
2	AIN1	模拟信号输入端，不使用时应接地
3	AIN2	模拟信号输入端，不使用时应接地
4	AIN3	模拟信号输入端，不使用时应接地
5	A0	硬件设备地址输入端

续表

引脚号	符号	功　　能
6	A1	硬件设备地址输入端
7	A2	硬件设备地址输入端
8	V_{SS}	电源 GND
9	SDA	I^2C 数据输入与输出端
10	SCL	I^2C 时钟输入端
11	OSC	外部时钟输入端，内部时钟输出端，不使用时应悬空
12	EXT	内外部时钟选择端，使用内部时钟时接地，使用外部时钟时接+5 V
13	AGND	模拟信号和基准电压的参考地
14	V_{REF}	基准电压输入端
15	AOUT	D/A 转换后的电压输出端
16	V_{CC}	电源(+5 V)

2．PCF8591 芯片使用方法

1) 通信格式

(1) PCF8591 的写入。

写入数据的通信格式如表 10-8 所示。第一个字节是器件地址和读写控制；第二个字节被存到控制寄存器，用于控制器件功能；第三个字节被存储到 DAC 数据寄存器，并使用片上 D/A 转换器转换成对应的模拟电压(所以不使用 D/A 功能时，可以不用输入)。

表 10-8　写入数据的通信格式

第一字节	第二字节	第三字节
写入器件地址(90H)	写入控制字节	要写入的数据
向 PCF8591 写入格式(高位在前)		

(2) PCF8591 的读取。

读出数据的通信格式如表 10-9 所示。读取的第一个字节包含上一次转换结果，将上一个字节读取后才开始进行这次转换的采样。读取的第二个字节才是这次的转换结果。所以读取转换结果的步骤是：发送转换命令，将上次的结果读走，然后等一段时间，再次读取结果。

表 10-9　读出数据的通信格式

第一字节	第二字节	第三字节	第四字节
写入器件地址(90H 写)	写入控制字节	写入器件地址(91H 读)	读出一字节数据
从 PCF8591 读数据格式(高位在前)			

2) 器件地址

I^2C 总线系统中的每一片 PCF8591 通过发送有效地址到该器件来激活。该地址包括固定部分、可编程部分和数据传输方向位(R/$\overline{W}$)，如表 10-10 所示。可编程部分必须根据地址引脚 A0、A1 和 A2 来设置，因此 I^2C 总线系统最多可接入 8 个 PCF8591。地址字节的最后一位是用于设置以后数据传输方向的读/写位，1 表示读操作，0 表示写操作。若 A0~A2 接地，则读地址为 91H，写地址为 90H。在 I^2C 总线协议中地址必须在起始条件后作为第

一个字节发送。

表 10-10　PCF8591 的器件地址

固定部分				可编程部分			方向位
1	0	0	1	A2	A1	A0	R/$\overline{\text{W}}$

3) 控制字

控制字节是通信时主机发送的第二字节数据，被存储在控制寄存器中，用于控制 PCF8591 的功能，如表 10-11 所示。其中第 3 位和第 7 位是固定的 0；第 6 位是 D/A 使能位，1 表示 D/A 输出允许，会产生模拟电压输出功能；第 4 位和第 5 位可以实现 A/D 输入方式的控制；第 0 位和第 1 位就是通道选择位；第 2 位是自动增量选择位，自动增量的意思就是，比如一共有 4 个通道，当全部使用的时候，读完了通道 0，下一次再读，会自动进入通道 1 进行读取，不需要指定下一个通道。由于 A/D 每次读到的数据都是上一次的转换结果，因此在使用自动增量功能的时候，要特别注意，当前读到的是上一个通道的值。

表 10-11　PCF8591 的控制字

D7	D6	D5	D4	D3	D2	D1	D0
	D/A 输出允许位	A/D 输入方式选择位			自动增量选择位	A/D 通道选择位	
	0 为禁止 1 为允许	00：4 路单端输入 01：3 路差分输入 10：单端与差分输入 11：2 路差分输入		0	0 为禁用 1 为启用	00：选择通道 0 01：选择通道 1 10：选择通道 2 11：选择通道 3	

4) D/A 转换时序

发送给 PCF8591 的第三个字节被存储到 DAC 数据寄存器，并使用片上 D/A 转换器转换成对应的模拟电压。这个 D/A 转换器由连接至外部参考电压的具有 256 个接头的电阻分压电路和选择开关组成。接头译码器切换一个接头至 DAC 输出线。模拟输出电压由自动清零单位增益放大器缓冲。这个缓冲放大器可通过设置控制寄存器的模拟输出允许标志来开启或关闭。在激活状态，输出电压将保持到新的数据字节被发送，如图 10-26 所示。

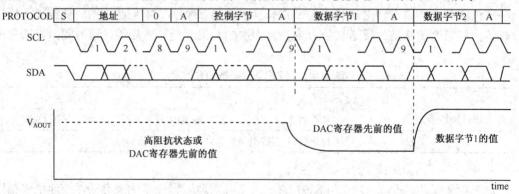

图 10-26　PCF8591 的 D/A 转换时序

5) A/D 转换时序

PCF8591 的 A/D 转换器采用逐次逼近转换技术。在 A/D 转换周期，将临时使用片上 D/A 转换器和高增益比较器。一个 A/D 转换周期总是开始于发送一个有效读模式地址给

PCF8591 之后。A/D 转换周期在应答时钟脉冲的后沿被触发，并在传输前一次转换结果时执行。一旦一个转换周期被触发，所选通道的输入电压采样将保存到芯片并被转换为对应的 8 位二进制码。转换结果被保存在 ADC 数据寄存器等待传输。如果自动增量标志被置 1，将选择下一个通道。PCF8591 的 A/D 转换时序如图 10-27 所示。

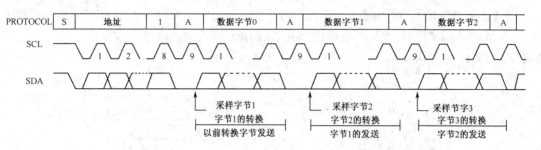

图 10-27 PCF8591 的 A/D 转换时序

3. 硬件电路设计

MD-100 学习板的 A/D 和 D/A 单元的原理图如图 10-28 所示。

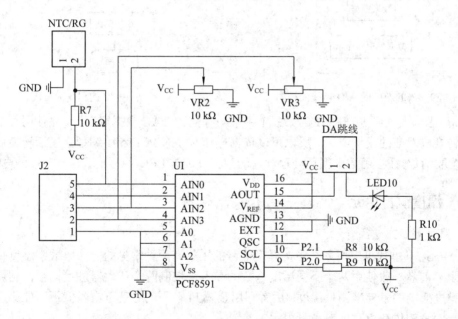

图 10-28 A/D 和 D/A 单元的原理图

单片机与 PCF8591 通过 P2.0、P2.1 相连，分别为时钟信号线、数据输入与输出端。学习板通过 J2 端子的 2～5 引脚外接模拟信号，J2 端子 2、3 引脚由滑动变阻器 VR2、VR3 将+5 V 分压后提供两路模拟信号，J2 端子 5 引脚可通过 NTC/RG 端子接入光敏或热敏电阻，提供模拟信号。

4. 应用实例——读取滑动变阻器的电压并用数码管显示

【任务 10-11】 根据图 10-29 所示的流程图，试编写程序，实现 MCS-51 单片机控制 PCF8591 的 A/D 单元电路，采集滑动变阻器 VR2 和 VR3 将+5 V 分压后的电压值并显示在数码管上。

分析：依据操作时序对 PCF8591 编程，包括转换启动和 A/D 值读取函数，在 A/D 转换函数中可以选择 PCF8591 的转换通道和输入方式，即通道 0～3，单通道输入或差分输入。在主函数中循环读取某一通道的模拟电压值，将采集到的数据处理后在数码管上显示出来。

5．应用实例——输出 0～5 V 渐变电压值并用 LED 亮度指示

【**任务 10-12**】　根据图 10-30 所示的流程图，试编写 C51 程序，实现通过学习板的 D/A 单元电路，输出 0～5 V 渐变电压值并通过 LED 亮度显示渐变的效果。

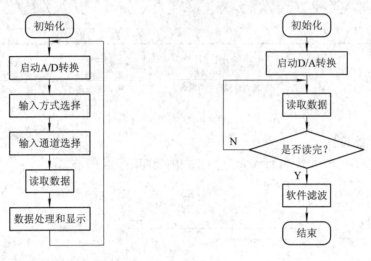

图 10-29　PCF8591 的 A/D 转换流程图　　　　图 10-30　任务 10-12 的程序流程图

分析：因为发送给 PCF8591 的第三个字节被存储到 DAC 数据寄存器，并使用片上 D/A 转换器转换成对应的模拟电压，所以可以依据操作时序对 PCF8591 编程，包括转换启动和 D/A 值读取函数。在主函数中循环处理读取的数据并通过 LED 实时显示输出模拟的电压值。

10.4.9　温度测量单元

1．温度测量方法简介

在 MCS-51 单片机应用系统中，温度信号的采集有两种常见的方法：数字温度传感器和铂电阻。前者一般使用两个不同温度系数的晶振来控制两个计数器进行计数，利用温度对晶振精度影响的差异来测量温度；后者利用金属 Pt 在不同温度下电阻值不同的原理来测量温度。两者的优缺点对比参考表 10-12。

表 10-12　铂电阻和数字温度传感器比较

	铂电阻	数字温度传感器
采集精度	高，很容易达到 0.1℃	低，0.5℃左右
测量范围	几乎没有限制	有相当的限制
采样速度	快，受到模拟/数字转换器件的限制	慢，几十至几百毫秒
体积	小，但是需要额外的器件	较大
和单片机的接口	需要通过电压调理电路和模拟/数字转换器件	串行总线接口电路
安装位置	任意位置	有限制

铂电阻根据温度变化的是其电阻值，所以在实际使用过程中需要额外的辅助器件将其转化为电压信号并通过调整后送到模拟/数字转换器件，才能让 MCS-51 单片机处理，其进行温度采集的框图如图 10-31 所示。

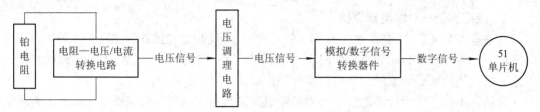

图 10-31 铂电阻温度测量系统框图

在 MD-100 学习板中，我们采用 Dallas 半导体公司的 DS18B20 数字温度传感器。

2. 硬件电路设计

图 10-32 给出了学习板的温度测量单元电路的原理图，温度测量传感器 DS18B20 与 MCS-51 单片机 P2.2 引脚相连。DS18B20 使用独立供电的供电模式，在独立供电的工作方式下，DS18B20 由独立的电源供电，此时的单总线使用普通的电阻做上拉即可，需要注意的是此时 DS18B20 的电源地(GND)引脚必须连接到供电电源的地。

3. 应用实例——温度采集与显示

【任务 10-13】 参考如图 10-33 所示的程序流程图，编写程序，利用学习板上的 DS18B20 传感器进行温度采集，并用学习板上的数码管将采集到的温度值显示出来。

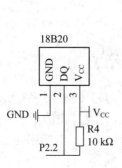

图 10-32 温度测量单元的原理图   图 10-33 温度采集与显示程序流程图

　　分析：根据初始化时序对 DS18B20 进行初始化，根据读写时序对 DS18B20 进行读写编程，需要利用 P2.2 口模拟单总线的时序。另外，在循环读取温度数据后，要将读取的温度在数码管显示出来。

　　4．应用实例——温度报警器

　　【任务 10-14】 试编写 C51 程序，利用学习板上的 DS18B20 传感器实时采集当前环境温度值，并显示于数码管上。同时，当温度高于某一值时(此处设为 31℃)，蜂鸣器便会发出警报；而当低于该值时，蜂鸣器自动停止报警。

　　分析：本任务所设计的温度报警器是在温度采集与显示程序的基础上，加上了对所采集到的温度数值的判断。

10.4.10　串口通信单元

　　在单片机应用系统中，常常需要和 PC 进行数据交换。由于 MCS-51 单片机的串行模块引脚电平为 TTL 电平，而 PC 的串口电平为 RS232 电平，所以需要用 RS232 电平转换芯片进行电平转换。但需要注意的是，如今 USB 接口比 RS232 接口使用更加广泛且方便，所以 MD-100 学习板使用 CH340G 芯片构成 USB 转串口单元替代 RS232 电平转换芯片，从而使得 51 单片机学习板可以直接通过 USB 接口与 PC 进行通信且不需外部供电。

　　1．硬件电路设计

　　串口通信单元的原理图如图 10-34 所示。

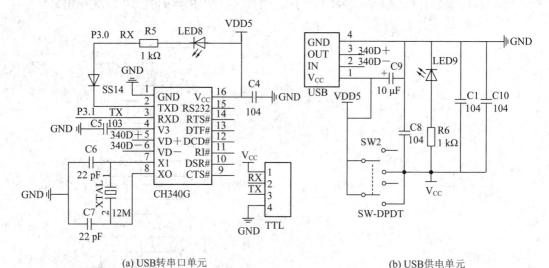

(a) USB转串口单元　　　　　　　　　　　　　　(b) USB供电单元

图 10-34　串口通信单元的原理图

　　2．应用实例——单片机和 PC 的通信

　　【任务 10-15】 参考图 10-35 所示的程序流程图，编写 C51 程序，实现学习板上的 MCS-51 单片机和 PC 进行通信，单片机通过串行口接收 PC 发过来的 1 字节数据，然后将该字节数据返回给 PC。单片机的工作频率为 11.0592 MHz，通信波特率为 2400 b/s，选择工作方式 1。

　　分析：本应用就是一个 MCS-51 单片机和 PC 进行通信的实例，由题意知，SMOD 位 =0，SM2=1；使用定时/计数器 1 作为波特率发生器，自动重装工作方式。在主循环中使用 while 循环等待接收到的数据 RI 标志位被置位，然后发送该字节数据。在 PC 串口调试助手的发送窗口发送数据到单片机，单片机接收到数据后发送给 PC，并在串口调试助手接收窗口中显示，可以参考例 6-8 的程序。

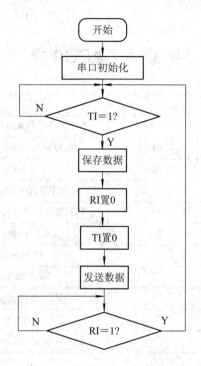

图 10-35　单片机和 PC 机的通信程序流程图

附　　录

附录 A　ASCII 表

Bin(二进制)	Dec(十进制)	Hex(十六进制)	缩写/字符	解释
00000000	0	00	NUL(null)	空字符
00000001	1	01	SOH(startofheadline)	标题开始
00000010	2	02	STX(startoftext)	正文开始
00000011	3	03	ETX(endoftext)	正文结束
00000100	4	04	EOT(endoftransmission)	传输结束
00000101	5	05	ENQ(enquiry)	请求
00000110	6	06	ACK(acknowledge)	收到通知
00000111	7	07	BEL(bell)	响铃
00001000	8	08	BS(backspace)	退格
00001001	9	09	HT(horizontaltab)	水平制表符
00001010	10	0A	LF(NLlinefeed,newline)	换行键
00001011	11	0B	VT(verticaltab)	垂直制表符
00001100	12	0C	FF(NPformfeed,newpage)	换页键
00001101	13	0D	CR(carriagereturn)	回车键
00001110	14	0E	SO(shiftout)	不用切换
00001111	15	0F	SI(shiftin)	启用切换
00010000	16	10	DLE(datalinkescape)	数据链路转义
00010001	17	11	DC1(devicecontrol1)	设备控制 1
00010010	18	12	DC2(devicecontrol2)	设备控制 2
00010011	19	13	DC3(devicecontrol3)	设备控制 3
00010100	20	14	DC4(devicecontrol4)	设备控制 4
00010101	21	15	NAK(negativeacknowledge)	拒绝接收
00010110	22	16	SYN(synchronousidle)	同步空闲
00010111	23	17	ETB(endoftrans.block)	传输块结束
00011000	24	18	CAN(cancel)	取消
00011001	25	19	EM(endofmedium)	介质中断
00011010	26	1A	SUB(substitute)	替补

Bin(二进制)	Dec(十进制)	Hex(十六进制)	缩写/字符	解释
00011011	27	1B	ESC(escape)	换码(溢出)
00011100	28	1C	FS(fileseparator)	文件分割符
00011101	29	1D	GS(groupseparator)	分组符
00011110	30	1E	RS(recordseparator)	记录分离符
00011111	31	1F	US(unitseparator)	单元分隔符
00100000	32	20	(space)	空格
00100001	33	21	!	
00100010	34	22	"	
00100011	35	23	#	
00100100	36	24	$	
00100101	37	25	%	
00100110	38	26	&	
00100111	39	27	'	
00101000	40	28	(	
00101001	41	29	)	
00101010	42	2A	*	
00101011	43	2B	+	
00101100	44	2C	,	
00101101	45	2D	-	
00101110	46	2E	.	
00101111	47	2F	/	
00110000	48	30	0	
00110001	49	31	1	
00110010	50	32	2	
00110011	51	33	3	
00110100	52	34	4	
00110101	53	35	5	
00110110	54	36	6	
00110111	55	37	7	
00111000	56	38	8	
00111001	57	39	9	
00111010	58	3A	:	
00111011	59	3B	;	
00111100	60	3C	<	

续表二

Bin(二进制)	Dec(十进制)	Hex(十六进制)	缩写/字符	解释
00111101	61	3D	=	
00111110	62	3E	>	
00111111	63	3F	?	
01000000	64	40	@	
01000001	65	41	A	
01000010	66	42	B	
01000011	67	43	C	
01000100	68	44	D	
01000101	69	45	E	
01000110	70	46	F	
01000111	71	47	G	
01001000	72	48	H	
01001001	73	49	I	
01001010	74	4A	J	
01001011	75	4B	K	
01001100	76	4C	L	
01001101	77	4D	M	
01001110	78	4E	N	
01001111	79	4F	O	
01010000	80	50	P	
01010001	81	51	Q	
01010010	82	52	R	
01010011	83	53	S	
01010100	84	54	T	
01010101	85	55	U	
01010110	86	56	V	
01010111	87	57	W	
01011000	88	58	X	
01011001	89	59	Y	
01011010	90	5A	Z	
01011011	91	5B	[	
01011100	92	5C	\	
01011101	93	5D	]	
01011110	94	5E	^	
01011111	95	5F	_	

续表三

Bin(二进制)	Dec(十进制)	Hex(十六进制)	缩写/字符	解释
01100000	96	60	`	
01100001	97	61	a	
01100010	98	62	b	
01100011	99	63	c	
01100100	100	64	d	
01100101	101	65	e	
01100110	102	66	f	
01100111	103	67	g	
01101000	104	68	h	
01101001	105	69	i	
01101010	106	6A	j	
01101011	107	6B	k	
01101100	108	6C	l	
01101101	109	6D	m	
01101110	110	6E	n	
01101111	111	6F	o	
01110000	112	70	p	
01110001	113	71	q	
01110010	114	72	r	
01110011	115	73	s	
01110100	116	74	t	
01110101	117	75	u	
01110110	118	76	v	
01110111	119	77	w	
01111000	120	78	x	
01111001	121	79	y	
01111010	122	7A	z	
01111011	123	7B	{	
01111100	124	7C			
01111101	125	7D	}	
01111110	126	7E	~	
01111111	127	7F	DEL(delete)	删除

附录 B　MCS-51 指令表

助记符	代码(十六进制)	说　　　明	字节	机器周期
数据传送指令				
*MOV A,Rn	E8～EF	工作寄存器送 A	1	1
*MOV A,direct	E5 direct	直接字节送 A	2	1
*MOV A,@Ri	E6～E7	间接 RAM 送 A	1	1
*MOV A,#data	74 data	立即数送 A	2	1
*MOV Rn,A	F8～FF	A 送工作寄存器	1	1
*MOV Rn,direct	A8～AF	直接字节送工作寄存器	2	2
*MOV Rn,#data	78～7F data	立即数送寄存器	2	1
*MOV direct,A	F5 direct	A 送直接字节	2	1
*MOV direct,Rn	88～8F direct	工作寄存器送直接字节	2	2
*MOV direct1,direct2	85 direct1 direct2	直接字节送直接字节	3	2
MOV direct,@Ri	86～87	间接 RAM 送直接字节	2	2
*MOV direct,#data	75 direct data	立即数送直接字节	3	2
*MOV @Ri,A	F6～F7	A 送间接 RAM	1	1
MOV @Ri,direct	A6～A7 data	直接字节送间接 RAM	2	2
MOV @Ri,#data	76～77 data	立即数送间接 RAM	2	1
*MOV DPTR,#data16	90 data16	16 位常数送数据指针	3	2
*MOVC A,@A+DPTR	93	由((A)+(DPTR))寻址的程序存储器字节送 A	1	2
MOVC A,@A+PC	83	由((A)+(PC))寻址的程序存储器字节送 A	1	2
*MOVX A,@Ri	E2～E3	外部数据存储器(8 位地址寻址)送 A	1	2
*MOVX A,@DPTR	E0	外部数据存储器(16 位地址寻址)送 A	1	2
*MOVX @Ri,A	F2～F3	A 送外部数据存储器(8 位地址寻址)	1	2
*MOVX @DPTR,A	F0	A 送外部数据存储器(16 位地址寻址)	1	2
*PUSH direct	C0 direct	SP 加 1,直接字节进栈	2	2
*POP direct	D0 direct	直接字节退栈,SP 减 1	2	2

助记符	代码(十六进制)	说　　明	字节	机器周期
*XCH A,Rn	C8~CF	交换 A 和工作寄存器	1	1
*XCH A,direct	C5 direct	交换 A 和直接字节	2	2
XCH A,@Ri	C6~C7	交换 A 和间接 RAM	1	1
XCHD A,@Ri	D6~D7	交换 A 和间接 RAM 的低位	1	1
*SWAP A	C4	A 高半字节和低半字节交换	1	1
算术运算指令				
*ADD A,Rn	28~2F	工作寄存器加到 A	1	1
*ADD A,direct	25 direct	直接字节加到 A	2	1
*ADD A,@Ri	26~27	间接 RAM 加到 A	1	1
*ADD A,#data	24 data	立即数加到 A	2	1
*ADDC A,Rn	38~3F	工作寄存器和进位位加到 A	1	1
*ADDC A,direct	35 direct	直接字节和进位位加到 A	2	1
*ADDC A,@Ri	36~37	间接字节和进位位加到 A	1	1
*ADDC A,#data	34 data	立即数和进位位加到 A	2	1
*SUBB A,Rn	98~9F	A 减去工作寄存器和进位位	1	1
*SUBB A,direct	95 direct	A 减去直接字节和进位位	2	1
*SUBB A,@Ri	96~97	A 减去间接 RAM 和进位位	1	1
*SUBB A,#data	94 data	A 减去立即数和进位位	2	1
*INC A	04	A 加 1	1	1
*INC Rn	08~0F	工作寄存器加 1	1	1
INC direct	05 direct	直接字节加 1	2	1
*INC @Ri	06~07	间接 RAM 加 1	1	1
*DEC A	14	A 减 1	1	1
*DEC Rn	18~1F	工作寄存器减 1	1	1
DEC direct	15 direct	直接字节减 1	2	1
DEC @Ri	16~17	间接 RAM 减 1	1	1
*INC DPTR	A3	数据指针加 1	1	2
*MUL AB	A4	A 乘以 B	1	4
*DIV AB	84	A 除以 B	1	4
*DA A	D4	A 的十进制加法调整	1	1
逻辑运算指令				
*ANL A,Rn	58~5F	工作寄存器"与"到 A	1	1
*ANL A,direct	55 direct	直接字节"与"到 A	2	1
*ANL A,@Ri	56~57	间接 RAM"与"到 A	1	1
*ANL A,#data	54 data	立即数"与"到 A	2	1

助记符	代码(十六进制)	说　明	字节	机器周期
ANL direct A	52 direct	A"与"到直接字节	2	1
ANL direct,#data	53 direct data	立即数"与"到直接字节	3	2
*ORL A,Rn	48～4F	工作寄存器"或"到 A	1	1
*ORL A,direct	45 direct	直接字节"或"到 A	2	1
*ORL A,@Ri	46～47	间接 RAM"或"到 A	1	1
*ORL A,#data	44 data	立即数"或"到 A	2	1
ORL direct,A	42 direct	A"或"到直接字节	2	1
ORL direct,#data	43 direct data	立即数"或"到直接字节	3	2
*XRL A,Rn	68～6F	工作寄存器"异或"到 A	1	1
*XRL A,direct	65 direct	直接字节"异或"到 A	2	1
*XRL A,@Ri	66～67	间接 RAM"异或"到 A	1	1
*XRL A,#data	64 data	立即数"异或"到 A	2	1
XRL direct A	62 direct	A"异或"到直接字节	2	1
XRL direct,#data	63 direct data	立即数"异或"到直接字节	3	2
*CLR A	E4	A 清零	1	1
*CPL A	F4	A 取反	1	1
*RL A	23	A 左环移	1	1
*RLC A	33	A 通过进位左环移	1	1
*RR A	03	A 右环移	1	1
*RRC A	13	A 通过进位右环移	1	1
		控制转移指令		
ACALL addr 11	xxx10001 addr (a7～a0)	绝对子程序调用	2	2
*LCALL addr 16	12 addr(15～8) addr(7～0)	长子程序调用	3	2
*RET	22	子程序调用返回	1	2
*RETI	32	中断调用返回	1	2
AJMP addr 11	xxx00001 addr (a7～a0)	绝对转移	2	2
*LJMP addr 16	02 addr(15~8) addr(7~0)	长转移	3	2
SJMP rel	80 rel	短转移，相对转移	2	2
*JMP @A+DPTR	73	相对于 DPTR 间接转移	1	2
*JZ rel	60 rel	A 为零转移	2	2

续表三

助记符	代码(十六进制)	说　明	字节	机器周期
*JNZ rel	70 rel	A 不为零转移	2	2
*CJNE A,direct,rel	B5 direct rel	直接字节与 A 比较，不等则转移	3	2
*CJNE A,#data,rel	B4 data rel	立即数与 A 比较，不等则转移	3	2
CJNE Rn,#data,rel	B8～BF data rel	立即数与工作寄存器比较，不等则转移	3	2
CJNE @Ri,#data,rel	B6～B7 data rel	立即数与间接 RAM 比较，不等则转移	3	2
*DJNZ Rn,rel	D8～DF rel	工作寄存器减 1，不为零则转移	2	2
DJNZ direct,rel	B5 direct rel	直接字节减 1，不为零则转移	3	2
*NOP	00	空操作	1	1
布尔变量操作指令				
*CLR C	C3	清零进位	1	1
*CLR bit	C2 bit	清零直接位	2	1
*SETB C	D3	置位进位	1	1
*SETB bit	D2 bit	置位直接位	2	1
*CPL C	B3	进位取反	1	1
*CPL bit	B2 bit	直接位取反	2	1
*ANL C,bit	82 bit	直接位"与"到进位	2	2
ANL C,/bit	B0 bit	直接位的反"与"到进位	2	2
*ORL C,bit	72 bit	直接位"或"到进位	2	2
ORL C,/bit	A0 bit	直接位的反"或"到进位	2	2
*MOV C,bit	A2 bit	直接位送进位	2	1
*MOV bit,C	92 bit	进位送直接位	2	2
*JC rel	40 rel	进位位为 1 转移	2	2
*JNC rel	50 rel	进位位为 0 转移	2	2
*JB bit,rel	20 bit rel	直接位为 1 转移	3	2
*JNB bit,rel	30 bit rel	直接位为 0 转移	3	2
*JBC bit,rel	10 bit rel	直接位为 1 转移，然后清零该位	3	2

注：带有*号的指令是最常用的指令。

参 考 文 献

[1]　李桂林，王新屏，马驰，等. 单片机原理及应用[M]. 西安：西安电子科技大学出版社，2017.

[2]　李桂林. 单片机原理与应用开发教程[M]. 北京：电子工业出版社，2016.

[3]　张毅刚，刘连胜，崔秀海. 单片机原理及接口技术(C51 编程)[M]. 3 版. 北京：人民邮电出版社，2020.

[4]　赵全利，忽晓伟，周伟，等. 单片机原理及应用技术(基于 Keil C 与 Proteus)[M]. 北京：机械工业出版社，2017.

[5]　高玉芹，游春霞，胡志强，等. 单片机原理与应用及 C51 编程技术[M]. 2 版. 北京：机械工业出版社，2017.

[6]　张毅刚，潘大为，邓立宝. 单片机原理与应用设计(C51 编程+Proteus 仿真)[M]. 3 版. 北京：电子工业出版社，2020.

[7]　吴险峰，但唐仁，刘德新，等. 51 单片机项目教程[M]. 北京：人民邮电出版社，2016.

[8]　郭天祥. 新概念 51 单片机 C 语言教程：入门、提高、开发、拓展全攻略[M]. 2 版. 北京：电子工业出版社，2018.